高职高专电子信息类专业"十二五"规划系列教材

电工技术项目教程

主 编　孙晓云　王　彦
副主编　魏　颖　周　威

华中科技大学出版社
中国·武汉

内 容 提 要

本书着重突出电工岗位的职业性与实践性,本着"就业为导向"原则,通过具体的工作项目重构"电工基础"学科体系的课程内容,将电工基本理论、基本原理(定律)分解在各项工作任务中,通过工作任务的实施,让学生在职业实践中完成电工基础理论知识的学习、常见电工设备仪表的认知及使用、常见电工电路的安装调试及检测,从而培养学生解决电工实际问题的能力和工程实践能力,为学习后续课程、从事相关职业、提升综合职业素养打下坚实的基础。

本书在内容上突出实用、够用原则,图文并茂,深入浅出,循序渐进。本书主要内容包括电路的基本描述、常用电工工具及电工仪表的使用与维护、常用电子电气元器件的识别与检测、基本电路的分析与检测、电路的简单设计与实施。

本书可作为高职高专机电类、电子类专业的基础课教材,也可作为电工上岗培训和维修电工晋级考试的参考教材,还可供从事电气、电工电子技术工作的工程技术人员自学与参考。

图书在版编目(CIP)数据

电工技术项目教程/孙晓云,王彦主编.—武汉:华中科技大学出版社,2013.9(2019.9重印)
ISBN 978-7-5609-9171-9

Ⅰ.电… Ⅱ.①孙… ②王… Ⅲ.电工技术-高等职业教育-教材 Ⅳ.TM

中国版本图书馆 CIP 数据核字(2013)第 132365 号

电工技术项目教程   孙晓云 王 彦 主编

策划编辑:谢燕群 朱建丽
责任编辑:朱建丽
封面设计:范翠璇
责任校对:李 琴
责任监印:周治超
出版发行:华中科技大学出版社(中国·武汉)   电话:(027)81321913
　　　　　武汉市东湖新技术开发区华工科技园   邮编:430223
录　　排:武汉市洪山区佳年华文印部
印　　刷:武汉邮科印务有限公司
开　　本:710mm×1000mm 1/16
印　　张:21
字　　数:445 千字
版　　次:2019 年 9 月第 1 版第 3 次印刷
定　　价:39.80 元

高职高专电子信息类专业"十二五"规划系列教材

编　委　会

前　　言

"电工技术"是高等职业教育电类专业的主干课程。其任务是使学生具备从事本专业典型工作岗位所必须的职业技能,具备中级电工、中级维修电工通用的基本知识与技能,以及全面掌握遇到实际问题的解决方法,并为学习后续课程、从事相关职业、提升综合职业素养打下坚实的基础。

在当前职业教育教学改革中,课程改革为其核心内容。开发围绕工作岗位、以任务为引领的教材,已成为职业教育改革中迫切需要解决的问题。为了适应"电工技术"教学改革的需要,我们组织编写了本套教材(《电工技术项目教程》和《电工实训》)。本书着重突出电工岗位的职业性与现场性,通过围绕工作任务的实施,让学生在职业实践中完成常见电工电路的安装、调试与检测,以培养学生解决电工实际问题的能力和工程实践能力。

与以往编写的《电工基础》教材相比,本书在结构体系、内容安排、深度和广度等方面均做了大量的变动,努力体现以下特色。

(1)本书充分体现项目化教学模式。依据中级维修电工的工作领域和工作任务范围,针对专业岗位对知识、技能的要求,紧密结合国家电工职业资格证书中相关考核要求,确定了本书的学习项目和工作任务。

(2)本书在内容安排和设计上,以电工安装和维修的实际工艺要求为载体,按照工作任务的逻辑关系展开,遵循高职学生的认知规律,符合普通高职高专学生的知识能力水平,具有深入浅出、循序渐进的特色,突出培养学生良好的职业情感和职业素质。

(3)本书对基本理论和基本概念的要求有所下降,但实践性、实用性更强,知识面更宽。本书简化了电路的理论计算,简化了电动机、变压器、低压电器等电工元器件内部的机理分析;增加了常用电工工具及仪表的使用与维护、电路的简单设计与实施等部分,让工作任务具体化,使学生在掌握电工技能的同时,培养其综合职业能力。

本书可作为高职高专机电类、电子类专业的基础课教材,也可作为电工上岗培训和维修电工晋级考试的参考教材,还可供从事电气、电工电子技术工作的工程技术人员自学与参考。

本书由武汉铁路职业技术学院的孙晓云、王彦任主编,武汉铁路职业技术学院的魏颖、荆州理工职业学院的周威任副主编。编写分工:孙晓云(项目一、项目三)、朱琳(项目二)、熊旻燕(项目四)、李一平(项目五)、李福民(项目三、项目四);王彦、魏颖、周威、严昌彪、熊利军、杨大丽等老师对书中学习项目的设计及改进做了大量工作,在此对他们的辛勤劳动表示衷心的感谢;在此,还要特别感谢李福民老师多年来对武汉铁路职业技术学院电工基础课程教学团队老师们的关心和帮助;在此,也非常真诚地感谢所列参考文献的作者为我们的编写工作提供了极好的参考信息。

在本书的编写过程中,力求以能力为本位,以就业为导向,充分体现高等职业教育课程改革的新思想,但由于编者水平有限,书中难免有疏漏和不足之处,恳请读者批评指正。

编 者

2013 年 4 月

目　　录

项目一

电路的基本描述

第一部分　项目说明

【项目描述】

人们在日常生活中或在生产和科研中广泛地使用着各种电路。实际电路种类繁多,功能各异,但有共同的基本规律。正确对电路进行描述是学习电工技术和电子技术的基础。

【学习情境】

手电筒照明电路如图 1.1 所示。

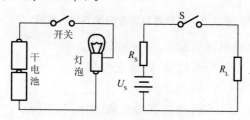

图 1.1　手电筒照明电路

【学习目标】

(1) 掌握电路的组成和作用;

(2) 掌握电路的三种状态特点;

(3) 掌握电路基本物理量的描述及计算;

(4) 掌握电路基本定律的描述及运用。

【能力目标】

(1) 能够看懂简易的电路;

(2) 能够正确判别电路的主要功能及电路状态;

(3)能够正确测量电路的基本物理量。

第二部分 项目学习指导

任务一 电路的描述

知识点一 电路的构成

1. 电路及其作用

电路即电流通过的路径。实际电路都是为完成某一特定任务,由一些电气设备或元器件按一定方式用导线连接而成的。尽管实际电路的形式和作用多种多样,但总的来说其功能可分为以下两大类,如图1.2所示。

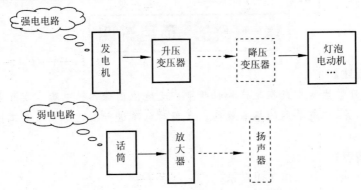

图1.2 电路两种功能情境下的示意图

(1)强电电路:实现电能的输送、分配和转换。

(2)弱电电路:实现信号的传输、处理或存储。

2. 电路的组成

电路由电源、负载和中间环节三部分组成,如图1.3所示。

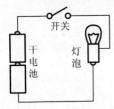

图1.3 电路组成

电源(干电池)向电路提供电能;负载(灯泡)使用电能;中间环节(导线和开关)起连接和控制作用。

3. 电路的模型

1)元器件模型

将实际元器件近似抽象为具有单一电磁性质的元器件(实际元器件的理想模型),即元器件模型。元器件模型便于进行定量分析和计算。

2)电路模型

如果实际电路中的所有设备和元器件都用理想元器件组成的模型来代表,实际电路也就可以画成由各种理想元器件(包括理想导线)的图形符号组成的电路图,这就是实际电路的模型,简称电路模型,如图1.4所示。

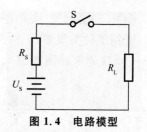

图 1.4　电路模型

　　3) 常用理想元器件及仪表的图形符号

　　常用理想元器件及仪表的图形符号如表 1.1 所示。

表 1.1　常用理想元器件及仪表的图形符号

名　　　称	图　形　符　号	名　　　称	图　形　符　号
直流电压源电池	─┤├─	可变电容	─╫─
电压源	─+─○─-─	理想导线	─────
电流源	─⊖─	互相连接的导线	─•─
电阻	─▭─	交叉但不相连接的导线	─┼─
电位器	─▭↗─	开关	─○╱○─
可调电阻	─▭╱─	熔断器	─▭─
电灯	─⊗─	电流表	─Ⓐ─
电感	─᳈᳈᳈─	电压表	─Ⓥ─
铁芯电感	─᳈᳈᳈─	功率表	─Ⓦ─
电容	─┤├─	接地	⏚

自学与拓展一 电路图的形式

电路图种类很多,不同的切入点叫法不一。

(1)实物电路图如图 1.5 所示。

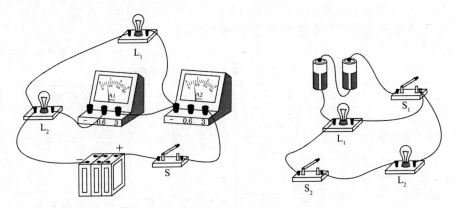

图 1.5 实物电路图

(2)电路原理图如图 1.6 所示。

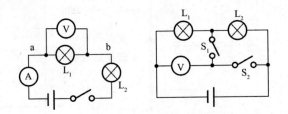

图 1.6 电路原理图

(3)电路方框图如图 1.7 所示。

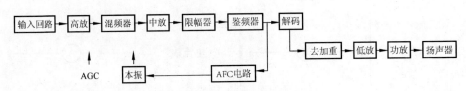

图 1.7 调频收音机的方框图

(4)接线示意图如图 1.8 所示。

自学与拓展二 激励与响应

电路中提供电能(电信号)的设备或元器件称为电源(信号源);而把电能转换成其他形式能量的设备或元器件称为负载。电源(信号源)对电路的作用称为激励;而由电源(信号源)在电路中产生的所有电压、电流可相应地称为响应。

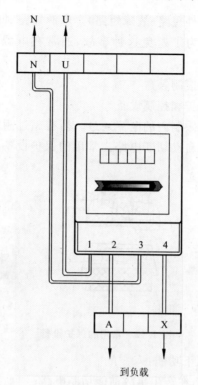

图 1.8　单相电度表的接线示意图

知识点二　电路的三种状态

1. 通路

　　电路中有电流流过,如图 1.9 所示。通常情况下,电源产生的功率等于负载与电源内部消耗的功率之和,符合能量守恒定律。

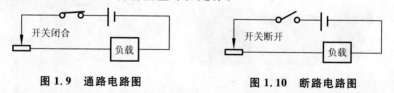

图 1.9　通路电路图　　　　　　　　**图 1.10　断路电路图**

2. 断路

　　电路中无电流流过,如图 1.10 所示。电源不输出电能,电源输出电压为开路电压,其值等于电源的电动势,此时称电源处于空载状态。

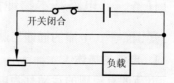

3. 短路

　　电路中本不该连接的两点直接连通,使电流走捷径,称为短路,如图 1.11 所示。短路分为电

图 1.11　短路电路图

源短路(事故短路)和元器件短路(故障短路)。电源短路时的电流很大,常会引起电源或导线绝缘的损坏,为了避免这种事故,通常在电源开关后面安装熔断器(FU)。

自学与拓展 保护和控制装置

实际电路中常接有保护和控制设备。

保护设备只允许安全限制内的电流通过。当有超过额定电流量的电流(过载电流)通过时,保护设备会自动切断电路。常用的保护设备有熔断器和断路器,如图1.12所示。

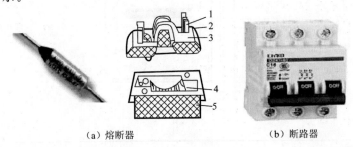

(a) 熔断器 　　　　　　(b) 断路器

图 1.12　常用的保护设备

保护设备必须具备以下功能:

(1) 对过载电流敏感,在产生事故前能切断电路;

(2) 正常状态下不影响电路工作;

(3) 便于维护。

控制设备便于用户简单地控制电路中的电流。常用的控制设备有开关、灯的调光器,如图1.13所示。

(a) 开关 　　　　　　　　　　(b) 调光器

图 1.13　常用的控制设备

任务二　电路基本物理量的描述与测量

知识点一 电流的描述与测量

1. 电流的描述

电荷的有规则的运动称为电流。金属导体中的电流是电子的有规则运动,电解液中的电流则是正、负两种离子向相反方向的有规则运动。

电流的方向规定为正电荷运动的方向,如图 1.14 所示。

电流的大小用电流强度来衡量。电流强度在数值上等于单位时间内通过导体横截面的电荷量,电流强度常简称电流。用 i 表示电流强度,有

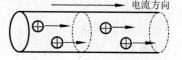

图 1.14 电流方向示意图

$$i = \frac{\mathrm{d}q}{\mathrm{d}t} \qquad (1.1)$$

其中,$\mathrm{d}q$ 为时间 $\mathrm{d}t$ 内通过导体横截面的电荷量。

方向不随时间改变的电流称为直流电流;大小和方向都不随时间改变的电流称为稳恒电流,英文缩写为 DC。其电流强度常用大写字母 I 表示,即

$$I = \frac{q}{t} \qquad (1.2)$$

其中,q 为时间 t 内通过导体横截面的电荷量。

大小和方向(或其中之一)随时间作周期性变化的电流称为周期电流。若周期电流在一个周期内的数学平均值等于零,则称为交变电流,英文缩写为 AC。通常所说的交流电流多指正弦电流,它随时间按正弦规律变化。

图 1.15 给出了几种常见电流。

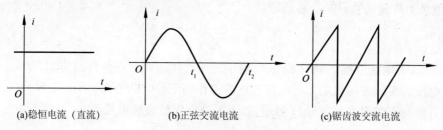

(a)稳恒电流 (直流)　　　(b)正弦交流电流　　　(c)锯齿波交流电流

图 1.15 几种常见电流

国际单位制(SI)中,电流强度的单位为安[培],符号为 A。

2. 电流的参考方向

在分析电路时,不一定都能事先判断电流的实际方向;而交流电流的实际方向随时间不断地改变,不可能也没有必要在电路图中标示其实际方向。为了分析电路,对电路中的电流需预先假定它们的方向,这个预先假定的电流方向称为电流的参考方向(或标定方向、正方向)。在电路图中用实线箭头表示电流的参考方向;若需要标出电流的实际方向,可用虚线箭头表示(见图 1.16)。当电流的实际方向与参考方向一致时,电流为正;当实际方向与参考方向相反时,电流为负。只有将电

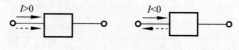

图 1.16 电流的参考方向

流的正、负与参考方向结合才能足以说明电流的实际方向。离开参考方向来谈电流的正、负是没有意义的。

3. 电流的测量

电流的大小可以用电流表直接测量。电流表分为接线型的电流表(指针式的模拟电流表、液晶显示的数字电流表)和钳形电流表。指针式的模拟电流表、液晶显示的数字电流表需将电路切断后才能串联接入电路进行测量。使用钳形电流表可以直接将所测支路钳住,即可显示电流大小,不必切断电路,比使用指针式的模拟电流表或液晶显示的数字电流表方便多了。

使用电流表应注意以下事项:

(1) 交、直流的挡位选择与切换;

(2) 直流挡的极性对应;

(3) 量程的合理选择。

知识点二　电压的描述与测量

1. 电压的描述

电路中 a、b 两点间的电压,在数值上等于单位正电荷从电路中的 a 点移动到 b 点电场力所做的功,用 u_{ab} 表示,则

$$u_{ab} = \frac{\mathrm{d}w_{ab}}{\mathrm{d}q} \tag{1.3}$$

其中,$\mathrm{d}w_{ab}$ 为电场力把正电荷 $\mathrm{d}q$ 从电路中的 a 点移动到 b 点所做的功。

电压的实际方向规定为正电荷在电场力作用下移动的方向。

直流电压常用大写字母 U 表示,如 a、b 两点间的直流电压为

$$U_{ab} = \frac{w_{ab}}{q} \tag{1.4}$$

电压的 SI 单位为伏[特],符号为 V。若电场力将 1 库仑(C)的电荷从 a 点移至 b 点所做的功为 1 焦耳(J),则 a、b 两点间的电压即为 1 伏(V)。

电压的真实方向就是正电荷在电场力作用下移动的方向,由高电势(电位)指向低电势,即电位降落的方向。

我国规定:安全电压一般为 36 V;但环境潮湿或触电概率较大的情况(如金属容器或管道内施焊、检修等)下,安全电压为 12 V。超过安全电压,即有触电危险。

2. 电压的参考方向

为了分析电路,对电路中的电压需预先假定它们的方向,这个预先假定的电压方向称为电压的参考方向(或标定方向、正方向)。在电路图中用实线箭头表示电压的参考方向;用虚线箭头表示电压的实际方向(见图 1.17)。当电压的实际方向与参考方向一致时,电压为正;当实际方向与参考方向相反时,电压为负。只有将电压的正、负与参考方向结合才能足以说明电压的实际方向。离开参考方向来谈

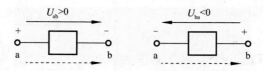

图 1.17 电压的参考方向

电压的正、负是没有意义的。

电压的参考方向还可用"＋"、"－"号及双下标来表示(见图 1.17)。

3. 关联参考方向

电压和电流的参考方向原则上可以分别任意假定。但为了分析电路,往往选择两者的参考方向一致,并把它们称为关联参考方向(见图 1.18(a)),如果电压和电流的参考方向不一致,则称为非关联参考方向(见图 1.18(b))。当选择电压、电流的关联参考方向时,在电路图中可以只标出两者之一的参考方向;反之,若某一段电路或某个二端元器件只标识了一个参考方向,即应该被认为是电压、电流的关联参考方向。

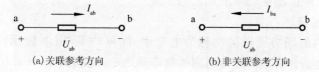

(a)关联参考方向   (b)非关联参考方向

图 1.18 关联参考方向与非关联参考方向

4. 电位的描述

分析电路时,还常选择电路中的某一点作为参考电位点,而把各点相对于参考电位点的电压称为该点的电位,并用符号 φ 表示。参考电位点可看成是电路中各点电位公共的参考负极。若选择 o 点作为参考电位点,则电路中某一点 a 的电位为

$$\varphi_a = U_{ao}$$

参考电位点的电位等于零,因此参考电位点又称为零电位点。电路中的零电位点往往按照以下方法进行选择。

(1)电力工程上常以大地作为参考电位点;

(2)电子电路通常把电源和输入/输出信号的公共端作为参考电位点;

(3)电路分析中常选择电源的两极之一作为参考电位点。

电位的表示如图 1.19 所示。

在电子电路的检修中,常用电压表测量各点的电位,以电位值的正常与否来诊断是否存在故障。

5. 电压的测量

电路中任意两点间的电压都可以用电压表测量。

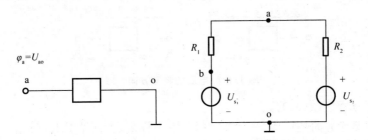

图 1.19 电位的表示

使用电压表应注意以下事项：

（1）电压表必须并联在被测两点之间；

（2）交、直流的挡位选择与切换；

（3）直流挡的极性对应；

（4）量程的合理选择。

知识点三 电能和电功率的描述与测量

1. 电功率的描述

单位时间内电场力所做的功称为电功率，简称功率，用 p 表示，单位为瓦特（W）。电功率也是分析电路时常遇到的物理量之一。假定电路中 a、b 两点间的电压为 u_{ab}，在时间 dt 内，电场力把正电荷 dq 从 a 点移至 b 点所做的功为 dw_{ab}，根据式（1.3）有 $dw_{ab} = u_{ab} dq$，则电功率为

$$p = \frac{dw_{ab}}{dt} = \frac{u_{ab} dq}{dt} = u_{ab} i_{ab} \tag{1.5}$$

其中，$i_{ab} = \dfrac{dq}{dt}$ 为电路中从 a 点流向 b 点的电流。

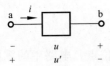

图 1.20 参考方向非关联

若电压、电流的参考方向关联，则 $p = u_{ab} i_{ab}$：当 $p > 0$ 时，电路吸收功率，消耗电能，起负载作用；当 $p < 0$ 时，电路输出功率，供给电能，起电源作用。

若参考方向非关联（见图 1.20），则 $p = -u_{ba} i_{ab}$：当 $p > 0$ 时，电路吸收功率，消耗电能，起负载作用；当 $p < 0$ 时，电路输出功率，供给电能，起电源作用。

直流电路中，电压、电流都是恒定值，电路吸收的功率也是恒定的，常用大写字母 P 表示，则可写成

$$P = \pm UI \tag{1.6}$$

例 1.1 用方框代表某一电路元器件，其电压、电流如图 1.21 所示，求各图中元器件吸收的功率，并说明该元器件实际上是吸收还是输出功率？

解 如图 1.21(a)所示，元器件吸收的功率为 $P = UI = 5 \times 3$ W $= 15$ W，元器

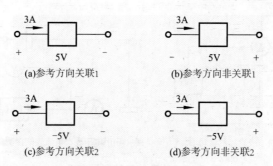

图 1.21 例 1.1 图

件实际是吸收功率。

如图 1.21(b)所示,元器件吸收的功率为 $P=-UI=-5\times3$ W$=-15$ W,元器件实际上是输出功率。

如图 1.21(c)所示,元器件吸收的功率为 $P=UI=(-5)\times3$ W$=-15$ W,元器件实际是输出功率。

如图 1.21(d)所示,元器件吸收的功率为 $P=-UI=-(-5)\times3$ W$=15$ W,元器件实际上是吸收功率。

2. 电能的描述

电能即电场力所做的功,用 w 表示,单位为焦耳(J)。电路在时间 dt 内消耗的电能为

$$dw=pdt=uidt$$

若通电时间 $\Delta t=t-t_0$,则时间 Δt 内电路消耗的总电能为

$$w=\int_0^t pdt=\int_0^t ui\,dt \tag{1.7}$$

直流电路中,电压、电流和功率均为恒定值,则电路消耗的电能为

$$W=P(t-t_0)=UI(t-t_0) \tag{1.8}$$

当选择 $t_0=0$ 时,式(1.8)为

$$W=Pt=UIt$$

3. 电能和电功率的测量

功率的测量有两种方式,如图 1.22 所示。

电能的测量直接用电度表。

使用电表应注意以下事项:

(1)功率表的极性对应;

(2)电度表的合理选择。

自学与拓展一 电能的计量

实际用于电能计量的电度表是以千瓦时(kW·h)为单位的。功率为 1 kW 的

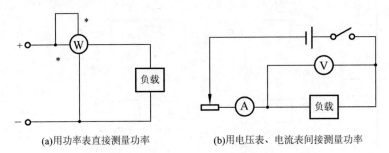

(a)用功率表直接测量功率　　　　　(b)用电压表、电流表间接测量功率

图 1.22　功率的两种测量方式

用电器工作 1 h 所消耗的电能即为 1 kW·h,也称为 1 度电。1 度电换算成功则为

$$1 \text{ kW·h} = 1000 \times 3600 \text{ J} = 3.6 \times 10^6 \text{ J}$$

例 1.2　教室里有 8 只 40 W 日光灯,每只消耗的电功率为 46 W(包括镇流器耗电),每天用电 4 h,1 个月按 30 d 计算,每月要用多少度电?

解　　　$W = Pt = 46 \times 8 \times 10^{-3} \times 4 \times 30 \text{ kW·h} = 44.16 \text{ kW·h}$

即每月要用 44.2 度电。

自学与拓展二　额定值与实际值

1. 额定值

额定值是指电气设备在工作状态下能获得最佳安全性、可靠性、寿命周期、效率时所对应的值。电气设备的额定值常有额定电压、额定电流、额定功率等,分别用 U_N、I_N、P_N 表示。一般在出厂时标定,常标注在铭牌上或说明书中,在使用中要充分考虑额定数据。

如标有"220 V、40 W"的白炽灯,其额定电压为 220 V、额定功率为 40 W,使用时不得接在 380 V 电源上、也不能接在 3 V 电源上使用。

额定功率反映了设备能量转换的本领。如标有"220 V、40 W"的白炽灯,表明该灯在 220 V 电压下工作,1 s 内可将 40 J 的电能转化成热能和光能。

2. 实际值

实际值是指电气设备在工作状态下对应的实际值。通常情况下,实际值比额定值略小。

(1) 当电气设备工作时的实际值等于额定值时,称为额定(满载)工作状态。此时设备的工作效率最高。

(2) 当电气设备工作时的实际值小于额定值时,称为欠压(欠载)工作状态。此时设备的工作效率降低,两者差值越大,效率越低,实际值小到一定程度,有些电气设备不能启动,效率为 0。

(3) 当电气设备工作时的实际值大于额定值时,称为过压(过载)工作状态。此时设备极易发生故障或烧毁,是必须禁止的。

任务三　电路基本定律的描述与验证

知识点一　欧姆定律的描述与验证

1. 欧姆定律的描述

1) 部分电路欧姆定律的描述

在只含电阻的一段电路中,通过电路的电流与这段电路两端的电压成正比,即

$$U=RI \tag{1.9}$$

其中,R 为该段电路的电阻。

例1.3　如果人体电阻的最小值为 800 Ω,已知通过人体的电流达到 50 mA,就会引起器官的麻痹,不能自主摆脱电源,试求人体的安全工作电压。

解　由部分电路欧姆定律可得

$$U=RI=50\times10^{-3}\times800 \text{ V}=40 \text{ V}$$

在分析电路时,根据所选电压和电流的参考方向的不同,欧姆定律表达式可带正、负号。电压和电流的参考方向一致时取正,反之,取负。

$$U=\pm RI \tag{1.10}$$

例1.4　求图 1.23 中的电阻 R。

解　图 1.23(a)中,有

$$R=\frac{U}{I}=\frac{4}{2} \text{ Ω}=2 \text{ Ω}$$

图 1.23(b)中,有

$$R=-\frac{U}{I}=-\frac{4}{-2} \text{ Ω}=2 \text{ Ω}$$

2) 全电路欧姆定律的描述

在只含有电阻和电源的闭合电路中,通过电路的电流与电源电动势 E 的电压成正比,即

$$E=(R+r)I \tag{1.11}$$

其中,R 为电路的外电阻(负载);r 为电源内阻。

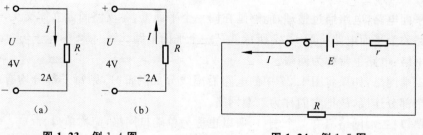

图 1.23　例 1.4 图　　　　图 1.24　例 1.5 图

例1.5　如图 1.24 所示,已知 $E=12$ V,$R=11$ Ω,$r=1$ Ω。试求:电路中的电

流 I 和电路端电压 U。

解 根据欧姆定律,可得

$$I=E/(R+r)=\frac{12}{11+1}\ \text{A}=1\ \text{A}$$

$$U=RI=11\times1\ \text{V}=11\ \text{V}$$

2. 电路欧姆定律的验证

如图 1.25 所示,可测量电阻两端的电压值和流过电阻的电流值,绘出的是一根通过原点的直线,如图 1.26 所示。

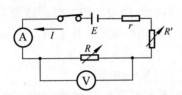

图 1.25 测量电压和电流的电路图

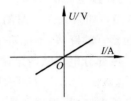

图 1.26 电阻的曲线图

知识点二 基尔霍夫定律的描述与验证

1. 描述电路的专业术语

端口:从其一端流入的电流必等于从另一端流出的电流,这样的两端称为一个端口。

串联:含有 2 个或 2 个以上二端元器件的支路,其内部各元器件依次"首尾"相连,每个连接点都只接两个元器件,这种连接方式称为串联。

并联:2 个以上的二端元器件(或支路)连接在同一对节点之间,这些元器件(或支路)的连接方式称为并联。

节点:3 个或 3 个以上元器件的连接点称为节点。

支路:相邻两个节点之间的一条电路称为支路。

回路:电路中的任意闭合路径称为回路。

网孔:在平面电路中,如果回路的内部没有包围别的支路,这样的回路称为网孔。

平面电路:电路通过整理,能够画在同一个平面上,各支路间无立体交叉,这样的电路称为平面电路。图 1.27 所示就是一个平面电路。

网络:电路也常称为网络。

二端网络:如果将图 1.27 中的电路沿虚线分成两部分,则每一部分均有两端与其余部分连接,故把它们称为二端网络。

单口:二端网络只有一个端口,所以也称为单端口网络,简称单口。

例 1.6 说明图 1.27 所示电路中的 5 个元器件的连接关系,并指出电路中的节点数、支路数、回路数、网孔数。

解 元器件 1 和 2 是串联、元器件 3 和 4 也是串联，2 条串联支路再与元器件 5 并联。

电路中节点数 $n=2$，节点分别为 a、b 两点；

电路中支路数 $m=3$，支路分别为 acb、adb 和 aeb；

电路中回路数 $l=3$，回路分别为 acbda、adbea、acbea；

电路中网孔数 $q=2$，网孔分别为 acbda、adbea。

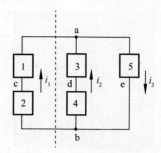

图 1.27 由 5 个元器件连接而成的电路

2. 基尔霍夫电流定律的描述

基尔霍夫电流定律，英文缩写为 KCL，它反映了电路中任意节点所连接的各支路电流间的约束关系。

KCL：任意时刻，流出（或流入）电路中任意节点的各支路电流的代数和等于零，即

$$\sum i = 0 \quad 或 \quad \sum I = 0 \text{（直流）} \tag{1.12}$$

式(1.12)称为 KCL 方程或节点电流方程。

列节点电流方程时，应先标出有关各支路电流的参考方向。通常，当电流的参考方向背离节点时，方程中该电流前取"＋"号；否则取"－"号。例如，图 1.27 电路中节点 a 的 KCL 方程为

$$-i_1 - i_2 + i_3 = 0$$

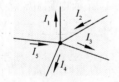

图 1.28 某电路的一个节点

例 1.7 图 1.28 所示为某电路的一个节点，若已知电流 $I_1 = 2$ A，$I_2 = -1.5$ A，$I_3 = -5$ A，$I_5 = 3$ A，求 I_4。

解 根据各支路电流的参考方向，由 KCL 列出方程，即

$$I_1 - I_2 + I_3 + I_4 - I_5 = 0$$

故有

$$I_4 = -I_1 + I_2 - I_3 + I_5 = [-2 + (-1.5) - (-5) + 3] \text{ A} = 4.5 \text{ A}$$

KCL 不仅适用于电路中的任意节点，而且适用于包围电路任意部分的假想封闭面，即任意时刻，流出（或流入）包围电路任意部分封闭面的电流的代数和等于零。

图 1.29 所示为电子电路中的基本元器件——晶体管的图形符号，晶体管工作时其三个极的电流分别为 i_B、i_C 和 i_E。用 1 个假想的封闭面（图 1.30 中的虚线所示）把晶体管包围起来，则根据 KCL 有 $i_E - i_B - i_C = 0$，即 $i_E = i_B + i_C$。

例 1.8 如图 1.30 所示，已知 $I_1 = 1$ A，$I_2 = -3$ A，求 I_3。

解 由 KCL 列方程，即

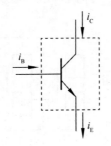

图 1.29　晶体管的图形符号

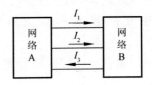

图 1.30　例 1.8 图

$$I_1 + I_2 - I_3 = 0$$

则有
$$1 + (-3) - I_3 = 0$$

得
$$I_3 = -2\ \text{A}$$

3. 基尔霍夫电压定律的描述

基尔霍夫电压定律,英文缩写为 KVL,它反映了电路中连接成回路的各元器件(或各支路)电压之间的约束关系。

KVL:任意时刻,沿电路中任意回路所有电压的代数和等于零,即

$$\sum u = 0 \quad \text{或} \quad \sum U = 0 \text{(直流)} \tag{1.13}$$

式(1.13)称为 KVL 方程或回路电压方程。

列回路电压方程时,首先要选定一个沿回路绕行的方向(顺时针或逆时针)。凡是参考方向与回路绕行方向一致的电压,前面取"+"号;否则,取"−"号。

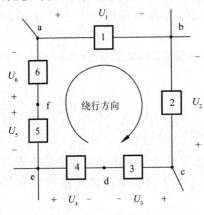

图 1.31　某电路中的一个回路

例 1.9　在图 1.31 所示电路中,已知 $U_1 = 2\ \text{V}, U_2 = -1\ \text{V}, U_3 = 6\ \text{V}, U_5 = 8\ \text{V}, U_6 = -4\ \text{V}$,试求 U_4。

解　在图 1.32 所示的顺时针绕行方向下,由 KVL 可列出方程
$$U_1 - U_2 + U_3 - U_4 - U_5 + U_6 = 0$$

故有
$$U_4 = U_1 - U_2 + U_3 - U_5 + U_6$$
$$= [2 - (-1) + 6 - 8 + (-4)]\ \text{V} = -3\ \text{V}$$

KVL 不仅适用于任意闭合回路,也适用于非闭合的假想回路。例如,若把图 1.31 所示的闭合回路从 b、d 两点分成不封闭的两个部分,则可以假想 b、d 两点间的电压 U_{bd} 分别与左上、右下两个部分构成回路。选定顺时针绕行方向后,对 b、d 左上部的假想回路有

$$U_{bd} - U_4 - U_5 + U_6 + U_1 = 0$$

所以

$$U_{bd} = U_4 + U_5 - U_6 - U_1$$

代入已知数据算得

$$U_{bd} = 7 \text{ V}$$

而对右下部的假想回路有

$$-U_2 + U_3 - U_{bd} = 0$$

所以

$$U_{bd} = -U_2 + U_3$$

代入已知数据算得

$$U_{bd} = 7 \text{ V}$$

以上对电压 U_{bd} 的计算分别选取了 b、d 之间两条不同的路径,而结果却相同,与计算所选的路径无关。一般,电路中任意两点间的电压,等于从参考"+"极沿任意路径到参考"−"极所有电压的代数和。计算电压可以直接应用这一结论。计算时,与路径方向(从"+"到"−"的方向)一致的电压前面取正号,否则取负号。

例 1.10 电路如图 1.27 所示,若已知 $U_{ac} = 5 \text{ V}$,$U_{bc} = -3 \text{ V}$,$U_{bd} = 10 \text{ V}$,$I_1 = 3 \text{ A}$,$I_3 = -1 \text{ A}$。求 U_{ab}、U_{ad} 和 I_2,并计算各元器件吸收的功率和电路吸收的总功率。

解 由 KVL 可得

$$U_{ab} = U_{ac} - U_{bc} = [5 - (-3)] \text{ V} = 8 \text{ V}$$
$$U_{ad} = U_{ab} + U_{bd} = (8 + 10) \text{ V} = 18 \text{ V}$$

由 KCL 可得

$$I_2 = I_3 - I_1 = (-1 - 3) \text{ A} = -4 \text{ A}$$

各元器件吸收的功率分别为

$$P_1 = -U_{ac} I_1 = -5 \times 3 \text{ W} = -15 \text{ W}$$
$$P_2 = U_{bc} I_1 = -3 \times 3 \text{ W} = -9 \text{ W}$$
$$P_3 = -U_{ad} I_2 = -18 \times (-4) \text{ W} = 72 \text{ W}$$
$$P_4 = U_{bd} I_2 = 10 \times (-4) \text{ W} = -40 \text{ W}$$
$$P_5 = U_{ab} I_3 = 8 \times (-1) \text{ W} = -8 \text{ W}$$

计算表明,除 3 号元器件消耗功率以外,其余元器件均输出功率。电路吸收的总功率为

$$P = P_1 + P_2 + P_3 + P_4 + P_5 = -15 - 9 + 72 - 40 - 8 = 0$$

电路吸收的总功率为零,说明电路中一部分元器件输出的功率全部为另一部分元器件所消耗,即电路功率平衡。功率平衡是能量守恒在电路中的反映,是任意完整的电路都必定遵循的规律,与电路的具体组成无关。

4. 基尔霍夫定律的验证

用电流表串入电路中某节点的各条支路,直接测量,并判定各支路电流方

向,计算电流的代数和,应为 0。用电压表与电路中某一回路各元器件并联,直接测量某一回路所有元器件两端电压,并判定各电压方向,计算电压的代数和,应为 0。

第三部分 项目工作页

项目工作页如表 1.2 和表 1.3 所示。

表 1.2 小组成员分工列表和预期工作时间计划表 1

任 务 名 称		承担成员	计划用时	实际用时
电路的描述	电路的构成			
	电路的三种状态描述			
电路基本物理量的描述与测量	电流的描述与测量			
	电压的描述与测量			
	电能和电功率的描述与测量			
电路基本定律的描述与验证	欧姆定律的描述与验证			
	基尔霍夫定律的描述与验证			

注:项目任务分工,由小组同学根据任务轻重、人员多少,共同协商确认。

表 1.3 任务(N)工作记录和任务评价 1

任 务 名 称					
资讯	方式	教材			
		参考资料			
		网络地址			
		其他			
	要点				
	现场信息				
计划	所需工具				
	作业流程				
	注意事项				
	工作进程		工作内容	计划时间	负责人

	任 务 名 称	
决策	老师审批意见	
	小组任务 实施决定	
	工作过程	
	检查	签名：
	存在问题及 解决方法	签名：
任务 评价	自评	
	互评	（老师）签名：

注：① 根据工作分工，每项任务都由承担成员撰写项目工作页，并在小组讨论修改后向老师提出；② 教学主管部门可通过对项目工作页内容的检查，了解学生的学习情况和老师的工作态度，以便于进一步改进教学不足，提高教学质量。

第四部分 自我练习

想一想

1. 实际电路的功能可分为哪两大类？何谓电源、负载、激励、响应？

2. 什么是理想元器件？什么是电路模型？

3. 什么是电流强度？什么是参考方向？为什么计算电流时要有参考方向？

4. 什么是电压？它与电场力做功有何关系？我国规定的安全电压为多少？

5. 怎样表示电压的参考方向？什么是关联参考方向？什么是电位？

6. 用公式 $P = \pm UI$ 计算电路吸收的功率时，如何选择公式中的正、负号？如果计算出的 P 为负值又说明什么？

7. 电压与电位有怎样的关系？

8. 有人打算将 110 V、100 W 和 110 V、60 W 两只白炽灯串联后接在 220 V 的电源上使用，这种方式是否可行？为什么？

9. 要在 10 V 的直流电源上使 5 V、50 mA 负载的电功率最高，应怎样组成电路？

算一算

1. 试求图 1.32 所示各元器件的未知电压、电流或功率。

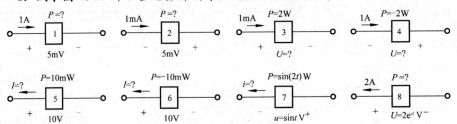

图 1.32 题 1 图

2. 在图 1.33 所示电路中，$i_1 = 2$ A，$i_3 = -3$ A，$u_1 = 10$ V，$u_4 = 5$ V，计算各二端元器件吸收的功率，并验证功率平衡。

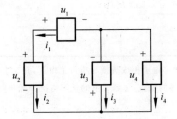

图 1.33 题 2 图

项目二
常用电工工具及电工仪表的使用与维护

【项目描述】

在电子元器件、设备的安装和维修中，电工工具和仪表起着极其重要的作用。正确使用和维护电工工具、电工仪表，是保证安全作业的前提，也是各工作岗位必备的电工基本操作技能。本项目介绍了电工常用工具和仪表的结构原理、使用方法及日常维护。

【学习情境】

学习各种常用电工工具及电工仪表。

【学习目标】

(1) 认识通用电工工具，掌握其使用方法；

(2) 认识专用电工工具，掌握其使用方法；

(3) 掌握常用电工仪表的使用与维护方法；

(4) 掌握常用电工器材及工艺的相关知识；

(5) 掌握工业用电与安全用电知识。

【能力目标】

(1) 能够正确使用测电笔、螺丝刀、钢丝钳、尖嘴钳、活络扳手、剥线钳、电工刀等通用的电工工具；

(2) 能够正确使用冲击钻、转速表、电烙铁、吸焊器等专用电工工具；

(3) 能够正确使用电压表、电流表、互感器、钳形电流表、功率表、电度表、万用表测试电路中电压、电流、电功率、电能等基本物理量；

(4) 能够正确使用兆欧表、接地电阻测试仪测量设备和线路的绝缘电阻和接地电阻；

（5）能够利用示波器观察被测信号的波形，并测量幅值、周期、频率、相位和脉冲宽度等参数；

（6）能够正确使用各种照明器具；

（7）能够按工艺要求进行布线、接线；

（8）能够正确处理触电事故。

第二部分　项目学习指导

任务一　通用电工工具的认识与使用

知识点一　试电笔

试电笔又称为测电笔，简称电笔。试电笔用于检查低压线路和电气设备的外壳是否带电。为了便于携带，试电笔通常做成笔状。

1. 试电笔的分类

1）根据测量电压的高低分类

（1）高压试电笔：适用于交流输配电线路和设备的验电工作，如图 2.1(a)所示。一般分为 10 kV、35 kV、110 kV、220 kV 等电压等级。

（2）低压试电笔：适用于检查线电压 380 V 以下的带电体。

2）根据接触方式分类

（1）接触式试电笔：通过接触带电体获得电信号的检测工具。通常有螺丝刀式试电笔和钢笔式数显试电笔。螺丝刀式试电笔（见图 2.1(b)），笔尖和笔尾为金属材料，笔杆为绝缘材料，笔体中有氖管，测试时如果氖管发光，则说明被测物体带电。钢笔式数显试电笔（见图 2.1(c)）直接在液晶窗口显示测量数据。

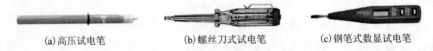

　(a)高压试电笔　　　　(b)螺丝刀式试电笔　　　　(c)钢笔式数显试电笔

图 2.1　试电笔

（2）感应式试电笔：不需要试电笔和被测物体直接接触，采用感应式测试方式，用于检测线路、导体和插座上的电压，并判定导线中断点的位置。这样，极大限度地保障了操作人员的人身安全。

2. 螺丝刀式试电笔

1）螺丝刀式试电笔的结构

螺丝刀式试电笔由导体探头、电阻、氖管、观察孔、弹簧和金属端盖组成，如图 2.2 所示。

当用螺丝刀式试电笔判断物体是否带电时，相当于螺丝刀式试电笔和人体串

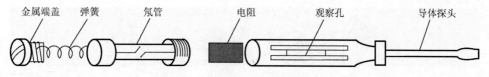

金属端盖　弹簧　氖管　电阻　观察孔　导体探头

图 2.2　螺丝刀式试电笔的结构

联,通过试电笔的电流和通过人体的电流相等。该电流等于带电体与大地之间的电压除以螺丝刀式试电笔和人体的总电阻。

当测试照明电路的火线时,火线与地之间的电压为 220 V 左右,人体电阻通常为几百欧姆至几千欧姆,一般很小,而螺丝刀式试电笔内部的电阻通常有几兆欧姆。螺丝刀式试电笔和人体的总电阻大,于是通过螺丝刀式试电笔和人体的电流就很小,通常不到 1 mA,这样小的电流通过人体时,人没有感觉,但氖管能够发亮。

直流电通过螺丝刀式试电笔时,氖管一个电极附近发光;交流电通过螺丝刀式试电笔时,氖管两个电极均发光。当氖管微亮,发暗红光时,电压低;当氖管亮度高,发黄红光时,电压高。

2) 螺丝刀式试电笔的使用

使用螺丝刀式试电笔时,握好螺丝刀式试电笔后,用前端的导体探头接触测试点,用大拇指或食指触摸顶端金属,并观察氖管是否发光,如图 2.3(a) 所示。注意绝不能用手触及螺丝刀式试电笔前端的导体探头。如果氖管发光微弱,原因有很多,可能是螺丝刀式试电笔笔尖或带电体测试点有污垢,也可能测试的是带电体的地线,这时必须清洁螺丝刀式试电笔或重新选择测试点。只有反复多次测试后,氖管仍然发光微弱或不亮,才能判定被测物体电压低或确实不带电。

3) 使用螺丝刀式试电笔的注意事项

使用螺丝刀式试电笔时应该注意以下几点。如果使用方法错误,可能会造成触电事故,因此必须特别留心。

(1) 使用前,应该首先鉴定螺丝刀式试电笔是否完好。需要在已知带电体(如带电开关或插座)上进行试验,在鉴定螺丝刀式试电笔完好后才能继续使用。

(2) 由于氖管亮度较弱,因此尽量使螺丝刀式试电笔避光测量,并使观察孔朝向自己,以防误判。

(3) 螺丝刀式试电笔的刀体承受的转矩很小,一般不能用于旋转螺钉。

(4) 使用螺丝刀式试电笔时,一定要注意其使用范围,切不能超压使用,否则会出现事故。

3. 钢笔式数显试电笔

新型钢笔式数显试电笔有直接测试和感应测试两种测试方法,用两个按钮加以控制,其使用如图 2.3(b) 所示。钢笔式数显试电笔(见图 2.4),笔体带液晶显示屏,可以直观读取被测电压的数值。

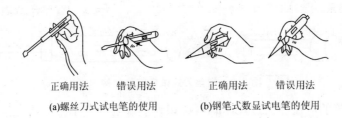

正确用法　错误用法　　　正确用法　错误用法
(a)螺丝刀式试电笔的使用　　(b)钢笔式数显试电笔的使用

图 2.3　试电笔的使用

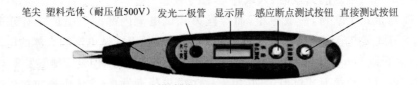

笔尖　塑料壳体（耐压值500V）　发光二极管　显示屏　感应断点测试按钮　直接测试按钮

图 2.4　钢笔式数显试电笔

1）直接测试按钮

离液晶显示屏较远,用笔尖直接接触线路,适用于直接检测 12～250 V 的交、直流电,显示的最高值为测试电压值。

测量非对地直流电时,笔尖接被测线路,而手要接触线路的另一极（正极或负极）。

2）感应测试按钮

离液晶显示屏较近,用笔尖感应接触线路,间接检测交流电的零线、相线和线路断路的情况。

间接检测:按住感应断点测试按钮,将笔尖靠近被测物体,如果显示屏上显示"高压符号",表明物体带交流电。

断点检测:按住感应断点测试按钮,将笔尖靠近该线路的绝缘外层,若显示屏内"高压符号"消失,则该处为断点处。

注意:测试时不能同时接触两个按钮,否则会影响测试结果。

4. 高压试电笔

高压试电笔用于测量线路或设备是否带有高压交流电,以确保停电检修时工作人员的人身安全。高压试电笔一般由检测部分、绝缘部分和握手部分组成。其中,绝缘部分和握手部分根据电压等级不同,长度也不尽相同。高压试电笔的使用如图 2.5 所示。使用时应注意以下事项。

（1）高压试电笔的额定电压一定要和被测线路或

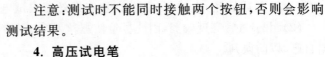

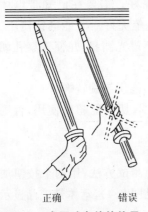

正确　　　错误
图 2.5　高压试电笔的使用

设备的工作电压等级相适应,避免对测量造成错误判断,危害检测人员的人身安全。

（2）按照《电业安全工作规程》规定,使用前应先在有电设备上进行自检,以验证高压试电笔性能良好。

（3）进行 10 kV 以上验电作业时,工作人员应戴绝缘手套,手握电器护环以下的握柄部分,并穿绝缘靴,同时保持人体与带电设备的安全距离。

（4）验电时,逐渐向带电体靠近,直至高压试电笔发光或发声为止。测量同杆架设的多层线路时,应遵循先低压后高压,先下层后上层的测试原则。

思考与练习

（1）试电笔的用途是什么?用试电笔测试电压的基本原理是什么?

（2）试电笔的分类有哪些?

（3）使用螺丝刀式试电笔时应注意哪些事项?

（4）使用高压试电笔时应注意哪些事项?

知识点二　螺丝刀

螺丝刀又称为螺丝旋具、改锥、螺丝批,用于拧紧或旋松头部带凹槽的螺钉,通常有一个薄楔形头,可插入螺钉头部的凹槽内。螺丝刀的材质一般为碳素钢和合金钢。习惯上,顺时针旋转螺丝刀为嵌紧,逆时针旋转螺丝刀为松出。

螺丝刀按结构形状可分为直形、L 形和 T 形。其中直形螺丝刀最常见;L 形螺丝刀为了省力,用较长的杆增大力矩;T 形螺丝刀主要用于汽修行业。螺丝刀按动力源可分为手动螺丝刀和电动螺丝刀两种,其形状如图 2.6 和图 2.7 所示。

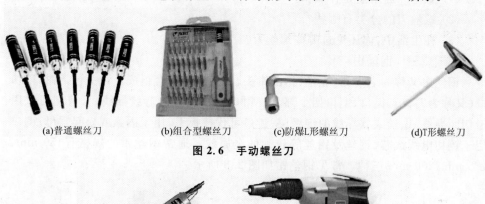

(a)普通螺丝刀　　　(b)组合型螺丝刀　　　(c)防爆L形螺丝刀　　　(d)T形螺丝刀

图 2.6　手动螺丝刀

图 2.7　电动螺丝刀

电工中常用的螺丝刀有以下三种。

1. 普通螺丝刀

普通螺丝刀的头部和手柄为一体,需要根据螺钉的种类和规格进行选用,否则可能拧平螺钉的凹槽,出现打滑现象。

普通螺丝刀的刀头形状可以分为一字、十字、米字、星形、方头、六角头等,其中生活中最常用的是一字和十字两种。一字螺丝刀可以用于十字螺丝,十字螺丝刀抗变形能力较强。其次,常见的还有六角头螺丝刀,分为内六角和外六角两种,方便多角度使力。小的星形螺丝刀常用于拆修手机、硬盘、笔记本电脑等电子产品。

螺丝刀头部形状表示为一字 SLOTTED、十字 PHILLIPS、米字 POZI、星形 TORX、方头 SQUARE、六角 HEXGONAL。其中字母后面的数字表示槽号,如十字 PH1、PH2、PH3,星形 T6、T8 等。

2. 组合型螺丝刀

组合型螺丝刀的螺丝刀头和手柄可以分开。安装时根据螺丝的不同类型,更换螺丝刀头即可,灵活性较强,不需要准备很多类型的螺丝刀,大大节省了存放空间。

3. 电动螺丝刀

电动螺丝刀又称为轮螺丝旋具(见图2.7),以电动马达代替人,实现快速装卸螺钉。电动螺丝刀通常是组合螺丝刀。

思考与练习

(1) 螺丝刀的用途是什么?

(2) 螺丝刀的分类有哪些?

(3) 在生活中,你还见过哪些螺丝刀?

知识点三　钢丝钳

钢丝钳又称为老虎钳、克丝钳,由钳头、钳柄和绝缘套组成。钳头包括钳口、切口(又称为刀口)、齿口、铡口四个部分。钳口用于夹持和弯绞导线;长剪切刀口用于切断导线、铁丝或软导线的绝缘层;齿口可代替扳手,用于固紧或松起螺母;铡口用于铡切电线线芯、钢丝及铅丝等较硬的金属线。通常钢丝钳的规格有150 mm、175 mm、200 mm三种。常见钢丝钳如图2.8所示。

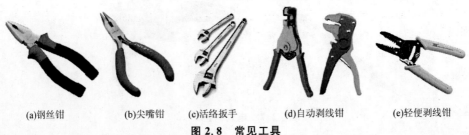

(a)钢丝钳　　(b)尖嘴钳　　(c)活络扳手　　(d)自动剥线钳　　(e)轻便剥线钳

图2.8　常见工具

钢丝钳种类比较多,大致可以分为日式、德式、欧式、美式等。市面上的钢丝钳在价格上相差较大,根据材质不同,主要分为中档和高档两种,通常由铬钒钢和高碳钢制成。铬钒钢的钢丝钳硬度高,质量好,为高档钢丝钳;高碳钢的钢丝钳,在强度和韧性方面不如前者,为中档钢丝钳。

电工使用的钢丝钳柄上套上一层额定电压 500 V 的绝缘套管,起到绝缘保护作用。为了增大手与金属钳手柄的摩擦力,胶套手柄上还有凹凸不平的花纹。

用钢丝钳剪断带电导线时,为避免短路,不得同时剪断相线和零线,注意必须单根操作。存放钢丝钳时,应在其表面涂抹润滑防锈油,避免支点发涩或生锈。注意钢丝钳不能作为锤子使用,以免刃口错位、转动轴失圆,影响正常使用。

思考与练习

(1) 钢丝钳是由哪些部分组成的?

(2) 钢丝钳的用途有哪些?

(3) 使用钢丝钳时应注意哪些问题?

知识点四 尖嘴钳

尖嘴钳又称为尖咀钳、修口钳、尖头钳。它由钳头、钳柄和绝缘管组成。电工用尖嘴钳的材质一般由中碳钢 45♯钢或 50♯钢(含碳量 0.45% 或 50%)制作,韧性和硬度均适中。其规格以全长表示,通常有 130 mm、160 mm、180 mm 和 200 mm 四种。

尖嘴钳的用途和钢丝钳的相似。但由于尖嘴钳钳头部分细长,所以能在狭小的空间进行操作。带有刃口的尖嘴钳还可以剪切细小零件。它是电工(尤其是内线电工)的常用工具,同时也是装配、修理各种仪表及电信器材的常用工具。

思考与练习

(1) 尖嘴钳的用途有哪些?

(2) 使用尖嘴钳时应注意哪些问题?

知识点五 活络扳手

活络扳手简称活扳手,是用于拧紧或拆卸六角螺丝或螺母的手动工具。常用的扳手除了活络扳手外,还有呆扳手、梅花扳手、两用扳手、钩形扳手、套筒扳手、内六角扳手等。相对于呆扳手而言,活络扳手可以改变开口大小。

活络扳手是由呆扳唇、活扳唇、扳口、蜗轮、轴销和手柄组成的,如图 2.9 所示。实际应用中,应根据螺母的尺寸,选配不同规格的活络扳手。电工实践中常用活络扳手的规格有 150 mm、200 mm、250 mm、300 mm 四种,通常用碳素钢或合金钢构成。

使用时,为了让活络扳手的开口和螺母大小相适应,右手应握手柄前部,用大拇指转动蜗轮,调节扳口的大小。调节合适后,为了省力,手应握住手柄后部。

用活络扳手的扳口夹持螺母时,正确的方法是呆扳唇在上,活扳唇在下。切不

扳口　　呆扳唇　　活扳唇　蜗轮　　轴销　　　　手柄

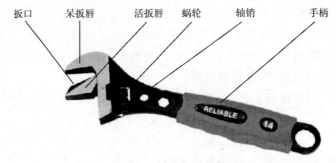

图 2.9　活络扳手结构

可反过来使用。用活络扳手扳动螺母时,为避免损伤活扳唇,切不可采用钢管套在活络扳手的手柄上来增加扭力。若螺母生锈,则在螺母上滴几滴煤油或机油,以增加润滑效果。

思考与练习

(1) 活络扳手的用途有哪些?

(2) 活络扳手在使用中应注意哪些问题?

(3) 生活中,你还见到了哪些扳手? 它们的作用是什么?

知识点六　剥线钳

剥线钳用于剥除导线外部的绝缘层,适用于外皮为塑料或橡胶绝缘的电线、电缆芯线的剥皮,具有剥皮迅速,不伤线芯的特点。它是内线电工、仪器仪表电工、电动机维修工的常用工具,由刀口、压线口和钳柄三部分构成。刀口、压线口一般由中碳钢构成。钳柄上套有额定电压为 500 V 的绝缘套管。

剥线钳使用方便,将位于钳头的刀口中放入待剥皮的线头,用手将钳柄捏住再松开,绝缘层和芯线便轻易脱离了。

目前常用的剥线钳有两种,轻便剥线钳和自动剥线钳。轻便剥线钳轻便、小巧,携带方便,有多个不同的线径刀口,剥线时需要根据导线线径的大小选择不同的刀口进行操作,否则会剪伤内部的金属芯线。而自动剥线钳能根据不同的线径自动进行调节,在同一个刀口上能对不同直径的硬芯软皮导线剥皮。自动剥线钳由于外形特点,也称为鹰嘴剥线钳或鸭嘴剥线钳。

思考与练习

(1) 剥线钳的种类有哪些?

(2) 剥线钳是由哪些部分组成的?

(3) 如何正确使用剥线钳?

知识点七　电工刀

电工刀是电工在装配维修中常用的切削工具,用于切削导线的绝缘层、割削木板和割断绳索等。它是由刀片、刀刃、刀把、刀挂等部分构成。电工刀通常可以折叠,不用时,可以将刀片收缩到刀把内。常见电工刀如图 2.10 所示。

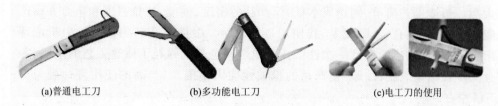

(a)普通电工刀   (b)多功能电工刀   (c)电工刀的使用

图 2.10 常见电工刀

按刀刃形状不同,电工刀分为直刃电工刀和弯刃电工刀两种。按刀柄绝缘不同,电工刀分为木柄电工刀和塑柄电工刀。

多功能电工刀除了普通刀片外,刀片上还有锉刀面区域,可以充当锯子使用;有的刀刃上具有一段内凹形弯刀口,可以作为扳手;有的电工刀还带有一字螺丝刀或十字螺丝刀、锥子、扩孔锥、钢尺、剪刀等。

使用电工刀之前,应该使用磨刀石或油磨石,以磨好刀刃部分。为了避免割伤电线的芯线,刀刃部分不能磨得太锋利。用电工刀切削导线绝缘层时,刀刃不能垂直对着导线切割,而应稍微翘起一些,并用刀的圆角抵住线芯。用电工刀切削双芯护套线的外层绝缘时,刀刃应对准两芯线的中间部位,把导线分为两部分。

在施工现场,电工刀的使用极为广泛:可以用刀刃,切削圆木与木槽板或塑料槽板之间的吻接凹槽;用锯子锯割木条、竹条,削制木榫、竹榫;用锥子在硬质材料上锥个洞,便于拧上螺丝;用剪子剪断电线、电缆的接头处以加强绝缘层;用钢尺测量电器设备的尺寸;等等。正是由于电工刀的结构紧凑,同时具有一刀多用的特点,只需一把电工刀便可完成常用操作,所以使用、携带方便。需要注意的是,在带电物体上操作时,严禁使用没有绝缘柄的电工刀。

思考与练习

(1)电工刀的用途有哪些?

(2)使用电工刀时应注意哪些问题?

自学与拓展 防爆电工工具

在易燃、易爆和腐蚀的工作环境中,需要用到防爆电工工具,它是由铜和其他稀有金属通过合金铸造、加工而成的。其材质选用金属铜,有两方面的原因:一方面,铜具有良好的导热性,使得工具和元器件在摩擦和撞击时,产生的热量能被迅速地吸收和传导;另一方面,由于金属铜相对较软,退让性较好,操作中,不易产生微小的金属颗粒,于是基本上看不到火花,因此防爆电工工具又称为无火花工具。

具体来说,防爆电工工具是由铝铜合金(铝青铜)或铍铜合金(铍青铜)两种材质构成的。对于要求更加严格、需要防磁的工作场合,应使用由铍青铜构成的防爆电工工具。因为防爆电工工具中含有铜,所以其表面呈金属黄色。

从制造工艺上分,防爆电工工具分为传统的铸造工艺和先进的锻造工艺两大类。铸造工艺简单、制造成本低,但产品的密度、硬度、抗拉强度和扭力方面性能不高,并且气孔、沙眼较多,其使用寿命较短。锻造工艺利用大型压力机或冲床,配合高耐热成形模具一次性锻压而成。锻造工艺弥补了铸造工艺的缺陷,并且基本杜绝了气孔、沙眼,使产品的机械性能大幅提高,产品的使用寿命延长了1倍左右。

防爆电工工具包括各种扳手及管钳类、锤子类、泥子刀类、扁铲及挫类、撬棍类、钳子及剪刀类、螺丝刀类、顶尖及听针类、杂品等。

市场上可以买到成套的防爆电工工具,常见的包括17件套、26件套、28件套、50件套电工组合工具等。

使用防爆工具时应注意以下事项。

(1) 购买防爆电工工具时,必须认准国家鉴定标签,只有经国家认可为防爆性能试验鉴定合格产品,才能保证工具使用的安全性。在购买前,作为用户应该事先了解工具应用环境,通过环境确定使用范围、性能特点等。使用前还应阅读说明书,了解使用方法和注意事项。

(2) 在使用防爆电工工具前,应确定其防爆性能是否满足实际的气体环境要求。

(3) 由于防爆电工工具在材料和工艺上具有特殊性,不应在非危险场所当成普通工具使用,以免破坏其结构,失去防爆性能。

(4) 防爆电工工具在大多数场合是高强度、耐腐蚀的,但是在一些潮湿及盐介质中,易被腐蚀,有些介质甚至与工具材料会发生化学反应,并产生高危险性的爆炸物质,如乙炔和铜会产生乙炔铜,所以应尽量避免在潮湿环境中使用防爆电工工具。如果必须在此环境下工作,则应缩短操作时间,使用后应及时擦拭。存放防爆电工工具时,也应避免防爆电工工具与强腐蚀性物质接触。

(5) 防爆电工工具中的各类扳手,都具有不同的额定强度,严禁超负荷使用。除敲击扳手外,其余扳手严禁敲击,以免引起断裂和变形。操作带刃防爆电工工具时,应保证防爆电工工具硬度比工件硬度高,防止防爆电工工具受损。

(6) 防爆电工工具在停用后,应随时将其擦拭干净。如果停用半年以内,应涂油或防腐蚀法保存,若停用一年以上,应涂油并装入袋或箱内存储。如果防爆电工工具磨损严重无法修复,则应报废,不得继续使用。

任务二 学习引导 专用电工工具的认识与使用

知识点一 冲击钻

冲击钻是电钻的一种,将电作为动力的钻孔工具,如图 2.11 所示。通常电钻可分为三种:手电钻、冲击钻、电锤。三种电钻中,电锤的价格最高,冲击钻其次,手电钻最便宜。三者的适用范围也不同,手电钻功率最小,通常当成电动改锥使用,仅用于钻木,不能用于钻水泥和砖墙,所以实用性不高;冲击钻能在砖块、砌块、混凝土等脆性材料上钻孔,是电工常用的专用工具;电锤也称为锤钻,冲击力最大,可在钢筋混凝土等任何材料上钻洞,但相应震动也大,对周边构筑物有一定的破坏作用。

图 2.11　冲击钻

　　冲击钻工作时,冲击机构带动钻头在水平方向做旋转运动,同时在垂直方向以每分钟 40000 次以上的频率冲击需钻孔的材料,以产生较强的冲击力。

　　在冲击钻的钻头夹头处有调节旋钮,工作时可在普通手电钻和冲击钻两种模式下进行切换。工作在普通手电钻模式时,具备旋转方式,不产生冲击力,可在木材、金属、陶瓷和塑料上进行钻孔攻牙;工作在冲击钻模式时,可对混凝土地板、墙壁、砖块、石料、木板和多层材料进行冲击和打孔。

　　冲击钻配备电子调速装备,通过控制微动开关的离合,可将 0~230 V 和 0~115 V 两种不同的电压分别加在冲击钻的电机上,实现高速和低速运转。同时还配备了顺、逆转向控制机构,能实现正、反转控制,完成松紧螺丝和攻牙等功能。

　　使用冲击钻时要注意以下几点。

　　(1) 使用前,需仔细检查冲击钻的塑料外壳、导线、开关是否完好,机器内螺丝是否松动。注意冲击钻外壳必须接有地线或中性线加以保护。

　　(2) 使用时,需将冲击钻接到常规 220 V 的额定电压,并且先让钻头空转几分钟,待转速正常后,再将钻头对准物体,以垂直 90° 的方式缓慢接触工件,适当用力,避免用力过猛,折断钻头、弹伤操作人员,甚至烧坏电动机。

　　(3) 操作时,需保持稳固的站立姿势,并佩戴护目镜。若工作地点潮湿,则为避免触电,需在脚下垫上干燥的木板或橡皮垫。

　　(4) 若使用中途需更换钻头,必须在冲击钻完全停转后进行,并用专用扳手和钻头锁紧钥匙,禁止使用其他非专用工具敲打冲击钻。

　　(5) 使用中,若冲击钻出现震动、过热等现象,应立即断电停用,待完全冷却后方可再次使用;若出现漏电等异常情况,应及时交给专业人员进行修理。

　　(6) 停电、休息或使用完毕后,应立即切断电源,并妥善保管。专业人员应定期检查冲击钻机体各部分的运行是否正常;应及时更换损伤严重的部分,在作业中丢失的螺钉和紧固件应及时增补,并在轴承、齿轮、冷却风叶等转动部位加注润滑油,以延长冲击钻的使用寿命。

思考与练习

(1) 电钻有哪些类型?它们分别适用于哪些场合?

(2) 使用冲击钻时应注意哪些问题?

知识点二 转速仪

转速仪,也称为转速表、测速仪,是用于测量电机、机床主轴和其他旋转轴类转速的仪器。常用转速仪如图 2.12 所示。转速仪用于制造业的各个领域,包括电机、电扇、造纸、塑料、化纤、洗衣机、汽车、飞机、轮船等。

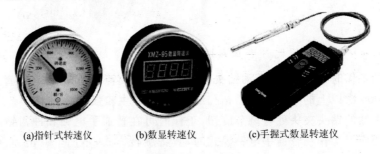

(a)指针式转速仪　　　(b)数显转速仪　　　(c)手握式数显转速仪

图 2.12　转速仪

转速仪的种类有很多,按工作原理和工作方式不同,可分为离心式转速仪、磁性转速仪、电动式转速仪、磁电式转速仪、闪光式转速仪、电子式转速仪等类型。

1. 离心式转速仪

离心式转速仪是最传统的转速测量工具,属于机械式转速仪。它利用机械力学的原理,使旋转产生的离心力与拉力相平衡,并由指针指示转速。离心式转速仪虽然结构比较复杂、测量精度不高,但可靠耐用、读数直观,通常就地安装。目前广泛应用于各行各业。

测量时,首先要估计被测转轴的转速范围,并将离心式转速仪的调速盘转到该范围内。为避免损坏测量机构,注意一定不能用低速挡测量高转速。如果转速无法估计,应将调速盘由高速挡向低速挡逐渐调节,以便找到合适的测量范围。然后,在一条轴线上,将离心式转速仪的转轴和被测轴轻轻接触,并逐渐增加接触力度,直到指针指示出稳定的转速值为止。

2. 磁性转速仪

磁性转速仪将磁力与机械力相结合,测量时旋转磁场产生的旋转磁力与游丝的弹力相平衡,也属于机械式转速仪。磁性转速仪的结构较简单,使用方便,可以就地安装,也可以利用软轴在短距离内异地安装,但软轴属于易损件。目前普遍运用于摩托车和汽车等设备。

3. 电动式转速仪

电动式转速仪主要包括四个部分:小型交流发电机、电缆、小型交流电动机和磁性表头。工作时,小型交流发电机产生特定的交流电,并通过电缆传送到小型交流电动机,小型交流电动机的转轴上连接有磁性转速头,当电动机的转速与被测轴的转速一致时,磁性表头的指示值就是被测轴的转速。由于电动式转速仪能旋转运动、异地拷贝,所以适合异地安装,同时具有安装方便、抗震性能良好的特点,目前广泛运用于柴油机和船舶等设备中。

4. 磁电式转速仪

磁电式转速仪利用电磁学的原理,将磁电传感器和电流表结合起来。测量时,与被测轴相连的检测齿轮会让磁电式转速仪内的磁场发生变化,而变化的磁场将引起磁阻元器件阻抗值发生变化,通过电流表监控磁阻元器件的阻抗值就能测量出被测轴的转速。磁电式转速仪操作简单、运行可靠,测量时不影响被测轴的转速,属于非接触式测量仪表,非常适合异地安装。

5. 闪光式转速仪

闪光式转速仪又称为频闪仪,是利用视觉暂留的原理测量转速的仪器,其重要组成部分是一个频率可调的闪光光源。根据频闪原理,当观测高速旋转或运动的物体时,调节闪光式转速仪的闪动频率与被测物的转动或移动速度接近并同步时,在观察者的眼中,被测目标看上去运动缓慢甚至静止。这就是视觉暂留现象,它使人目测就能轻易观测高速运动物体的运行状况。

闪光式转速仪在测量前,需要在被测物体上贴一个反射标记,将射出的可见光对准反射标记即可进行测速。它属于非接触式测量仪表。

同其他转速仪相比,闪光式转速仪不仅可以检测转速,还可以观测高速运动物体的静像,如监测其表面缺损及运行轨迹等,现广泛应用于机械制造、电力、轻工、纺织等行业和科研、教育等部门。

6. 电子式转速仪

随着电子技术的发展,电子式转速仪多种多样,能满足人们测量转速的各种需求,根据安装使用方式不同可分为就地安装式、台式、柜装式和便携式及手持式等。根据测量机构和显示机构不同,电子式转速仪可从以下两个方面进行分类。

1) 转速测量部分

根据原理和元器件不同,电子式转速仪可分为磁电感应式、光电效应式、霍尔效应式、磁阻效应式、介质电磁感应式等。大多数测量部件的输出信号为近似正弦波或矩形波的脉冲信号。

2) 转速显示部分

根据指示形式不同,电子式转速仪可分为指针式、数字式、图形式、混合式和虚拟式等。

(1) 指针式显示表头包括动圈式、动磁式和电动式三种。

① 动圈式表头:线圈、游丝和指针连在一个转轴上,测量部件输出的脉冲信号送入线圈,线圈感应出磁力,磁力使游丝指针偏转,同时游丝产生扭力,扭力和磁力相平衡时,指针指示输入电流的大小。

② 动磁式表头:指针固定于一个单极的永久磁铁,同时向两个正交的线圈通以脉冲电流信号,使合成磁场的方向发生变化,带动指针偏转。

③ 电动式表头:表头内电位器的电压与输入信号的电压相比较,比较结果决定了双向电动机的旋转方向,同时电动机的旋转改变电位器的滑臂位置,指针与电位器联动,反映了输入信号的大小。

在以上三类表头中,动磁式表头和动圈式表头本身不属于电子类,但与表头配套的测量部分及驱动表头的电源,仍使用了电子技术,所以归为电子类。

(2) 数字式、图形式、混合式:根据显示元器件不同可分为数码管、字段式液晶、液晶显示屏、荧光管、荧光屏、等离子屏等。

(3) 虚拟式转速仪:将已普及的计算机作为显示和操作平台,属于虚拟仪表。

思考与练习

(1) 转速仪有哪些类型?

(2) 观察生活中汽车、摩托车上的转速仪,说明转速仪如何读数。

知识点三 电烙铁

电烙铁是手工焊接的主要工具,通常用于制作电子产品和维修电器设备,常用电烙铁如图 2.13 所示。正确合理地使用电烙铁是提高手工焊接质量的关键。

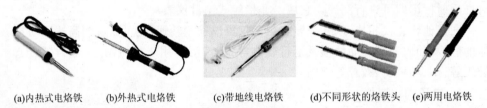

(a)内热式电烙铁   (b)外热式电烙铁   (c)带地线电烙铁   (d)不同形状的烙铁头   (e)两用电烙铁

图 2.13 电烙铁

1. 电烙铁的分类

市面上的种类繁多,电烙铁可从发热方式、功能、电功率等几个方面对其进行分类。

1) 按发热方式分类

电烙铁可分为直热式、感应式、储能式等。直热式电烙铁靠发热元器件直接对烙铁头加热,结构简单,价格低廉,应用最广。感应式电烙铁也称为速热烙铁,它内部有一个变压器,通过电磁感应,将初级的小电流变成次级的大电流,向加热元器件供电。感应式电烙铁一般只需通电几秒钟,就可达到焊接温度,适合于断续工作环境,但对于场效应管、集成电路、发光二极管、激光发射管、光敏晶体管等静电敏感元器件不适用。储能式电烙铁使用前,需将烙铁接在专用的供电器上充电,使用时取下烙铁,靠初始储能完成焊接操作。由于储能式电烙铁在焊接时未接电源,烙铁头不带电,适合焊接集成电路和易损坏元器件。

2)按功能分类

电烙铁可分为恒温式、调温式、吸锡式等。恒温式电烙铁价格较贵,烙铁头带有温度控制器,通过改变加热时间,使烙铁头在一定范围内保持恒定,适用于温度要求不高、焊接时间不长的场合。调温式电烙铁内部增加了一个功率控制器,通过改变电源的输入功率,从而改变烙铁头的温度。温度范围在 100～400 ℃ 内可调,适合焊接一般小型电子元器件和印刷电路。吸锡式电烙铁是在直热式电烙铁的基础上增加活塞式吸锡结构,将吸锡与电烙铁合二为一,同时具有加热和吸焊两种功能,也可作为单一的拆焊工具,适合拆卸集成电路板,但操作速度不高。

3)按电功率分类

电烙铁可分为大功率电烙铁和小功率电烙铁,其功率从几十瓦到几百瓦不等。电功率越大,烙铁头温度越高。若焊接点的面积大,则散热速度也快。为保证焊接效果,需选用功率大些的电烙铁。

2. 直热式电烙铁的结构

目前最常用的是直热式电烙铁。它由烙铁芯、烙铁头、手柄、接线柱等部分组成。

烙铁芯将镍铬电阻丝平行地缠绕在云母、陶瓷等绝缘、耐热的材料上,起到加热作用,是电烙铁最关键的组成部分。

烙铁头的作用是将烙铁芯产生的热量传递出来。电烙铁在高温焊接时,为了熔解焊料,烙铁头的温度比被焊接元器件的温度高得多。为避免其氧化生锈,通常烙铁头用紫铜材料或合金材料制成。烙铁头的形状也各不相同,常见的有尖锥形(适用于密集焊点)、凿形(适用于长形焊点)、圆斜面(通用)、弯形(适用于大焊件)等,以满足不同场合的焊接要求。

手柄通常由尼龙、塑料、木料等几种材料制成,起到绝缘作用。100 W 以上大功率的电烙铁一般是木柄,20～80 W 的小功率电烙铁一般是塑料柄或尼龙柄。尼龙柄的电烙铁能够长时间进行高温工作,塑料柄的电烙铁连续通电 2～3 个小时就要断电一次,否则塑料柄因温度太高而烫手。

接线柱将烙铁芯同 220 V 电源线相连。电源线采用塑料线或花皮线,花皮线不易破损或被烫伤,安全性能明显优于塑料线。目前使用的电烙铁大都是两芯插头,无接地线,安全性不高。为避免电烙铁漏电,出现触电事故,需增加接地线,保护使用者人身安全。同时在焊接静电敏感元器件时,为防止电烙铁外壳带电烧坏元器件,也应外接地线。这时可以拆开电烙铁的手柄,会发现里面还有一个接线柱接的是电烙铁的外壳,只需将该接线柱外接一根接地线即可,也可将两芯插头换为三芯插头,使外壳可靠接地。

直热式电烙铁,按烙铁芯和烙铁头的位置不同,又可细分为内热式和外热式两大类。

(1) 内热式电烙铁的烙铁芯安装于烙铁头里面。由于是直接对烙铁头加热,具有发热快、效率高、耗电省、体积小的特点,所以应用广泛、价格便宜。但由于电热丝的镍铬电阻和瓷管较细,机械强度较差,为避免发生意外,使用时不能用力敲击,更不能用钳子夹发热烙铁头,以免发生意外。

通常制作电子产品时,使用 20 W、25 W、30 W、50 W 几种内热式电烙铁即可。

普通的内热式电烙铁,烙铁头的温度不可调,若要改变其温度,必须更换烙铁头。由于电烙铁的后端是空心的,并用弹簧夹固定套接于连接杆,所以更换烙铁头时,必须退出弹簧夹,再用钳子夹住烙铁头的前端,慢慢地拔出,避免损坏连接杆。

(2) 外热式电烙铁的烙铁芯安装在烙铁头外面。外热式电烙铁的一般功率都较大,通常其功率为 25 W、45 W、75 W、100 W 及以上。相对内热式电烙铁而言,外热式电烙铁加热较慢,体积和重量较大,但比较牢固,使用寿命较长。

焊接大焊件时常采用 150~300 W 大功率外热式电烙铁。

3. 电烙铁的选用

电烙铁的种类和规格有很多,可根据焊件的实际要求,合理选择电烙铁的功率、类型和烙铁头的形状。通常要考虑以下几个因素:烙铁头的形状需根据焊件物面要求和产品装配密度选择。为了与焊料的熔点相适应,烙铁头的顶端温度通常比焊料熔点高 30~80 ℃。同时需注意的是,当烙铁头接触到焊件表面时,其顶端温度会因热量散失而降低,只有过一段时间后才能恢复到最高温度。该时间与电烙铁的功率、热容量、烙铁头的形状及长度有关。选择电烙铁时,烙铁头的温度恢复时间应与焊件表面的要求相适应。

如果焊件较大,电烙铁功率较小,会使焊接温度偏低,焊料融化较慢,焊剂不能充分挥发,造成焊点不光滑、不牢固,影响焊接质量。这时为达到焊接温度,延长烙铁头在焊件表面的停留时间,但可能将热量传递到整个焊件,使元器件损坏。同样,如果电烙铁功率太大,也可能造成焊点过热,损坏元器件,严重时甚至使印刷电路板的铜箔脱落,焊料流动过快,造成短路。所以选用电烙铁时,应根据实际情况灵活应用。通常有以下情况可供参考。

(1) 维修、调试一般电子产品时,可选用 20 W 内热式、恒温式、感应式、储能式、两用式电烙铁。

(2) 焊接印刷电路板、集成电路、晶体管、CMOS 电路和受热易损元器件时,可选用 20 W 内热式、25 W 外热式、恒温式、感应式电烙铁,或断电后用余热焊接。

(3) 焊接较粗导线和同轴电缆时,可选用 45~75 W 外热式、50 W 内热式电烙铁。

（4）焊接较大元器件时，如 8 W 以上大电阻、ϕ2 以上导线，可选用 100 W 内热式、150～200 W 外热式电烙铁。

（5）焊接行输出变压器、大电解电容器、金属板的引线脚等，应选用 300 W 以上的外热式电烙铁。

4. 使用电烙铁的注意事项

1）烙铁头的镀锡与修复

老式的铜头电烙铁在初次使用前，应给烙铁头上锡，具体的方法是：首先用锉刀将烙铁头锉成所需形状，并保持表面干净；然后接通电源，当温度逐渐升高时，在烙铁头上蘸一点松香；当松香冒烟，烙铁头的温度也升高到可以熔化焊锡时，用烙铁头的刃面接触焊锡丝，在其表面均匀镀锡。

目前烙铁头大多由经电镀处理的紫铜材料或合金材料制成，其目的是保护烙铁头不易被腐蚀和生锈。所以新烙铁在初次使用时，若没特殊要求，无须打磨或修锉。

但电烙铁在使用较长时间后，可能在其表面出现黑色氧化层，这时可将热的烙铁头在湿布或海绵片上擦拭，去除其表面氧化层。若烙铁头出现了凹坑，则需用细纹锉刀轻轻对其进行修复，待露出紫铜的光泽后，再在其表面镀一层焊锡。若损坏较为严重，无法修复，则需更换烙铁头。

2）电烙铁的安全使用

（1）使用前，要先检查电源线、电源插头是否破损，烙铁头是否松动。

（2）使用中，要轻拿轻放，不能用力敲打电烙铁，并防止坠落，避免电烙铁内部电热丝或引线断裂。如果烙铁头上焊锡过多，应用湿布擦拭，不可随意甩动，防止烫伤他人。

（3）电烙铁在通电时温度很高，为防止烙铁头烫伤电源线或其他物件，不用时应将其放回到烙铁架上，并保持烙铁架平稳。长时间不用电烙铁时，为避免高温让烙铁头氧化变黑，应及时切断电源，让其自然冷却，注意不能用手触摸烙铁头及相关部件。

（4）操作中手和烙铁都要保持干燥，烙铁附近不得放置易燃物品。由于焊接时产生的烟雾化学成分复杂，对人体有害，所以工作车间应保持空气流通，最好有专用的吸烟仪。

（5）使用电烙铁完毕后，应将烙铁头擦拭干净，并镀上新锡，防止其氧化生锈。长期不用，应定期对烙铁头进行清理，并检查发热元器件是否有异物附着。

3）电烙铁的拿法

（1）正握法：用五指将电烙铁的手柄朝下握在掌中，如图 2.14（a）所示。此拿法适用于中功率电烙铁，且烙铁头多为弯型，多用于焊接面和桌面垂直的情况。

（2）反握法：用五指将电烙铁的手柄朝上握在掌中，如图 2.14（b）所示。此拿法长时间操作不易疲劳,适用于大功率电烙铁,或焊接散热量大的被焊件。

(3) 握笔法:用握笔的方式拿电烙铁,如图 2.14(c)所示。此拿法适用于小功率电烙铁,或焊接面积小、焊接散热量小、元器件多的焊件。一般在操作台上焊接电路板时多采用握笔法,如收音机、电视机印刷电路板的焊接和维修。

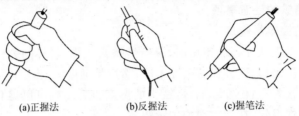

(a)正握法　　　　　　(b)反握法　　　　　　(c)握笔法

图 2.14　电烙铁的拿法

4) 焊接中的故障排查

(1) 如果通电后,电烙铁的发热指示灯不亮,应检查电源线与插座是否连接良好;电烙铁发热元器件是否烧坏或短路等。

(2) 如果接通电源后,指示灯亮,而烙铁头温度不高,可能的原因有:电源电压低于 AC 220 V、烙铁头破损或氧化、发热元器件破损或发热元器件的电阻值过小(正常时电阻值应在 2.5~3.5 Ω 之间)。

(3) 如果通电后,电烙铁带电,主要原因是电源线从其接线柱脱落,并碰到了接地接线柱,使烙铁外壳带电。

(4) 如果焊接过程中,烙铁头不上锡,可能是烙铁头的温度太高,或表面氧化物未完全清除。

思考与练习

(1) 电烙铁的分类有哪些?

(2) 使用电烙铁时,应注意哪些问题?

知识点四　吸焊器

在维修或调试电器设备时,往往需要将错误连接或损坏的元器件从电路板上拆卸下来进行更换,这时可以直接用电烙铁加热焊锡,待焊锡融化后取出元器件。但如果操作不当,容易使元器件烧毁,印刷导线断裂,甚至焊盘脱落,造成不必要的损失。特别是集成电路,引脚多、插孔小,拆卸更加困难。这时如果能将焊锡全部吸走,会使得拆卸工作变得十分简单。吸焊器就是焊接的辅助工具,主要用于收集融化焊锡。通常采用活塞结构,利用内外空气压强差,将熔融的焊锡吸到吸筒内。吸焊器又称为吸焊笔(吸笔)、吸焊泵、吸焊枪等。

1. 吸焊器的分类

吸焊器按吸筒壁使用的材料可分为塑料吸焊器和铝合金吸焊器。塑料吸焊器做工一般,但使用轻便、价格便宜;铝合金吸焊器外观精致,密闭性能好,使用寿命长。

吸焊器按结构主要可分为手动吸焊器、电动吸焊器两大类。手动吸焊器结构简单,有塑料和铝合金两种材质。电动吸焊器采用铝合金材料制成,新型的电动吸焊器还带有加热功能,故称为电热吸焊器。它在使用时,集电动、电热吸焊于一体,无须用电烙铁加热,可以用单手直接拆焊,使用更为方便。部分电热吸焊器还带有烙铁头,称为双用吸焊电烙铁、焊吸两用吸焊器。

除此之外,常用的吸焊工具还有热风拆焊台、吸焊球(气囊吸焊器)、吸焊带(铜编织线)等。如果手头上工具有限,也可用医用空心针头代替吸焊器。

常用吸焊工具如图 2.15 所示。

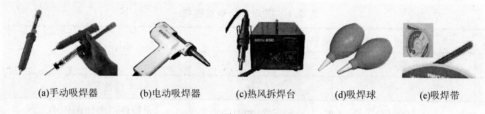

(a)手动吸焊器　　　(b)电动吸焊器　　　(c)热风拆焊台　　　(d)吸焊球　　　(e)吸焊带

图 2.15　常用吸焊工具

2. 常用吸焊工具的使用

吸焊器在每次接触焊点之前,可以蘸一点松香,以增强焊锡的流动性。根据吸焊器种类不同,使用方法略有不同,具体可分为以下几种。

1) 手动吸焊器的使用

在拆焊前,应根据元器件引脚的粗细,选择不同规格的吸焊器头,然后检查吸焊器吸筒的密封性是否完好。这时用手堵住吸嘴的小孔,并按下按钮,如果活塞弹出后不容易复位,则表明密封性能良好。

使用手动吸焊器拆焊时,先推下推杆帽,将吸焊器中空气压出,在听到"咔"一声响后,表明吸焊器已卡住固定。然后用电烙铁对焊点进行加热,使焊料熔化,同时将吸焊器的吸嘴对准熔化的焊料,按一下吸焊器上的按钮,即可将焊料吸进废料盒内。若一次未将焊料完全吸净,需熔入少量焊锡,重复多次吸焊。

在使用吸焊器后,应及时清理废料盒、吸嘴及内部活动部分。可将按钮稍微往上抬起,拉动推杆,并拆下活塞,用刷子等工具将残留焊锡渣清理干净。同时应定期对吸嘴进行更换,具体方法是:将推杆帽往下推,听到"咔"一声后继续用力向下推,待吸嘴脱落后,将新吸嘴嵌入并进行更换。

2) 电动吸焊器的使用

电动吸焊器内部通常有一个强力小型泵,吸筒为真空结构,具有吸力大、能连续多次操作,使用方便,工作效率高的特点。

电热吸焊器主要由真空泵、加热器、吸焊头和容锡室构成。在使用前,需通电预热 5~10 min。当加热器将吸焊头的温度加热至最高时,将吸焊头贴近焊点,并轻轻拨动引脚使其松动,待焊料完全熔化,这时扣动扳机,产生负压将焊料吸入容锡室。

电热吸焊器中吸焊头的温度和吸力直接决定了吸焊质量。若吸焊嘴吸力不强,或焊料未充分熔化就进行吸焊,可能会使引脚处仍有部分焊锡残留。这时应在引脚处补上少量焊锡,并更换吸焊器,将残余焊锡清除。

同手动吸焊器一样,在使用电动吸焊器一段时间后,应对容锡室和吸焊头进行清扫,避免焊锡将其堵住。

吸焊头的规格,可参考表 2.1 进行选择。

表 2.1　吸焊头的规格选择

吸焊头规格		适 用 情 况
内孔直径	外孔直径	
1 mm	2.5 mm	标准尺寸
0.8 mm	1.8 mm	元器件引脚间距较小
1.5~2.0 mm	—	焊点大、引脚粗

思考与练习

(1) 吸焊器的分类有哪些?

(2) 通过查阅资料,试说明电动吸焊器和热风拆焊台原理上有什么区别?

(3) 如何正确使用不同类型的吸焊器?

任务三　常用电工仪表的使用与维护

知识点一　电压表

电压表又称为伏特表,是用于测量电气设备电压的仪表。由于电压的高低直接决定了用电设备的工作状态,甚至关系到用电设备的安全,所以正确使用电压表监控电压显得十分重要。

电压表的种类有很多,常用电压表如图 2.16 所示。在电路图中,其电路符号

(a)指示用电压表

(b)检测用电压表

(c)模拟电压表

(d)数字电压表

图 2.16　电压表

统一用字母 V 来表示。根据功能不同,电压表可分为指示用电压表和检测用电压表;根据被测对象不同,可分为直流电压表和交流电压表;根据工作原理和读数方式不同,可分为模拟电压表和数字电压表两大类。

1. 指示用电压表与检测用电压表

1) 指示用电压表

指示用电压表只能起到显示电压的作用,通常安装于各种电子仪器的面板上,用于观测电压的大小,从而监测仪器的工作状态。它分为模拟式和数字式两种。

2) 检测用电压表

检测用电压表的量程分为可调与不可调两种。可调量程的电压表电压测量范围较大,可通过转换开关选择不同的量程范围。不可调的电压表电压测量范围较小,一般只有两种量程,只能在实验室中使用。

2. 模拟电压表与数字电压表

1) 模拟电压表

模拟电压表是最常见的检测仪表之一。其主要组成部分为表头,用于指示被测数据的大小。模拟电压表利用表头上的指针来读出被测电压,所以又称为指针式电压表。

(1) 模拟电压表的表头。模拟电压表用于测量直流电压时,常采用高灵敏度的磁电系测量机构作为表头。磁电系测量机构具有读数准确、刻度均匀、消耗能量小的优点,其仪表精度为 0.1~0.5 级,但其结构复杂、价格较高、过载能力差。测量时只能通过直流电,指针的偏转角度与所通电流的大小成正比,而指针的偏转方向取决于电流的方向,所以必须注意模拟电压表正、负极的接法。模拟电压表的红表笔插入正极"+"插孔,接电路的高电位;黑表笔插入负极"-"插孔,接电路的低电位。目前,用于测量直流电的仪表多采用磁电系测量机构,在其面板上有直流(Direct Current,DC)标志,电路符号为$\underline{V}$。

模拟电压表用于测量交流电压,常采用电磁系测量机构作为表头。电磁系测量机构结构简单、过载能力强,能通过交流电。但刻度不均匀,易受外部磁场干扰,所以相对于磁电系测量机构而言准确度不高。通常仪表精度为 0.5~2.5 级。交流电压表在其面板上有交流(Alternating Current,AC)标志,电路符号为 $\tilde{V}$。使用时,红、黑表笔与被测交流电路的连接没有严格的要求。但直流电压表和交流电压表绝对不能互换使用。

(2) 模拟电压表的量程。通常模拟电压表的表头通过的电流很小,两端的电压也小,一般为零点几伏甚至更小。在实际测量电压时,为保证表头能正常工作,应在模拟电压表内部串联大电阻,使电路中电流减小,表头的电压降低。电压表的量程越大,所需串联的电阻也越大。

模拟电压表按被测电压的大小不同,可分为毫伏表(量程为 mV 量级)、伏特表(量程为 V 量级)和千伏表(量程为 kV 量级)。使用时,模拟电压表的量程应大于被测电压的值。如果不能估计被测电压,则先选用大量程,试触后粗略测得电压,再使用适合的量程,以避免电压过大时将指针打弯。

但需要注意的是,量程并不是越大越好。量程越大,读数时产生的误差也越大,所以实际测量中,一定要选择适合量程的电压表。通常在读数时,指针尽可能接近满刻度值,指针偏转应不小于表盘满刻度的 2/3 区域。

若需要测量电力系统中几千伏甚至几十千伏的高电压时,应配合电压互感器来扩大量程。先将电压互感器的一次侧绕组接在高电压上,利用电磁感应将高压降低,然后再用电压表测二次侧绕组电压的低电压。最后电压表的读数乘以电压互感器的电压变比,才是实际电压的测量值。

(3)模拟电压表的内阻。电压表在工作时应与被测支路并联。为了减小测量误差,电压表在测量时应不影响原电路的工作状态。这时通过电压表的电流应尽可能为零,其内阻应尽可能大。通常认为电压表的内阻应远大于与它并联的电阻,一般要求内阻应不小于被测电阻的 100 倍。

(4)模拟电压表的调零。模拟电压表在使用中,其机械性能可能发生变化,为避免对读数带来误差,这时需对表头进行机械调零。可以用一字螺丝刀调整电压表的指针校正钮,将指针调到表盘的零刻度。

(5)模拟电压表的读数。模拟电压表根据指针在表盘上的位置来读数,同时要注意所选用的量程。如学生用电压表,一般正接线柱有 3 V、15 V 两个:当选择量程为"15 V"时,刻度盘上的每个大格表示 5 V,每个小格表示 0.5 V(最小分度值是 0.5 V);当选择量程为"3 V"时,刻度盘上的每个大格表示 1 V,每个小格表示 0.1 V(最小分度值是 0.1 V)。

2)数字电压表

与传统的模拟电压表相比,数字电压表具有测量精度高、读数误差小、测量速度快、输入阻抗高、自动调零、抗干扰能力强、过载能力强等特点。自 1952 年问世以来,数字电压表已成为测量领域应用最广泛的仪表之一。

数字电压表简称 DVM(Digital Voltmeter),它的种类繁多,但共同点都是将被测电压连续的模拟量转换为离散的数字量并加以显示,所以结构和原理基本相同。其核心部分是模/数(Analog-to-Digital,A/D)转换器。数字电压表内部结构简化图如图 2.17 所示。

图 2.17 数字电压表内部结构简化图

根据 A/D 转换器,数字电压表分为比较型数字电压表和积分型数字电压表两种。

比较型数字电压表又称为直接转换型数字电压表,它是利用被测电压和基准电压相比较,得到被测电压的数字信号,然后送入发光二极管(Light Emitting Diode,LED)显示屏或液晶显示器(Light Crystal Display,LCD)进行显示。比较型数字电压表测量精度高、转换速度快,但抗干扰能力较差。

积分型数字电压表又称为间接型数字电压表。它是将被测电压转换为时间或频率的中间量,并且该中间量与被测电压成正比,然后通过计数器计量中间量的数值,得到被测电压的数字信号。积分型数字电压表机构较复杂、速度较慢,但成本低、抗干扰能力强。

思考与练习

(1)电压表的分类有哪些?

(2)电压表在使用时应注意哪些方面?

知识点二　电流表

电流表又称安培表,用于测量电路中电流的大小。常用电流表如图 2.18 所示。在电路图中,其电路符号用字母 A 来表示。同电压表类似,电流表根据功能不同,可分为指示用电流表和检测用电流表。根据被测对象不同,可分为直流电流表和交流电流表。根据工作原理和读数方式不同,可分为模拟电流表和数字电流表。

(a)检测用电流表　　(b)指示用电流表　　(c)单相数字电流表　　(d)三相数字电流表　　(e)台式数字电流表

图 2.18　电流表

1. 模拟电流表

模拟电流表又称为指针式电流表,根据被测电流的大小不同,可分为微安表、毫安表和安培表。

1)模拟电流表表型的选择

测量直流电流时,选择磁电系电流表,表盘上有 DC 或"—"标志;测量交流电流时,选择电磁系、电动系或整流系测量机构的电流表。表盘上有 AC 或"～"标志。

2)模拟电流表的接线

使用电流表测量电路中电流时,应将其串联在被测电路中。电流表的红表笔插入正极"＋"插孔;黑表笔插入负极"—"插孔。注意,若使用直流电流表测量电路中的直流电流,电流应从电流表的正极流入,从电流表的负极流出。

使用中,禁止将电流表未经过负载直接连到电源的两个电极上。因为电流表内阻小,这时会造成短路,可能将表头指针打弯,严重时会烧坏电流表、电源和导线。

3)模拟电流表的量程选择

实际测量中,要选择适合量程的电流表。若被测电流的大小不能估计,则可以采用试触的方法来判断量程是否合适。先选择大量程的电流表,若指针摆动不明显,再换小量程的电流表。通常在读数时,指针尽可能接近满刻度值,指针偏转应不小于表盘满刻度的 2/3 区域。

模拟电流表的表头通过的电流很小,一般为微安或毫安数量级的电流。为了测量更大的电流,电流表内部应并联专用的电阻器(也称为分流器)。若测量几安以上的大电流,则应采用外附分流器。若使用梯级(环形)分流器,则可制成多量程电流表。

如果需要测量电力系统中数值较大的交流电流时,可配合电流互感器来扩大量程。将电流互感器一次侧绕组接电路中的大电流,电流表串联接在互感器的二次侧绕组上测量小电流。电流表的读数乘以电流互感器的电流变比,才是实际电流的测量值。

4)模拟电流表的内阻

为了减小测量误差,电流表在串联测量时应不影响原电路的工作状态,这时电流表的电压应尽可能为零,故其内阻应尽可能小。通常认为电流表的内阻应远小于与它串联的电阻,一般要求内阻应不大于被测电阻的 1/100。

5)模拟电压表的调零

模拟电流表在使用中,其机械性能可能会发生变化,为避免对读数带来误差,这时需对表头进行机械调零。可以用一字螺丝刀调整电流表的指针校正钮,将指针调到表盘的零刻度。

2. 数字电流表

数字电流表,又称为数显电流表,具有读数清晰准确、输入阻抗小、测量速度快等特点。与数字电压表相同,数字电流表通常也由三部分构成:A/D 转换模块、信号处理与控制模块、显示模块。

与模拟电流表类似,数字电流表按测量领域不同可分为直流电流表和交流电流表。一台性能良好的数字电流表可以实现毫安至安之间多量程的精确测量;可以测量直流、交流电流,还可以测量各种波形电流的有效值,如正弦波、方波、三角波、锯齿波等。有的数字电流表还带有 RS-232 或 RS-485 数字接口,可以与计算机实现数字交换,实现远程控制。

思考与练习

(1)电流表的分类有哪些?

（2）如何正确使用电流表？

知识点三　钳形电流表

使用普通电流表测量电流时,应首先断电并停机,断开电路后再将电流表接入。而某些场合不允许断开电路,如正常运行的电动机,这时需用到钳形电流表,它可以在不断电的情况下,测量正在运行的电气线路的电流大小。钳形电流表简称钳形表,因其表头有一个钳形头而得名,常用钳形电流表如图 2.19 所示。钳形电流表的拿法如图 2.20 所示。

(a)模拟钳形电流表　(b)数字钳形电流表　(c)大口径钳形电流表

图 2.19　钳形电流表　　　　　图 2.20　钳形电流表的拿法

钳形电流表最初用于测量交流电流,但目前也可用于测量交、直流电压,电流,电容容量,二极管,三极管,电阻,温度,频率等,与万用表的功能完全相同,故将钳形表称为钳形万用表。

1. 钳形电流表的结构和原理

钳形电流表由电流互感器、钳形扳手、电流表组成,如图 2.21 所示。其中,①为电流表,②为电流互感器,③为铁芯,④为手柄,⑤为二次侧绕组,⑥为被测导线,⑦为量程选择开关。根据电流表的结构不同,可分为模拟钳形电流表和数字钳形电流表,主要用于测量工频的交流电。模拟钳形电流表又称为指针式钳形电流表,它由特殊电流互感器和带整流装置的磁电式表头构成。目前用得最多的为数字钳形电流表,

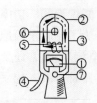

图 2.21　钳形电流表的结构

它可将模拟量转换成数字量,并以数字形式显示测量结果,读数更直观、精确。

钳形电流表的铁芯如同钳子,用弹簧压紧。当紧握扳手时,铁芯可以张开,被测导线可以不必切断进入钳口内部,作为电流互感器的一次侧绕组。电流互感器的二次侧绕组绕在铁芯上,并与电流表接通。当放松扳手时,铁芯闭合,根据电流互感器的原理,在二次侧绕组上产生感应电流,电流表指示读数。

钳形电流表内有不同量程的转换开关,可以用于测量不同等级的电流大小,但拨挡时不允许带电进行操作。钳形电流表准确度一般不高,通常为 2.5～5 级。

钳形电流表可专用于检测电路中的漏电电流,称为漏电钳形电流表。与普通钳形表的检测方法不同,当检测单相两线式线路、单相三线式或三相三线式线路是否漏电时,应将两根线或三根线全部夹住,或者直接夹住地线进行检测。目前,在低压线路上检测漏电电流的绝缘管理方法,已广泛应用于不能断电的楼宇或工厂

车间。

2. 使用钳形电流表的注意事项

（1）钳形电流表分为高压和低压两种，严禁用低压钳形电流表测量高电压回路中的电流。同时被测线路的电压应低于钳形电流表的额定电压，否则会烧坏电流钳形表。所以检测时，应选择合适的钳形电流表进行测量。

（2）测高压线路的电流时，要戴绝缘手套，穿绝缘鞋，并站在绝缘垫上。

（3）模拟钳形电流表测量前需要机械调零。测量时，为减少误差，应保持钳口紧闭，并让被测导线位于钳口中央。检测电源线的电流时，应单独钳住相线或零线，不可同时测量相线、零线和地线的电流。

（4）根据铭牌值估算出检测的量程，或先选择大量程，读数偏小后再往小量程调整。若测量时使用了最小量程，读数不明显，可将被测导线在钳口中央绕几匝，则被测电流＝读数/匝数。

（5）测量结束后，要将转换开关旋至最大量程处，并将钳形电流表保存在干燥的室内。

思考与练习

（1）使用钳形电流表测量电流时，应注意哪些问题？

（2）钳形电流表除了能测量电流外，还能测量哪些物理量？

知识点四　功率表

为了比较全面地了解电器设备的运行情况，对于专业人员，除测量线路的电压、电流外，通常还要测量线路的功率，这时需要使用功率表。在电路图中，功率表的电路符号统一用字母 W 来表示。常见功率表如图 2.22 所示。

(a)模拟功率表　　　　　(b)数字功率表　　　　　(c)钳形功率电表

图 2.22　功率表

1. 功率表的结构

功率表多为电动系结构，和电流表、电压表一样，包括模拟功率表和数字功率表两种。其结构中包括两个线圈：固定线圈1，即电流线圈，它的匝数较少、导线较粗，电阻值小，电流线圈与负载串联，其电流与负载电流相同；可动线圈2，即电压线圈，它的匝数较多、导线较细，电阻值大，电压线圈串联一个电阻值很大的附加电阻3后，与负载并联，电压线圈上的电压正比于负载电压。所以，功率表的读数为负载电流与电压的乘积。一个功能完善的功率表，通常可以测量负载的有功功率、功率因素、视在功率、无功功率等。

功率表的电压线圈和电流线圈上均标有"＊"号端子,称为电源端钮,电流应从该端子流入。

2. 使用功率表的注意事项

1) 功率表的量程选择

功率表就是同时测量负载的电流和电压,所以必须对功率表的电流量程和电压量程做出正确的选择,即负载电流不超过功率表的电流量程,负载电压不超过功率表的电压量程,而不能仅仅从功率角度来考虑。

例如,两个功率表,量程分别为 300 V、2 A 和 150 V、4 A,它们的功率量程都为 600 W。如果要测量一个电压为 220 V、1.5 A 的负载功率,则必须选择 300 V、2 A 的功率表;虽然 150 V、4 A 的功率表的功率量程大于负载功率,但其电压量程小于负载电压,因而不能选用。所以,在测量前,应根据负载的额定电压和额定电流来合理选择功率表的量程。一般,将实际功率的 120% 作为功率表的量程。

2) 功率表的接线法及测量线路

由于电动系测量机构的转动方向与两线圈的电流方向有关,如果改变一个线圈中电流的方向,模拟功率表的指针就会反转。为了正确连线,两线圈的电源端钮"＊"应接入电源的同一极性位置,保证电流同时从两线圈的"＊"流入,从另一端流出。满足这一条件的接线方法有两种,即电压线圈前接法和电压线圈后接法,如图 2.23 所示。

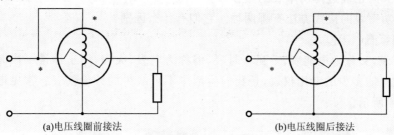

(a)电压线圈前接法　　　　　　　　(b)电压线圈后接法

图 2.23 功率表的接线法

当负载电阻较大,远大于电流线圈的电阻时,应采用电压线圈前接法。这时电压线圈测量的电压为电流线圈和负载的总电压,功率表的读数为电流线圈和负载的总功率。由于负载电阻较大,忽略了电流线圈的分压作用,测量功率和负载实际功率近似相等。

当负载电阻较小,远小于电压线圈的电阻时,应采用电压线圈后接法。这时电流线圈测量的电流为电压线圈和负载的总电流,功率表的读数为电压线圈和负载的总功率。由于负载电阻较小,忽略了电压线圈的分流作用,测量功率和负载实际功率近似相等。

如果被测负载的功率较大，可以忽略功率表本身消耗的功率时，则使用两种测量方法均可。一般情况下，电流线圈消耗的功率比电压线圈消耗的功率小，所以最好采用电压线圈前接法。

3）功率表的读数

（1）对于模拟功率表而言，若为安装式功率表，多为单一量程，直接读出表盘上示数即可。便携式功率表一般为多量程式，不同的电压和电流量程，每分格对应的功率数不同。读数前，应先根据所选的电压量程 U、电流量程 I 及满偏时的格数 a，计算出每格瓦特数（称为功率表常数）C，然后再乘以指针偏转的格数，得到所测功率 P。

例 2.1 有一只电压量程为 250 V，电流量程为 3 A，标度尺分格数为 75 的功率表，现用它来测量负载的功率。当指针偏转 60 格时负载功率为多少？

解 先计算功率表常数，即

$$C = UI/a = 250\ \text{V} \times 3\ \text{A}/75\ \text{格} = 10\ \text{W/格}$$

故被测负载的功率为

$$P = C \times \text{格数} = 10\ \text{W/格} \times 60\ \text{格} = 600\ \text{W}$$

（2）对于数字功率表可以直接读数。如一个数字功率表，其读数为 5，若量程为 200 W，则实际有功功率为 5 W；若量程为 10 kW，则实际有功功率为 5 kW。

思考与练习

（1）如何正确选择功率表的量程？

（2）功率表的接线方法有哪两种？它们有什么区别？

知识点五 电度表

电度表，又称为电能表、千瓦小时表，俗称为电表、火表，用于计量一段时间内负载消耗电能多少的专用仪表，是我们生活中不可缺少的计量仪表。常见电度表如图 2.24 所示。

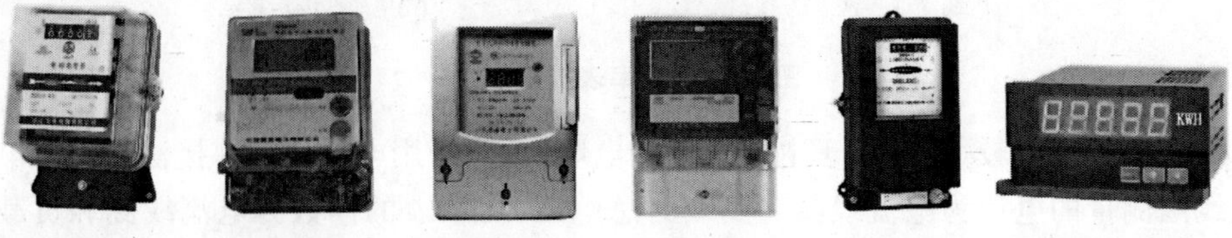

(a)单相电度表 　(b)单相电子 　(c)单相电子 　(d)单相复费率 　(e)三相四线制 　(f)直流电子电度表
　　　　　　　　多功能电度表　预付费电度表　电度表　　　　有功电度表

图 2.24 电度表

1. 电度表的分类

（1）按接入电源的性质不同，电度表分为直流电度表和交流电度表。生活中广泛使用的正弦交流电,应用交流电度表来计量。

交流电度表根据进表相线不同,又可分为单相电度表、三相三线制电度表和三相四线制电度表。一般家庭多使用单相电度表,用电大户可使用三相四线制电度表,工业用户可使用三相三线制电度表或三相四线制电度表。

(2) 按结构和工作原理不同,电度表可分为机械式(又称为感应式)电度表和电子式(又称为静止式)电度表。早期家庭使用的都是机械式电度表,它是利用电磁感应的原理制造而成,生产工艺复杂,但技术成熟稳定,其灵敏度普遍偏低,使用3～7 W 节能灯等小功率的电器时,电度表基本不转。而电子式电度表是利用电子电路来实现测量的,其灵敏度、准确度比机械式电度表高得多,即使是手机充电器等小功率用电器,仍能有效计量电能。电子式电度表功能强大,满足了用户科学用电、合理用电的需求。目前,电子式电度表正在逐渐取代机械式电度表。

(3) 按用途不同,电度表可分为有功电度表、无功电度表、最大需量表、电子标准表、复费率电度表、预付费电度表、多功能电度表等。

一般家庭使用的是有功电度表,测量电路的有功电能。对于用电大户,可以安装无功电能表,用于记录无功电流在电器线路中的能量损耗。

对于用电量在 100 万千瓦时及以上的用户,供电局要求其安装最大需量表。利用它对某一时刻使用电能的最大有功功率即最大需量进行计量,以达到增加电费收入、平衡用电负荷的目的。

复费率电度表可以对高峰低谷不同时段的用电量进行分时统计,并收取不同价格的电费,以鼓励用户避开高峰时段用电。现在在一些发达地区,正在推广复费率电度表。

预付费电度表又称为定量电能表、IC 卡电度表。在使用电能之前,用户必须事先买好电;用完电后若不继续买电,电度表会自动切断电源停止供电。预付费电度表将电能计量、负荷控制、抄表、收费等多种功能集于一体,克服了人工抄表工作量大、易出错的缺点,目前预付费电度表正逐步取代传统感应式电度表。

多功能电度表采用了超低功耗的大规模集成电路技术及 SMT 工艺,具有精度高、稳定性好、功能强大、使用方便的特点。它除了具有分时计量有功电能、无功电能的功能外,还具有历史电能记忆功能、测量最大需量及最大需量发生时间功能、输出功能、报警功能、通信功能、显示功能等,是新型的智能多功能电度表。

(4) 按接线方式不同,电度表可分为直接接入式和间接接入式两种。直接接入式电度表是将被测电路的电源和负载各端子直接与电度表相连。该接线方式只适用于低电压、小电流的场合。当线路电压超过 400 V 或线路电流超过 100 A 时,电度表不能直接接入被测电路中,必须配合电压互感器或电流互感器使用,即采取间接接入式电度表。这时负载的实际功耗应为电度表的读数再乘以互感器的变比。

(5) 按精度等级不同,电度表可分为普通安装型和便携式精密型两种。普通安装型电度表精度较低,其精度等级为 0.2S、0.5S、1.0S、2.0S,家庭使用的电度表一般为 2.0S。便携式电度表属于精密电度表,其精度等级一般为 0.1S、0.2S。目前市场对电度表的精度要求并不太高,所以便携式电度表的需求量正在不断减小。

2. 电度表的量程选择

与功率表一样,电度表的量程也必须根据电源及负荷的实际情况进行合理选择。应使电度表的额定电压和额定电流等于或稍大于被测线路的电流、电压。如果电度表量程过小,则会将其烧坏;若量程过大,电度表轻载,则会造成较大的测量误差。

由于我国民用供电线路中正弦交流电的电压为 220 V、频率为 50 Hz,因此电度表的工作频率和额定电压无须重新选择,与该值匹配即可。而电度表的电流却与线路的实际情况有关,不同负荷情况下,各电流不尽相同,所以选择电度表的关键是对其电流进行选择。

对于机械式电度表,铭牌上只标注了一个电流值,统称为额定电流,使用时负载电流应为电度表额定电流的 10%~125%。

对于电子式电度表,根据国际标准,其铭牌上一般标有两个电流值,如 5(20) A,其中 5 A 为电流表的基本电流(又称为标定电流),20 A 为额定最大电流。额定最大电流表明电度表长期工作,其电流在 5~20 A 之间变化时,电度表都能在规定的误差和温度范围内有效地计量,如果超过该范围,则计量不准。电度表的启动电流为标定电流的 0.5%。选用电度表时应注意,负载的最小电流不能低于启动电流,即 0.5%×5 A=0.025 A。另外,长期使用时负载电流不能超过最大额定电流 20 A。由于最大额定电流是标定电流的 4 倍,所以该电度表为 4 倍表,4 称为过载倍数。通常最大额定电流可为基本电流的 2~8 倍,如 5(10) A 为 2 倍表。过载倍数越大,其价格越高。如果最大额定电流达不到标定电流的 2 倍,则电度表上只标注标定电流,如 5 A,使用时电流在基本电流的 120% 之内即可。

对于直接接入式电度表,若正常工作,则电度表的实际负荷电流能达到最大额定电流的 30%,可以选择 2 倍表;若低于 30%,则应选择 4 倍表。最大额定电流应根据用户包装负荷容量来确定。居民配表时,考虑到用户负荷会自然递增的规律,最大额定电流应放宽 1 倍,如申请 10 A 的负荷电流,应配置最大额定电流为 20 A 的电度表。又考虑到居民用电量随季节变化较大,为了能提高低负荷计量的准确性,适宜选用 4 倍表,即 5(20) A。

对于间接接入式电度表,经电流互感器接入后,其标定电流不能超过互感器额定二次电流的 30%;最大额定不能超过互感器额定二次电流的 120%。若电流互感器的二次电流为 5 A,则应选用 1.5(6) A 的电度表。

3. 电度表的接线

1) 单相交流电度表的接线方法

单相交流电度表有专门的接线盒,盒内有 4 个接线端钮,从左至右,分别为 1、2、3、4。通常接线规则为 1、3 进,2、4 出,即 1、3 端接电源,2、4 端接负载。若负载的电压或电流很高,则应配合电压或电流互感器使用。

2) 三相电度表的接线方法

(1) 三相四线制电度表的接线方法如下。

三相四线制电度表的表内共有三组线圈,共 11 个接线端钮,同时测量三相负载的电流、电压。其中 1、2、3 端子测量 U 相负载,4、5、6 端子测量 V 相负载,7、8、9 端子测量 W 相负载。一般规则为 1、2、4、5、7、8 进(接电源);3、6、9 出(接负载);10 端子为电源中线进线,11 端子为电源中线出线(与负载中性点相连)。对于大负荷的负载电路,需采用间接接入方式,接线时需要配合同规格的 3 个互感器共同使用。

(2) 三相三线制电度表的接线方法如下。

三相三线制电度表的表内只有两组线圈,共 7 个接线端钮。1、2、5、6 进(接电源);3、7 出(接负载);4 端子接没有接线的第三相。若采用间接接入方式,需使用 2 个同规格的互感器。

自学与拓展 电度表的铭牌标志

和其他电度表一样,电度表型号也是用字母和数字的排列来表示的,其铭牌标示包括以下几个部分:

第一部分为类别代号:D 表示电度表。

第二部分为组别代号,表示相线及用途的分类:第一个字母中的 D 表示单相,S 表示三相三线制,T 表示三相四线制,X 表示无功,B 表示标准,Z 表示最高需量;第二、三个字母中的 D 表示多功能,S 表示电子式,Y 表示预付费,F 表示复费率。

第三部分为设计序号:表示各制造厂生产电度表产品备案的序列号,用阿拉伯数字表示。

第四部分为改进序号:表示电度表线路示意图,用小写的英文字母表示。

第五部分为派生号:T 表示湿热和干热两用,TH 表示湿热带用,G 表示高原用,H 表示一般用,F 表示化工防腐用,K 表示开关板式,J 表示带接收器的脉冲电度表。

有的电度表标有①或②的标志,①为 1 级表,表示电度表的准确度为 1%;②为 2 级表,表示其准确度为 2%。还有的标有产品采用的标准代号、制造厂、商标和出厂编号等。

举例说明:DD 表示单相电度表,如 DD971、DD862 型;DS 表示三相三线制有功电度表,如 DS862、DS971 型;DT 表示三相四线制有功电度表,如 DT862、DT971 型;

DX 表示无功电度表,如 DX971、DX864 型;DDS 表示单相电子式电度表,如 DDS971 型;DTS 表示三相四线制电子式有功电度表,如 DTS971 型;DDSF 单相电子式复费率电度表,如 DDSF971 型;DTSF 表示三相四线制电子式复费率有功电度表,如 DTSF971 型;DSSD 表示三相三线制多功能电度表,如 DSSD971 型。

思考与练习

(1) 电度表的分类有哪些?

(2) 如何正确选择电度表的量程?

(3) 说明 DDSY971 型、DTSD971 型、DTSY971 型电度表的铭牌含义。

知识点六　万用表

万用表是一种多用途、多量程的便携式仪表,集电压表、电流表、欧姆表于一体,在电子设备的安装、检查和维修等工作中得到广泛的应用。它的功能繁多,除了可以测量交、直流电压,交、直流电流,电阻三个基本参数外,有的万用表还可以测量三极管的放大倍数、电容容量、音频电平等电类参数,所以万用表又称为三用表或复用表。

万用表主要分为模拟万用表和数字万用表两种。

1. 模拟万用表

模拟万用表(见图 2.25),又称为指针式万用表,出现时间较长,目前仍是电测量中应用最广泛的仪表。

(a)模拟万用表　　(b)模拟万用表表盘　　(c)模拟万用表转换开关及插孔　　(d)模拟万用表结构

图 2.25　模拟万用表

1) 模拟万用表的结构

(1) 模拟万用表的表头常采用高灵敏度的磁电系测量机构,当有微小电流流过表头时,表头上就会有电流指示。其满偏电流越小,灵敏度越高,测量电压时内阻越大。

(2) 模拟万用表的面板上一般包括表盘、机械调零旋钮、欧姆调零旋钮、挡位/量程选择开关、表笔插孔。有的万用表还包括晶体管测试孔、高压测试插孔、大电流测试插孔等。由于万用表测量不同电量时,共用一个表头,所以模拟万用表的表盘上有多条标度尺,每条标度尺都对应一个被测量。通常标度尺从上往下,分别为电阻标度尺(用 Ω 表示),交、直流电压和直流电流共用标度尺(用 $\underset{\sim}{V}$、mA 表示),10 V 交流电压标度尺(用 AC 10 V 表示)、晶体管放大倍数标度尺(用 hFE 表示)、电容容量标度尺(用 C(μF)表示)、电感量标度尺(用 L(H)表示)、音频标度尺(用 dB 表示)。

万用表的转换开关,又称为挡位/量程选择开关,用于选择万用表的测量种类和量程。

(3)万用表测量线路的作用是将各种不同的电量转换为适合磁电表头测量的微小直流电流。它是由多量程直流电流表、多量程直流电压表、多量程整流式交流电压表和多量程欧姆表的测量线路组合而成的。所以测量线路必须包括几个部分:分流器,用于扩大电流的测量范围;倍压器,用于扩大电压的测量范围;整流器,将交流电变成直流电;电池,测量电阻时充当电源。万用表的测量范围越广,其测量线路越复杂。

2)模拟万用表的测量原理

(1)测量直流电流。

万用表的直流电流挡实际上是一只采用分流器的多量程直流电流表。被测直流电流从"+"极流入,"−"级流出。若被测电流在 50 μA 之内,则电流直接流过表头;若被测电流大于 50 μA,则将该电流通过分流电阻分流后,再流过表头,仍保证表头中电流不超过 50 μA。所以万用表就是一只满偏电流为 50 μA 的电流表。

图 2.26 为多量程直流电流表原理示意图,其中 R_0 为表头内阻,$R_{A_1} \sim R_{A_4}$ 为分流器电阻。从图中可知,分流电阻越小,电流量程越大。只要适当选择分流电阻的大小,就能改变电流的测量范围。

(2)测量直流电压。

万用表的直流电压挡实际上是一只采用附加电阻的多量程直流电压表。被测直流电压加在"+"、"−"两端。万用表表头的量程为 1 V,若被测电压超过 1 V,则需在表头上串联适当的倍压电阻进行分压,以达扩大电压量程的目的。

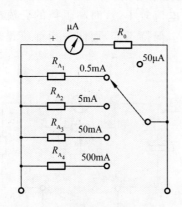

图 2.26 多量程直流电流表原理示意图

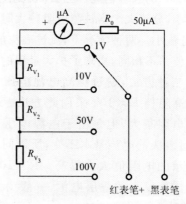

图 2.27 多量程直流电压表原理示意图

图 2.27 为多量程电压表原理示意图,$R_{V_1} \sim R_{V_3}$ 为倍压电阻。若 1 V 直流电

压挡内阻为 R_0，则 10 V 直流电压挡内阻为 $R_0+R_{V_1}$，50 V 直流电压挡内阻为 $R_0+R_{V_1}+R_{V_2}$……由此可见，直流电压挡值越高，万用表内阻越大。一般情况下，由于万用表内阻很大，流入万用表内的电流很小，因此不会对被测电压带来影响。

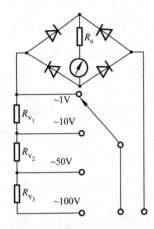

图 2.28　多量程交流电压表原理示意图

（3）测量交流电压。

图 2.28 为多量程交流电压表原理示意图。由于万用表的表头是磁电系测量机构，只能测量直流电，所以测量交流电压时，必须首先通过整流装置将其变为直流电后，再驱动表头动作。因此，万用表交流电压挡就是一只多量程的整流系交流电压表，它是在直流电压表的基础上，增加了半波整流或全波整流装置。通常被测信号的频率应在 45～1000 Hz 之间，万用表的读数为交流电压的有效值。

（4）测量电阻。

万用表置于欧姆挡时实际上是一只多量程的欧姆表。测量电阻器的电阻值时，需使用万用表的内部电池作为电源对被测电阻供电，产生电流流入表头进行计量。电阻大则电流小，电阻小则电流大，正是由于电流与电阻为非线性的反比例关系，所以欧姆挡的标度尺是不均匀分布的。零位在右侧，从右往左，刻度由疏变密。

在被测电阻增大后，电路中电流会降低，为了不影响表头的灵敏度，一般采用两种方法来扩大欧姆挡量程。第一种方法，保持电池电压不变，通过改变分流电阻来改变电阻量程。R×1、R×10、R×100、R×1k 这四个低阻挡均采用此方法，并使用 1.5 V 的五号电池。当被测电阻较小时，电路中电流较大，这时低阻挡的分流电阻较小，分流大。当被测电阻较大时，电路中电流较小，这时高阻挡的分流电阻较大，分流小。两种情况下，流过表头的电流基本保持不变，而同一指针位置表示的电阻值并不相同，实现了扩大量程的目的。

第二种方法，通过提高电池电压来扩大量程。高阻挡 R×10k 采用此方法。这时虽然被测电阻很大，但是由于电源电压也提高了，流过表头的电流基本不变，所以同一指针位置表示的电阻值大大提高。R×10k 的电池采用体积较小的叠层电池，一般为 9 V 或 15 V 两种。

图 2.29 为欧姆表测量原理图，其中 E 为电池，被测电阻 R_x 从红、黑表笔接入，与表头

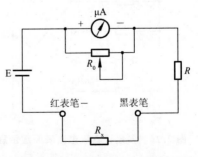

图 2.29　欧姆表测量原理图

并联的 R_0 为欧姆调零电位器。当被测电阻 R_x 与欧姆表内阻相等时,表头的电流仅为满偏电流的一半,指针将指在标度尺中间位置,这时表的读数为欧姆表的总内阻,称为欧姆中心值。为了读数正确,测量前应改变欧姆表的倍率,使其中心值与被测电阻的电阻值相接近。由于万用表在使用中,不断消耗电池能量,使测量精度降低,所以每次测量电阻前都必须进行欧姆调零,使指针精确指到欧姆"0"刻度。具体方法是将两根表笔轻触,调节 R_0 使指针指在欧姆零位。

3)模拟万用表的使用

(1)插孔与接线。

万用表的面板上标有"+"、"∗"(或"−"、"COM")两个插孔,其中"+"接红表笔,"∗"为公共插孔,接黑表笔。

有的万用表还有测量电流的专用插孔,如"5 A"插孔,该插孔应接红表笔,表示所测最大电流为 5 A。测量交、直流电压的专用插孔,如"2500 V"插孔,该插孔接红表笔,表示所测最大电压值为 2500 V。

测量直流电时,应避免指针反偏而将其打弯。测量直流电压时,红表笔接电路高电位,黑表笔接电路低电位。测直流电流时,电流从红表笔流入,从黑表笔流出。测量交流电时,不分正、负极。测量电流时,万用表应串联在被测电路中。测量电压时,万用表应并联在被测电路两端。使用欧姆挡,红表笔与电池负极相连,带负电。黑表笔与电池正极相连,带正电。

万用表的面板上还有晶体管检测插孔,专门用于测量三极管的放大倍数hFE。插孔旁标有"NPN"和"PNP"字样,根据三极管的型号进行选择,并将三极管管脚插入相应的插孔:发射极"e"、基极"b"、集电极"c"。

(2)机械调零与欧姆调零。

使用万用表前应检查指针是否准确指在标度尺零位。若不在零位,需要使用一字螺丝刀对机械调零旋钮进行调节,以保证测量的准确性。测量电阻时,每改变一次量程,就要进行欧姆调零。若用此方法,指针还不能指向零位,说明电池电压不足,需要更换新电池。

(3)挡位/量程选择开关。

目前比较常用的万用表为单旋钮万用表,即用一个旋钮来设置挡位/量程。而老式万用表为双旋钮万用表(见图 2.30),左右共两个转换开关旋钮:一个选择测量对象,另一个选择量程,两者需配合使用。使用时,先选择测量对象,再选择量程。注意一定要避免选错被测对象,否则会损坏万用表。选择量程时,若不能估计被测量的大小,应从大量程开始试测,然后根据指针指示选择合适量程。

图 2.30 双旋钮万用表

测量电流、电压时,尽量使指针指在标度尺 2/3 以上位置;测量电阻时,应保证指针处于欧姆中心值的 0.1～10 范围内,最好是在标度尺的中间位置。

(4)读数。

首先根据被测对象的类型,选择合适的标度尺。然后正视万用表面板,让指针和反光镜的镜像重合,避免出现误差。

交、直流共用标度尺"V"、"mA",分格间距均匀,覆盖了交、直流电压和直流电流的全部读数。标度尺下方有 0～50 和 0～250 两组数字,使用 50 V 和 250 V 两挡时,可以直接从标度尺上读数,其余挡值读数时需进行换算。

欧姆挡"Ω"的分格是不均匀的,且只有 1 组数字。电阻的实际电阻值应为读数值乘以相应的倍率。如指针指在 10 位置,若在 R×1 挡,电阻值为 10×1 Ω;若在 R×1k 挡,电阻值为 10 kΩ。

交流电压标度尺"AC 10 V",为 10 V 以下交流电压专用,测量直流电压时不能使用。

三极管放大倍数标度尺"hFE",可根据指针指示值直接读数。

4)注意事项

(1)测量 100 V 及以上高压,特别是使用电压最大量程时,应特别注意人身安全。操作者应站在绝缘良好的地方,并单手操作,先将黑表笔固定置于电路中零电位处,再单手持红表笔去碰触被测高压。切不可用手碰触表笔的导电部分,谨防触电。

(2)测试中,禁止带电测量电阻,也不允许用电阻挡或电流挡测量电压。若要改变开关的位置,应断电后再旋动转换开关,避免产生电弧,损坏触点。

(3)测试完毕后,应将转换开关旋至交流电压最大量程挡,或旋至"OFF",避免下次测量时因对象或量程选择不当,烧坏万用表。同时也不能将转换开关置于电阻挡,避免两表笔短接时,将电池耗尽。

2. 数字万用表

数字万用表简称 DMM(Digital Multi-meter),与传统的模拟万用表相比,它的灵敏度和准确度更高、读数更清晰直观,同时还具有过载能力强、便于携带、操作简单的特点。目前,数字万用表已成为主流,并有取代模拟万用表的趋势。数字万用表如图 2.31 所示。

根据外形不同,数字万用表分为手持式数字万用表和台式数字万用表两种。手持式数字万用表体积小,携带方便,是维修人员最常用的检测工具之一。台式数字万用表精度更高,具有文字显示和菜单显示功能,具有 RS-232 接口,方便与计算机进行数据传输,广泛用于生产测试、现场维护、定点修理和教学科研等场合。

1)数字万用表的位数显示

数字万用表的显示位数通常为 $3\frac{1}{2}$、$3\frac{2}{3}$、$3\frac{3}{4}$、$4\frac{1}{2}$ 等几种,其基本规则是:整

(a)手持式数字万用表　　(b)数字万用表转换开关　　(c)数字万用表插孔　　(d)台式数字万用表

图 2.31　数字万用表

数位能显示 0~9 中所有数字的位,分数位的分子数值为最大显示值中最高位数字,分数位的分母数值为满量程时最高位数字。

例如,某数字万用表的最大显示值为 ±1999,满量程计数值为 2000,这表明该仪表有 3 个整数位,而最大显示值中最高位数字为 1,满量程时最高数字为 2,所以整数位为 3,分数位的分子是 1,分母是 2,故称为 $3\frac{1}{2}$ 位,读为"三位半"。

$3\frac{2}{3}$ 位:"3"表示完整显示位为 3 位,能显示 0~9 共 10 个数字;分子"2"表示最高位只能显示 0、1、2 共 3 个数字,故最大显示值为 ±2999;分母"3"表示满量程计数值为 3000。

$3\frac{3}{4}$ 位:最大显示值为 ±3999;满量程计数值为 4000。

同样情况下,$3\frac{2}{3}$ 位 DDM 比 $3\frac{1}{2}$ 位 DDM 的量限高 50%,而 $3\frac{3}{4}$ 位 DDM 比 $3\frac{1}{2}$ 位 DDM 的量限高出 1 倍。普及型 DDM 一般属于 $3\frac{1}{2}$ 位 DDM。$4\frac{1}{2}$ 位 DDM 分手持式和台式两种。$5\frac{1}{2}$ 位及 $5\frac{1}{2}$ 位以上的 DDM 大多属于台式智能 DDM。

2) 数字万用表的基本结构

数字万用表与模拟万用表的基本结构和基本功能相似,但模拟万用表的刻度盘被数字万用表的液晶显示屏代替;模拟万用表内部的分流器、倍压器、整流器等电路被数字万用表的集成电路代替,因此数字万用表的测量准确性更高、测量结果更清晰。

为避免过电流、过电压输入,损坏数字万用表内部电路,各种被测信号首先需要经过输入保护电路后,再进入功能选择电路和量程选择电路,统一转换成适当的直流电压信号,然后进入模/数(A/D)转换器及数字处理电路,转换为数字信号,经过译码电路后,通过发光二极管显示屏或液晶显示器显示出测量结果。

图 2.32 给出了数字万用表的基本组成,除此之外,数字万用表还有蜂鸣器电路、二极管检测电路、三极管 hFE 测量电路、电容测量电路等。有的数字万用表还

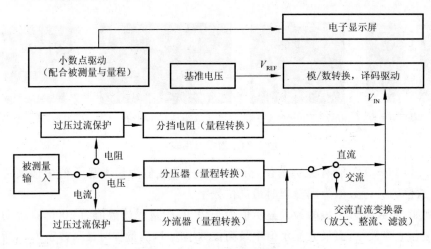

图 2.32　数字万用表结构方框图

设有温度测量电路、自动延时关机电路、电感测量电路、频率测量电路等。

3) 数字万用表的面板结构

数字万用表的前面板如图 2.31(a)所示,主要包括显示屏、电源开关、转换开关、hFE 插孔、输入插孔等。由于数字万用表具有自动调零功能,所以面板上无机械调零旋钮和欧姆调零旋钮。

(1)显示屏用于显示测量结果。由于数字万用表具有自动显示极性的功能,所以当被测电压、电流极性为负时,显示值前将带有"-"号。显示值上的小数点由量程开关控制,根据量程选择的不同,小数点可左右移动。数字万用表常使用一只 9 V 叠层电池,当其电压不足 7 V 时,欠压提示符号"━╋"(或"LOBAT"或"BAT")将点亮,提示需打开后盖、更换电池。当被测数据超过所设置的量程时,显示屏最高位将显示"1"或-1",其他位消失,这时应选择更高的量程进行测量。

(2)电源开关"POWER"位于面板左上方。测量时,按下此键,打开数字万用表;测量完毕后再次按下开关,切断电源,关闭万用表。长期不用时,应取出数字万用表内的电池。

数据保持开关"HOLD"位于面板右上方。按下此键后,显示屏将保持当前所测数值,并显示"H"符号;再次按下开关,"H"符号消失,退出保持状态。

有的数字万用表还具有背光源开关"☀"。在测量的过程中,如果环境光线太暗,致使读数困难,可按下该键,打开背光源。

(3)与模拟万用表一样,数字万用表的转换开关位于面板的中间位置,可以进行测量功能和量程的选择。如图 2.31(b)所示。

① Ω:电阻挡,分为 200 Ω、2 k、20 k、200 k、2 M、20 M、200 M 共 7 挡。

② V～：交流电压挡，分为 200 m、2、20、200、750 共 5 挡。

③ V⎓：直流电压挡，分为 200 m、2、20、200、1000 共 5 挡。

④ A⎓：直流电流挡，分为 20 μ、200 μ、2 m、20 m、200 m、2、10 共 7 挡。

⑤ A～：交流电流挡，分为 200 μ、2 m、20 m、200 m、2、10 共 6 挡。

⑥ hFE：三极管 β 测量，有 NPN 和 PNP 两种型号管子的插孔。

⑦ ⎯▷⎯ •))：二极管测量、短路测量。

（4）有如下几种插孔。

① hFE 插孔。

hFE 插孔为晶体管检测插孔，共分为两组，"NPN"和"PNP"三极管各对应一组。测量时，根据插孔标示将三极管管脚插入相应的"e"、"b"、"c"插孔即可。

② 输入插孔。

通常数字万用表有 4 个表笔输入插孔，分别为"10A"、"A"、"⎯▷⎯ VΩ"、"COM"。输入插孔旁的"⚠"符号，表示输入电压或电流不应超过指示值，避免内部线路受到损坏。

"⎯▷⎯ VΩ"和"COM"之间标有"CATⅡ 600V"和"CATⅠ 1000V"，该标识表明了万用表使用时的安全绝缘等级，即在"CATⅡ"和"CATⅠ"等级要求下，电压分别在 600 V 及以下、1000 V 及以下时使用是安全的。"10 A"和"COM"之间标有"10 A MAX"，"A"和"COM"之间标有"2 A MAX"，分别表示两插孔之间输入交、直流电流不能超过的最大值 10 A 和 2 A。这是制造商对使用者在限定范围内使用该表时，做出的安全承诺。

③ C_X 插孔。

有的万用表还有电容测试插孔，用于测量电容器的电容量，一般为两长条形的插孔，旁边标有 C_X 标识。

4）数字万用表的使用

测量时，应将黑表笔插入"COM"（以下各种测量均相同），红表笔根据需要插入相应插孔。

（1）测量交、直流电压。

将红表笔插入"⎯▷⎯ VΩ"，转换开关拨至"V～（交流）"或"V⎓（直流）"的适当量程挡，开启数字万用表。将两表笔接在被测电压两端，显示屏上将直接显示被测电压的大小。若转换开关设置在"200 m"，则显示值单位为"mV"；若转换开关设置在其余几挡，则显示值单位为"V"。若转换开关设置在交流 750 V 挡，显示数据为 220，则被测电压有效值为 220 V；若转换开关设置在直流 220 mV，显示数据为 156，则被测电压为 156 mV。

(2) 测量交、直流电流。

转换开关拨至"A~(交流)"或"A —(直流)"的适当量程挡。按照万用表面板上的标识,当被测电流小于 2 A 时,红表笔插入"A"插孔;当被测电流小于 10 A 时,红表笔插入"10 A"插孔。然后将万用表与被测电路串联,开启电源开关,显示被测电流的大小。若转换开关设置在"200 m"、"20 m"、"2 m",则显示值单位为"mA";若转换开关设置在"200 μ",则显示值单位为"μA";若转换开关设置在"10"和"2",则显示值单位为"A"。和电压挡读数方法一样,显示数据加上单位,即是被测电流的大小。

(3) 测量电阻。

将红表笔插入"—▷⊢— VΩ",转换开关拨至"Ω"的适当量程挡,开启数字万用表。将两表笔接在被测电压两端,显示屏上将直接显示被测电压的大小。若转换开关设置在"2 M"、"20 M"、"200 M",则显示值单位为"MΩ";若转换开关设置在"2 k"、"20 k"、"200 k",则显示值单位为"kΩ";若转换开关设置在"200",则显示值单位为"Ω"。"Ω"挡的读数方法与电压、电流读数方法一致。

(4) 测量二极管。

将红表笔插入"—▷⊢— VΩ",转换开关拨至"—▷⊢— •)))"挡。红表笔接二极管的 P(正极),黑表笔接二极管的 N(负极),将显示二极管的正向压降,为零点几的数字。若显示数字为"1",则表示二极管内部开路;若显示为"0",则表示二极管内部短路。

(5) 检查线路短路。

将红表笔插入"—▷⊢— VΩ"挡,转换开关拨至"—▷⊢— •)))"挡。用两表笔分别接被测两点,若此两点确实短路,则万用表中的蜂鸣器会发出声响。

(6) 测量三极管的 hFE 值。

转换开关拨至"hFE"挡。根据三极管的类型"NPN"或"PNP",将三极管三个电极"e"、"b"、"c"分别插入万用表对应的插孔,根据显示屏显示的数据直接读数。

5) 注意事项

(1) 每次测量时应确认测量项目和量程是否选择正确。刚开始测量时,数字万用表可能出现跳数现象,应待数据显示稳定后再读数。

(2) 在测量 1000 V 以上高压或 0.5 A 以上大电流时,严禁拨动转换开关,避免产生电弧烧毁开关触点。

(3) 在连续测量中,不需要使用数据保持开关"HOLD",否则数字万用表不能正常采用并刷新。若开机时,显示值不随测量发生变化,而是显示某一固定数据,则是误按下"HOLD"造成的。

(4) 测量结束后,立即关掉电源,并应将转换开关置于最高电压挡,避免下次测量时不慎损坏数字万用表。

（5）测电压时应注意以下几点。

① 测量电压时，数字万用表应并联在被测电路中。

② 由于数字万用表有自动显示极性的功能，所以测量直流电时，不必考虑表笔的接法，显示屏将显示红表笔所接测试点的极性。

③ 测量直流电压时，输入电压不得超过最大量程 1000 V；测量交流电压时，输入电压不得超过最大量程 750 V。注意数字万用表的交流电压挡只能测量低频正弦波信号电压。

④ 测量几百伏高压时，应将黑表笔固定在电路的公共端或零线，单手用红表笔接触被测点，避免触电。

⑤ 普通表笔及引线绝缘性较差，不能承受高压，所以测量 1000 V 以上高压时，应有绝缘措施，使用高压探头（分为直流和交流两种）。

（6）测量电阻时应注意以下几点。

① 严禁外接电源测量电阻，也不允许直接测量电源内阻。

② 所测电阻开路或两表笔未接输入时，显示屏将显示"1"，和被测电阻值过量程时显示的标识一致，应区别对待。

（7）使用"Ω"挡测量电阻、使用"—▷⊦— •)))"测量二极管或电路通断时，红表笔带正电，黑表笔带负电（与模拟万用表相反）。在检测有极性的元器件，如二极管、三极管、电解电容时，应特别注意表笔的极性。

思考与练习

（1）模拟万用表和数字万用表在使用上，有哪些相同点和不同点？

（2）使用万用表应注意的事项有哪些？

（3）如图 2.33 所示，请根据模拟万用表的读数规则，若转换开关置为 50 V 直流电压挡、10 V 交流电压挡、2.5 mA 直流电流挡、R×100 Ω 挡，则读数分别为多少？

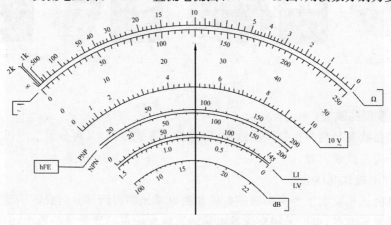

图 2.33 万用表的读数

(4) $4\frac{1}{2}$ 位、$4\frac{4}{5}$ 位和 $5\frac{1}{2}$ 位数字万用表,最大显示值、满量程计数值分别为多少?

知识点七 兆欧表

兆欧表是一种专门用于测量高阻值电阻(主要是绝缘电阻)的便携式仪表,又称为高阻表、绝缘电阻测试仪,它的刻度是以兆欧($M\Omega$)为单位的。

正常状态下,绝缘材料通常是不导电的,所以设备和线路的绝缘电阻比电阻器的电阻大得多。当用万用表和一般的电流表、电压表无法检测出绝缘电阻的电阻时,就必须使用兆欧表进行测量。兆欧表使用高压去激励被测装置或线路,从而产生足够的漏电流去驱动表头,指示绝缘电阻的大小。若激励电压过低,漏电流几乎为零,则无法测量其电阻值。同时,万用表欧姆挡电源电压通常在 9 V 以下,元器件在低压条件下呈现的电阻值,也不能反映出在高压作用下的绝缘电阻的真正数值,所以兆欧表自身都带有高压电源。传统的兆欧表电源大多采用手摇发电机供电,所以兆欧表又俗称摇表。

兆欧表可以用于检查设备和线路的安全性能,当设备、线路对地的绝缘电阻或相线之间的绝缘电阻较小时,容易发生漏电情况,应及时对故障点进行维修,避免造成设备损坏、触电伤亡等事故。

1. 兆欧表的结构及分类

1) 根据结构分类

根据结构,兆欧表分为模拟兆欧表、数字兆欧表和模拟/数字兆欧表。常见兆欧表如图 2.34 所示。

(a)发电机式兆欧表　　　(b)电子式兆欧表　　　　　(c)数字兆欧表　　(d)模拟/数字兆欧表

图 2.34　兆欧表

(1) 模拟兆欧表。

模拟兆欧表又称为指针式兆欧表,根据供电方式不同,又可分为发电机式兆欧表和电子式兆欧表两种。

① 发电机式兆欧表。

发电机式兆欧表主要由手摇发电机和磁电系比率表两部分组成。手摇发电机可采用直流发电机,也可采用交流发电机。直流发电机的容量虽然很小,但可以产生 $100 \sim 5000$ V 高压。交流发电机需要与整流装置配合使用。发电机输出的交流高压经整流二极管和滤波电容后,得到比较平稳的直流电压,再供磁电系比率表的线圈使用,这样测量结果更为准确。

磁电系比率表是兆欧表的测量机构,其结构示意图如图 2.35 所示。它由永久磁铁和两个线圈组成。其中,N 与 S 为永久磁铁的两个磁极;M 为手摇式直流发电机。线圈 A 与被测电阻 R_x、附加电阻 R_i 和发电机串联,称为电流线圈;线圈 B 与附加电阻 R_v 串联后,跨接在发电机两端,称为电压线圈。两线圈相互垂直、固定在同一轴,并可在磁场内转动。

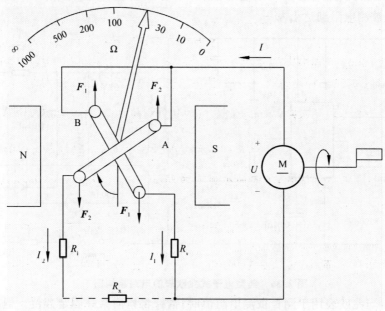

图 2.35 发电机式兆欧表结构示意图

当发电机式兆欧表未接被测电阻 R_x 时,仅 R_v 支路有电流,其电流为 $I_1 = \dfrac{U}{R}$,这时线圈 A 产生作用力 F_1 及转矩 M_1,线圈 B 将停在中性面上,使指针指在"∞"处。

当接上被测电阻 R_x 时,两个线圈同时有电流通过,R_x 支路电流为 $I_2 = \dfrac{U}{R_i+R_x}$,此时线圈受到磁场的作用,产生两个方向相反的转矩,在合成转矩的作用下,指针向右偏转并静止于某一个角度。该角度与两线圈内的电流比值成正比,由于附加电阻固定不变,所以偏转角度仅取决于被测电阻的大小。

② 电子式兆欧表。

传统的发电机式兆欧表体积笨重,精度误差大,手动操作不方便。随着电子技术的发展,采用手摇发电机的兆欧表逐渐被电子式兆欧表所取代。电子式兆欧表通常采用电池供电,不需人力做功,所以又称为电池式兆欧表或智能化兆欧表。它体积小,重量轻,便于携带,自动化程度高,经久耐用。

图 2.36 所示为典型电子式兆欧表的电路结构图。它采用 4 节 1.5 V 电池对电路供电,IC_1、电阻 R_1、电阻 R_2 和电容 C_1 组成无稳态振荡电路。IC_1 的输出经电阻 R_3、三极管 VT_1 后,送入变压器 TC 升压,然后经过二极管 VD_1、电阻 R_4 和电容 C_5 整流滤波后,得到约 1000 V 的直流高压,作为测试用的高压电源。该电源再经过限流电阻 R_5 与被测电阻串联,与表头形成测量回路。图 2.36 中,兆欧表共有三个接线端钮:线路端钮"L"、接地端钮"E"和屏蔽端钮(保护环)"G"。高压电源由 E 极经被测电阻到达 L 极。

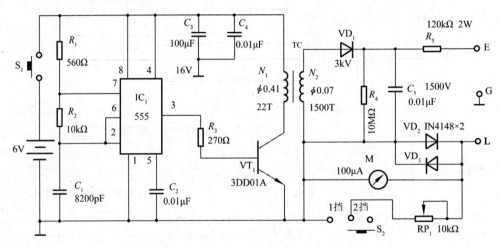

图 2.36　典型电子式兆欧表的电路结构图

注意:当兆欧表用于测量被测电阻值时,指针将指向某一固定数值。但兆欧表的表头内部没有游丝,无法产生作用力矩,测量完毕后,指针并不会回到零位,所以兆欧表在不测量时,指针可能停留在表盘的任意位置。这与模拟电压表、电流表、万用表是不同的。

(2) 数字兆欧表。

数字兆欧表通过液晶显示屏,将被测电阻值以数字形式显示出来。它具有容量大、抗干扰能力强、操作简单、对测量结果具有防掉电功能等特点。

图 2.37 为典型数字兆欧表的原理框图。由图 2.37 可知,直流高压产生电路将数字兆欧表内的电池变换成高压直流电,作为电源电压对电路进行供电;取样电路获取与测量值相关的电信号;数据采集及 A/D 转换电路将该电信号转换为动态数字信号;单片机读取并储存数字信号;最后译码驱动 LED 显示电路对测量结果进行译码控制,并用 LED 显示出来。

(3) 模拟/数字兆欧表。

在不需要准确读数的场合,若要判断被测设备的绝缘电阻是否良好,则常使用

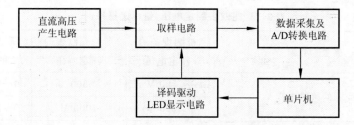

图 2.37 典型数字兆欧表的原理框图

模拟兆欧表进行检测;若要检测被测设备的准确绝缘电阻值,则使用数字兆欧表更为方便。而模拟/数字兆欧表将模拟兆欧表和数字兆欧表集于一体,既有指针指示,也有 LED 的数码显示。

2)根据测试电压分类

根据测试电压,兆欧表可分为普通兆欧表和高压兆欧表两类。

兆欧表按额定电压不同,可分为 9 种,即 50 V、100 V、250 V、500 V、1000 V、2000 V、2500 V、5000 V、10000 V。

(1)普通兆欧表主要用于测量各种电机、电缆、变压器、电讯元器件、家用电器和其他电气设备的绝缘电阻。其输出电压等级一般为 100 V、250 V、500 V、1000 V 等。图 2.34(a)和图 2.34(b)为普通兆欧表。

(2)高压兆欧表测量电源的输出功率比普通兆欧表的要大,适合测量大容量的变压器、互感器、大型发电机、高压电动机、电力电容器、电力远程输送的大容量长电缆、避雷器等设备和元器件的绝缘电阻。其输出电压等级一般为 500 V、1000 V、2000 V、2500 V、5000 V 等。图 2.34(c)和图 2.34(d)为高压兆欧表。

2. 兆欧表的正确使用方法

1)兆欧表的选择

为了正确分析电气设备和线路的绝缘性能及安全运行状况,应合理选择兆欧表,以保证测量结果的准确性。兆欧表的选择通常从以下两个方面进行。

(1)输出电压等级的选择。

兆欧表的电压等级应与被测设备或线路的额定电压相适应。若被测电气设备的电压高,则对绝缘电阻值的要求也高,测试时必须使用高压兆欧表;若被测电气设备的电压较低,则它内部所能承受的电压不高,为了设备安全,就不能用电压太高的兆欧表来测量绝缘电阻。一般情况下,测量额定电压在 500 V 以下的电气设备时,可选用 500 V 或 1000 V 的兆欧表;而测量额定电压在 500 V 以上的电气设备时,应选用 1000 V~2500 V 的兆欧表。表 2.2 给出不同情况下,兆欧表额定电压的选择。在《电力设备预防性试验规程》中,对于不同的设备需用何种等级的兆欧表,都有严格的规则,测量时需要严格按照规程来执行。

表 2.2 兆欧表额定电压、量程选择举例

被 测 对 象	被测设备的额定电压	所选兆欧表的额定电压	所选兆欧表的量程
线圈的绝缘电阻	<500 V	>500 V	0~200 MΩ
	>500 V	1000 V	0~200 MΩ
发电机绕组的绝缘电阻	<380 V	1000 V	0~200 MΩ
电力变压器及电动机绕组的绝缘电阻	>500 V	1000 V	0~200 MΩ
电气设备的绝缘电阻	<500 V(低压)	500~1000 V	0~200 MΩ
	>500 V(高压)	2500 V	0~2000 MΩ
瓷瓶、高压电缆、刀闸	>1000 V	2500~5000 V	0~2000 MΩ

(2) 电阻量程范围的选择。

为避免出现过大的测量误差,兆欧表的测量范围也应与被测绝缘电阻的范围相吻合,不能过多地超过绝缘电阻值。一般情况下,测量低压电气设备的绝缘电阻时,可选用量程为 0~200 MΩ 的兆欧表;测量高压电气设备或电缆的绝缘电阻时,可选用量程为 0~2000 MΩ 的兆欧表。还有一种指针式兆欧表,其刻度起始值不是零,而是 1 MΩ 或 2 MΩ,由于该设备绝缘电阻较小,若处于潮湿环境,其电阻值可能小于 1 MΩ,这时在仪表上无准确读数,甚至容易被误认为读数为零,所以这种兆欧表不宜用于测量低压电气设备的绝缘电阻。

2) 兆欧表使用前的准备

(1) 测量前,应切断被测设备或线路的电源,除去与被测设备或线路相连的所有仪表或设备(如电压表、功率表、电能表、互感器等),并保持被测设备的表面清洁,以减少测量误差。

(2) 测量环境应远离外磁场、大电流、高电压等导电设备并避免雷电天气,以防止其他电源感应,从而使被测设备带电。对于大容量的电气设备,应进行 2~3 min 的对地短路放电后再进行测量,以保障设备和人身安全。

(3) 为避免测量时因导线接触不良而产生误差,兆欧表与被测设备之间的连接导线应选用单股线,而不能使用双股绝缘线或绞线。同时注意两根测试线也不允许绞在一起。这是因为测试线间的绝缘电阻会影响测量结果。

(4) 测量前,应对兆欧表进行开路和短路的校表试验,以检查兆欧表是否良好。具体方法是:平稳放置兆欧表,将表的线路端钮"L"和接地端钮"E"开路,指示值为"∞";再将两端钮短接,指示值为"0"。对于发电机式兆欧表,需摇动手柄至额定转速后,再进行读数。若兆欧表有故障,则指示值将会出现偏差。

(5) 测量完毕后,应立即对被测设备放电。具有大电容的被测设备,应让其对

地放电后,再停止摇动手柄,避免因电容器放电而损坏兆欧表。

(6)在兆欧表的手柄未完全停转或设备放电结束前,严禁用手去碰触被测设备的测量部分或拆除导线,以防发生触电事故。

3)兆欧表的测量

兆欧表的三个接线端子分别为线路端钮"L"接被测设备(工作中带电部分)、接地端钮"E"可靠接地(工作中不带电部分)和屏蔽端钮(保护环)"G"接电缆屏蔽层(用于消除表面漏电影响)。

一般,红色测试线接 L,黑色测试线接 E,被测绝缘电阻接在 L 和 E 之间。但当被测设备或线路表面漏电严重时,必须将被测设备的屏蔽环或无须测量的部分与 G 端钮相连。这时表面的漏电流不再经过兆欧表的测量机构(动圈),而由 G 端钮直接流回发电机电源的负极,形成回路。这样彻底消除了表面漏电流对测量结果的影响,具体如下。

(1)测量电气设备的绝缘电阻(如电动机、家用电器等):将 L 端钮接电动机绕组或设备电源线,E 端钮接设备外壳(接地线)。

(2)测量干燥且干净电缆或线路的绝缘电阻:将兆欧表的 L 端钮和 E 端钮分别接被测线路的两端,即电缆芯线和电缆外皮。

(3)测量潮湿或不干净的设备、电缆、线路的绝缘电阻:G 端钮应接在被测设备两端最内层的绝缘层上。如测量电缆的导线芯与电缆外壳之间的绝缘电阻:将 L 端钮接被测芯线,E 端钮接电缆外壳,G 端钮接电缆壳与芯之间的绝缘层。这是因为电缆线一般埋在地下,其表面湿度大、易腐蚀,表面漏电流会很大。这时一般在芯线的绝缘层加一个金属屏蔽环,与 G 端钮相连。兆欧表接线示意图如图 2.38 所示。

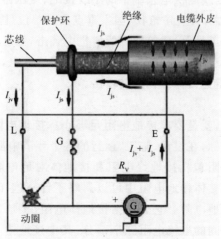

图 2.38　兆欧表接线示意图

思考与练习

（1）为什么测量设备的绝缘电阻要用兆欧表，而不能使用万用表？

（2）使用兆欧表测量绝缘电阻时，三个接线端子与被测设备应如何连接？

（3）使用兆欧表测量绝缘电阻时，有哪些因素会造成测量数据不准确，为什么？

知识点八　接地电阻测试仪

1. 接地及接地电阻

1）接地的分类

将设备和大地连接起来的措施称为接地。按作用不同，接地主要可以分为三类，保护接地、工作接地、防雷接地。

（1）保护接地。通常情况下，电气设备的金属外壳、电力设备的传送装置、电力线路杆塔、配电装置的框架等元器件是不带电的，但当这些设备的绝缘层老化失效或被损坏击穿后，会产生漏电。这时，一旦人体接触其金属外壳，就会有触电的危险。通常，防止发生触电事故的有效措施，就是将设备的金属外壳可靠接地，即将设备在正常情况下不带电的金属部分，用导线与接地体连接，并将接地体埋入地下。

在设备做了接地保护后，如果设备外壳发生漏电，则接地电流将分别从接地装置和人体两条并联支路流过。由于接地装置电阻远小于人体电阻，故流过人体的电流很小，而绝大部分电流流向大地，这样较大的短路电流会使线路上的保护元器件（如断路器）脱扣，迅速切断故障线路，便于及时维修，并确保了人身安全。

（2）工作接地。工作接地是指电力、通信等系统中为保证其正常运行，将线路中某些点接地，如三相四线制供电系统中的中线接地、变压器低压中性点接地等。

（3）防雷接地。通常，大型建筑物、国家重点文物单位、国家级体育馆、爆炸危险场所（如制造、储存火工品等）建筑物为躲避雷电袭击，都装有避雷针、避雷线、避雷器等避雷装置。当出现雷电天气时，雷电对避雷装置放电，产生的雷电流经过接地装置流入大地，从而避免被保护物遭受雷击。

2）接地电阻

设备要可靠地接地，就是要求接地电阻足够小。接地电阻的大小是衡量接地装置质量优劣的重要指标，在设计、施工、运行的各个环节中都要十分重视。

接地装置的接地电阻包括接地线电阻和接地体对地电阻两部分。正常情况下，接地线电阻很小，在整体接地电阻中可以忽略不计。这样，接地装置的接地电阻主要取决于接地体对地电阻。它又包括接地体电阻、接地体与土壤之间的接触电阻和接地体与大地之间的散流电阻三个部分，其中接地体与大地之间的散流电阻为接地电阻的主要影响因素。

为了保证用电安全，必须定期测量接地电阻的大小。根据接地电阻规范要求，各类接地装置的接地电阻都有规定的合格值,如表 2.3 所示,不得随意改变其值大小。

表 2.3 标准接地电阻规范要求

各接地装置类型	合 格 值
独立的防雷保护接地电阻	应不大于 10 Ω
独立的安全保护接地电阻	应不大于 4 Ω
独立的交流工作接地电阻	应不大于 4 Ω
独立的直流工作接地电阻	应不大于 4 Ω
防静电接地电阻	一般要求不大于 100 Ω
共用接地体(联合接地)	应不大于接地电阻 1 Ω

2. 接地电阻测试仪的分类

接地电阻测试仪(见图 2.39)是用于测量接地电阻的专业仪表,广泛应用于电力、电信系统中,电气设备的电气安全检查与接地工程的竣工验收。

(a)手摇式接地电阻测试仪　　　　　　　　(b)钳式接地电阻测试仪

图 2.39 接地电阻测试仪

接地电阻测试仪按供电方式分为传统的手摇式和电池驱动式,按显示方式分为指针式和数字式,按测量方式分为打地桩式和钳式。

如前面介绍,接地装置的接地电阻主要由大地散流电阻组成,而地下的电解质决定了土壤的导电能力,测量中如果有直流电流通过大地土壤,将会出现极化效应而产生极化电动势,使测量出现较大误差。所以仪器内的电源多采用交流电源或断续直流电源。

1) 传统的手摇式接地电阻测试仪

传统的接地电阻测量仪又称为接地摇表,它由手摇发电机、电流互感器、调节电位器、磁电系检流计等部分组成。

在使用手摇式接地电阻测试仪前,为避免其他设备给测量值带来影响,应将接地装置与其他电气设备断开。否则,所测量的接地电阻值为所有接地体接地电阻的并联值。测量时,还需要根据地形和环境,在坚实的土壤中打辅助接地桩,操作烦琐。同时受到手摇发电机精度的限制,传统的手摇式接地电阻测试仪现在几乎已无人使用。

2) 钳式接地电阻测试仪

目前,在电力系统及电信系统中,普遍使用的是钳式接地电阻测试仪,简称钳式接地电阻仪,英文名为 Clamp-on Ground Resistance Tester 或 Ground Resistance Tester。

它的测量方法简单、直观,运用新式钳口法,测量时无须使用辅助接地棒、打桩放线;也无须中断被测设备的接地;使用时只需用钳头夹住接地线或接地棒,直接进行在线测量。所以它还适用于传统的手摇式接地电阻测试仪无法测试的环境(如水泥地面、楼房内、地下室内、电信机房内等)。正是由于钳式接地电阻测试仪具有使用简便、安全可靠、精度高、速度快的特点,所以受到广大线路工作者的欢迎。

在仪表的钳口内有两个独立的线圈,分别为电压线圈和电流线圈。其中电压线圈用于产生高频交流电压,并在测量回路里感应电势 E,电势 E 在测量回路中产生总电流 I,并被电流线圈接收。根据测量出的电势 E 和电流 I,以及全电路欧姆定律,回路系统的环路电阻为 $R_{LOOP} = E/I$。忽略了大地电阻 R_E 等甚小值后,环路电阻 R_{LOOP} 即等于被测设备的接地电阻 R_x。它包括该支路到公共接地线的接触电阻、引线电阻及接地体电阻。

3. 钳式接地电阻测试仪的使用及注意事项

1) 钳式接地电阻测试仪的外观

钳式接地电阻测试仪的结构一般包括液晶显示屏、扳机(用于控制钳口的张合)、钳口(用于张合并钳入被测接地线)、按键。其中钳口分为长钳口和圆钳口两种,长钳口特别适宜扁钢接地的场合。

在此以 ETCR2000 系列钳式接地电阻测试仪为例,讨论钳式接地电阻测试仪的使用,其他型号的接地电阻测试仪,功能大致相同。

ETCR2000 系列钳式接地电阻测试仪包括 ETCR2000 基本型、ETCR2000A 实用型、ETCR2000B 防爆型、ETCR2000C 多功能型(若为型号 ETCR2000+系列,则表明该仪表为新型钳式接地电阻测试仪)钳式接地电阻测试仪。ETCR2000 基本型钳式接地电阻测试仪包括以下按键。

HOLD:锁定/解除读数键,按下该键后可保持当前数据,便于读数与记录;再按一下该键,退出锁定状态,显示实时测量数据。

ETCR2000C 多功能型钳式接地电阻测试仪还包括按键。

POWER:开机/关机/退出/延时关机键。

MODE:功能模式切换键,测量交流电流/测量接地电阻/数据查阅的切换。

SET:组合功能键,与 MODE 组合实现锁定/解除/存储/设定/查看/翻阅/清除数据功能。

若 ETCR2000C 多功能型钳式接地电阻测试仪处于 HOLD 状态,要先按 SET 或 POWER 退出 HOLD 状态后,再按 POWER 关机。

2)钳式接地电阻测试仪的显示屏

如图 2.40 所示为 ETCR2000C 钳式接地电阻测试仪的显示屏,其中各部分符号的编号及意义如下。

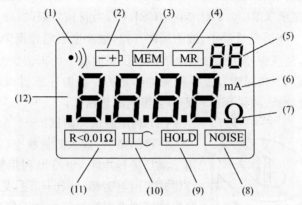

图 2.40 ETCR2000C 钳式接地电阻测试仪的显示屏

*(1)报警符号:当被测量值大于设定报警临界值时,液晶显示屏闪烁显示"·))"符号。

(2)电池电压低符号:仪表使用 4 节 5 号碱性干电池,当电池电压低于 5.3 V 时,显示电池电压低符号。为避免影响测量结果的精度,应及时更换电池。

(3)存储数据已满符号:当存储数据的数量达到上限时,显示"MEM"符号。

(4)数据查阅符号:当钳式接地电阻测试仪进入查看状态时,能将事先存储的数据逐一读出。

(5)两位存储数据组号符号:当仪表进入存储/查看状态时,显示该组数据的组号。

*(6)电流单位符号:当选择测量交流电流时,显示"mA"符号。

(7)电阻单位符号:当选择测量接地电阻时,显示"Ω"符号。

*(8)杂讯信号符号:当外界有干扰信号时,发出蜂鸣声,显示"NOISE"符号。

(9)数据锁定符号:在按下锁定键 HOLD 后,进入锁定状态,显示"HOLD"符号。

(10)钳口张开符号:当钳口处于张开状态时,显示该符号。

(11)"R<0.01 Ω"符号:当接地电阻测量值小于 0.01 Ω 时,显示该符号。

(12)4 位 LCD 数字显示及十进制小数点符号。

其中,*为 ETCR2000C 钳式接地电阻测试仪特有的。

3)钳式接地电阻测试仪的使用

(1)开机。

开机前,先扣压扳机 2～3 次,以确保钳口闭合良好。然后按下 POWER,使钳式接地电阻测试仪进入开机状态。

(2)自检。

开机后,首先自动测试液晶显示屏,显示全部符号。然后仪表进入自检过程,液晶显示屏依次显示"CRL 6,CRL 5,…,CRL 0";当自检结束时,显示"OL Ω",同时显示"·))"符号。原因是自检中,被测回路开路,被测电阻超过报警临界值。

自检过程中,注意保持钳式接地电阻测试仪正面朝上的正常状态,不得翻动钳式接地电阻测试仪,不得对钳口及手柄施加作用力。同时注意钳口不得钳绕任何导体(包括被测接地线、测试环等),否则会影响测量精度。

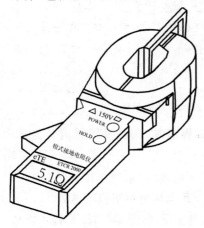

图 2.41 钳式接地电阻测试仪利用测试环读数

(3)利用测试环测试。

自检结束后,进入测量状态,这时可以直接用于测量接地电阻,也可以利用测试环再次检测钳式接地电阻测试仪的精度(见图 2.41)。这时钳式接地电阻测试仪的显示值应与随机测试环的标称值一致,如标称值为 5.1 Ω 时,显示 5.0 Ω 或 5.2 Ω,都属于正常情况。

(4)测量电阻或电流。

① 测量电阻:开机自检结束后,扣压扳机使钳口打开,钳住被测回路,并在液晶显示屏上读取电阻值。

若显示"OL Ω",则表示被测电阻太大,超出了钳式接地电阻测试仪电阻量程的上限值;

若显示"L 0.01 Ω",表示被测电阻太小,超出了钳式接地电阻测试仪电阻量程的下限值。

*② 测量电流:ETCR2000C 钳式接地电阻测试仪开机自检结束后,显示"OL Ω",仪表自动进入电阻测量模式,这时按下 MODE,进入电流测量模式,显示"0.00 mA"扣压扳机使钳口打开,钳住被测回路,读取电流数据。

若显示"OL A",则表示被测电流太大,超出了钳表电流量程的上限值。

闪烁"·))"符号,说明被测电阻或电流超过报警临界值。

钳式接地电阻测试仪若工作在其他模式下,按下 MODE 能退回电阻/电流测量模式。

(5)锁定、存储/查阅数据、查看/设定报警临界值。

ETCR2000C 钳式接地电阻测试仪在不同状态下显示的符号如图 2.42 所示。

图 2.42 ETCR2000C 钳式接地电阻测试仪在不同状态下显示的符号

① 锁定：在测量状态下，按下 HOLD 锁定当前读数，并显示"HOLD"符号；再按下 HOLD，取消锁定状态，"HOLD"符号消失，继续测量下一个数据。

ETCR2000C 钳式接地电阻测试仪在测量状态下，按下 SET 进入锁定状态，并将所显示的读数以一组数据自动顺序存储。若要退出锁定状态，则按下 POWER 或 SET。

② 存储/查阅数据。

查阅数据：按下 MODE 进入存储/查阅数据模式，默认从第 01 组数据开始显示，利用 SET，能向下循环查阅所有数据。在查询模式下，显示"MR"符号，同时显示该组数据的大小、单位与组号。

按下 MODE 进入查阅/存储数据模式后，同时按下 SET 和 MODE，自动清除先前存储的所有数据。

③ 查看/设定报警临界值。

按下 MODE 进入电阻或电流测量模式后，长按 SET（超过 3 s），进入查看/设定报警临界值模式，显示当前报警临界值；若需要重新设定，按下 SET 改变数值大小，按下 MODE，设置高位到低位。设置成功后，再次按下 POWER 或长按 SET，确认并闪烁所设报警临界值，最后自动退出查看/设定报警临界值模式，回到测量模式。

（6）关机。

钳式接地电阻测试仪开机后，按下 POWER 关机。为减小电池损耗，当开机时间达到 5 min 时，钳式接地电阻测试仪进入闪烁状态，闪烁 30 s 后，自动关机。闪烁状态下，若要钳式接地电阻测试仪继续工作，再次按下 POWER，恢复正常工作状态。

4）注意事项

（1）要保持钳口铁芯接触面的清洁，否则会降低钳式接地电阻测试仪的测量准确度，如液晶显示屏上显示钳口张开符号，而钳口处于闭合状态，说明钳口污染严重,需要及时清洁钳口。

(2) 若开机自检结束后,不显示"OL Ω",而显示一个较大电阻值,则说明测量大电阻时,读数不准确,需要清洁钳口或进行维修。这时,若再用随机测试环进行测量,读数与标称值一致,则说明测量小电阻时,读数准确。由于接地装置的接地电阻值较小,所以不影响使用钳式接地电阻测试仪测量接地电阻。

(3) 不同类型的接地装置,应合理选择测试点。测试点不同,测量结果也不尽相同。

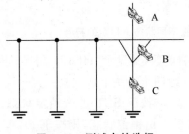

图 2.43　测试点的选择

如图 2.43 所示,有 A、B、C 三个测试点。

若在 A 点测量,由于所接支路为开路,并未构成回路,则钳式接地电阻测试仪显示"OL Ω",需更换测试点。

若在 B 点测量,所接支路由金属导线构成了闭合回路,所测电路为该回路的电阻值,钳式接地电阻测试仪可能显示"L 0.01 Ω",则需更换测试点。

若在 C 点测量,钳式接地电阻测试仪显示该被测支路下的接地电阻值,则测试点选择正确。

思考与练习

(1) 传统的手摇式接地电阻测试仪与钳式接地电阻测试仪在使用方法上有哪些区别?

(2) 若钳式接地电阻测试仪在使用中出现电池电压低符号,或开机自检后扣压扳机,钳式接地电阻测试仪自动关机,应如何处理?

知识点九　示波器

示波器是一种便于观察和测量的电子仪器,它的用途十分广泛,能将各种交流信号、数字脉冲信号、直流信号在显示屏上显示为随时间变化的波形。该波形能定性地反映电流或电压信号随时间变化的规律,也能定量地表示该信号的幅值、周期、频率、相位和脉冲宽度等参数的大小。

在电工电子设备的维修工作中,熟练使用示波器显得尤为重要。通过观测信号的波形状态,结合电路特征,能方便地分析出故障所在位置及故障原因,提高维修效率。

1. 示波器的分类

1) 按照结构分类

示波器可以分为模拟示波器、数字示波器及虚拟示波器等。

示波器需要将采样输入的被测信号处理后显示在示波器显示设备上供使用者查看、测量及对比。如果信号进入示波器后,处理电路为模拟电路,则示波器为模拟示波器;如果信号进入示波器后,经采样、量化、编码后形成数字信号,再进行处理,则示波器为数字示波器。

(1)模拟示波器。

模拟示波器信号进入模拟示波器内的处理及显示均为模拟信号,多采用阴极射线管作为显示设备。

(2)数字示波器。

数字示波器信号进入数字示波器内需要进行数字处理后再进行显示。由于信号进行了数字化处理,由模拟信号变成数字信号,可以利用数字存储器存储信号信息,从而达到存储信号的目的。实际数字示波器既有利用液晶显示屏作为显示输出的,也有利用阴极射线管作为显示设备的。

(3)虚拟示波器。

目前新兴的虚拟示波器,只保留信号采集及部分处理功能,而将信号显示、存储及处理功能通过计算机运行的软件来实现。由于信号直接通过软件处理机进行存储,所以很方便地与 MATLAB、LABVIEW 等信号处理软件对接,便于对信号进行变换和软件模拟。

2)按照示波器显示设备分类

示波器可以分为阴极射线管示波器、液晶显示示波器及计算机显示示波器,如图 2.44 所示。

 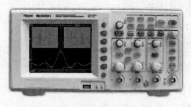 

(a)阴极射线管示波器　　　　(b)液晶显示示波器　　　　(c)计算机显示示波器

图 2.44　示波器 1

(1)阴极射线管示波器。

早期示波器的显示设备为阴极射线管(CRT),通常用显示屏大小(单位为英寸(inch,缩写为 in))作为衡量显示效果的参数。例如,某示波器参数显示有 9 英寸 CRT,表明该示波器配备了大小为 9 英寸的阴极射线管作为显示设备。

(2)液晶显示示波器。

随着显示设备的发展,目前新型示波器多采用液晶显示屏作为示波器显示设备,特别是数字示波器,采样后形成的数字输入信号适宜采用液晶显示屏显示。液晶显示屏主要参数有单色/彩色显示、显示屏大小(单位为英寸)、显示屏像素分辨率(单位为横轴像素数×纵轴像素数)等。通常,若使用彩色显示屏从颜色上对不同的输入信号加以区分,则各信号的区别会更加明显;若使用高分辨率显示屏显示波形及数字,则显示图形会更细腻、更准确。例如,某示波器参数为 10.4 英寸 16色彩色液晶面板、800×600、触摸屏,则表明该示波器配备了 10.4 英寸的液晶显示屏,显示屏能同时显示 16 种色彩,显示屏分辨率为 800×600,可采用触摸屏操控。

(3) 计算机显示示波器。

采用计算机显示屏作为显示设备的示波器称为计算机显示示波器。通常计算机的显示屏更大,分辨率也更高,在计算机显示屏上显示信号,观察更加清晰、准确。目前某些台式示波器和虚拟示波器具备利用计算机显示的功能。如一些台式示波器具备视频输出端口,将视频信号线插入该端口,就可以将输出视频信号传递给示波器的显卡,直接在计算机显示屏上显示信号。而虚拟示波器一般不配备显示屏,这时直接将处理过的数字信号读入计算机,并利用专用软件进行功能处理,最后将信号显示在计算机显示屏上。

3) 按处理信号的频段分类

示波器可以分为超低频示波器、低频示波器、中频示波器、中高频示波器、高频示波器、超高频示波器等。

示波器有工作频率范围限制,超过测量频率范围的信号无法正常显示。所以根据测量信号频率不同,人们设计了不同电路结构示波器以测量各频段信号。各类示波器在外观上没有本质区别,仅在部分功能面板及设备参数上有区别。

(1) 超低频示波器、低频示波器。

超低频示波器、低频示波器主要用于测量低频段的信号,如可以采用低频示波器观察音频输出信号,麦克风接收的语音信号等。

(2) 中频示波器、中高频示波器、高频示波器。

常见中频示波器测量信号的频率在 1 kHz～40 MHz 之间,中高频示波器是最常见的示波器,高频示波器工作频率上限可以在 300 MHz 以上。常用的无线语音广播、电视信号、各类无线电及数字传输信号都在该频段范围内,常使用中高频示波器进行观测。

(3) 超高频示波器。

工作频率上限在 1 GHz 以上的示波器为超高频示波器,如各种微波通信、卫星通信及移动电话信号的通信频率均在 1 GHz 以上,必须采用超高频示波器才能正常显示该类信号。

在实际工作中,利用示波器测量信号前,应该首先了解被测信号频率所属的大概范围,这样才能合理选择对应频段的示波器,获得正确的信号显示。

4) 按显示信号的数量分类

示波器分为单踪示波器、双踪示波器和多通道显示示波器,如图 2.45 所示。

(1) 单踪示波器。

(a)单踪示波器   (b)双踪示波器   (c)多通道显示示波器及其数字探头

图 2.45 示波器 2

单踪示波器只有一个信号输入端,在显示屏上只能显示一个信号的波形踪迹,通常用于简单信号的分析、音响和模拟电视等设备的检修。该类示波器结构简单,价格低廉,提供的辅助功能也很有限。

(2) 双踪示波器。

双踪示波器具备两个信号输入端,能同时在显示屏上显示两路信号,从而实现对两个信号的频率、相位、波形及幅值等进行比较。

(3) 多通道显示示波器。

随着数字设备的发展,对示波器的要求越来越高,往往希望能同时对比多路信号,如对设备上的多个点或总线上并行输出的多个信号同时进行显示。这些能够显示两路以上信号的示波器,称为多通道显示示波器,这种示波器具备更好的数字设备信号显示及监控能力。

目前多通道显示示波器多为数字示波器,不少型号的数字示波器能在显示屏上同时对比 4 个、8 个或更多信号,广泛应用于各类数字设备的开发及检测中。

2. 典型示波器的结构及使用

1) 模拟示波器

(1) 模拟示波器的结构。

模拟示波器内部电路主要由模拟电路构成,其主要组成部分有示波管、Y 轴(垂直)放大器、X 轴(水平)放大器、扫描信号发生器(锯齿波发生器)、触发同步电路和电源等电路。图 2.46 所示为模拟示波器结构示意图。

① 示波管。

示波管是一种特殊的电子管,它是显示电路的核心部分,又称为阴极射线管(Cathode Ray Tube,CRT)。它由电子枪、荧光屏和偏转系统三个部分组成,如图 2.47 所示。

(a) 电子枪位于示波管的后方,在灯丝对电子枪加热后,会使电子枪发射出高速运动的电子流,该电子流经过聚焦后形成一束,即电子束。

(b) 荧光屏位于示波管的前方,其内侧表面涂有荧光物质。当电子束打在荧光屏上时,该处荧光屏发亮,其亮度取决于电子束的数目、密度和速度。改变控制电压,就能改变电子束的数目和密度,从而改变光点的亮度。

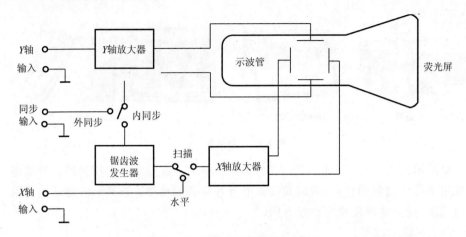

图 2.46   模拟示波器结构示意图

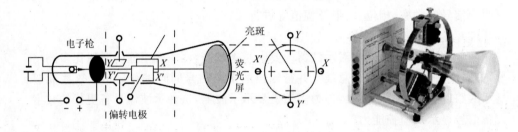

图 2.47   示波管结构图

荧光屏上光点的颜色取决于荧光物质的种类,不同的荧光物质受电子束冲击时,将会显示不同的颜色和余辉时间。用于观察一般信号的示波器,机内使用的中余辉示波管发绿色光;用于观察低频或非周期信号的示波器,机内使用的长余辉示波管发橙黄色光;用于照相的示波器,机内使用的短余辉示波管发蓝色光。

（c）偏转系统由两组偏转电极组成:一组控制电子束水平移动方向,称为水平偏转系统或 X 轴偏转系统;一组控制电子束垂直移动方向,称为垂直偏转系统或 Y 轴偏转系统。每组偏转电极由两块相互平行的金属偏转板构成。当两组偏转板的外加电压为零时,电子束穿过偏转板时受到的外力也为零,电子束将射到荧光屏的正中间,在原点处形成一个亮点。

② Y 轴（垂直）放大器。

由于示波管的偏转灵敏度很低,如果直接将微弱的被测信号加在 Y 轴偏转板上,则荧光屏显示的波形幅值过小,不利于观察和测量。所以利用 Y 轴放大器,能将微弱的信号放大,在被测信号达到一定幅值后,再加于垂直偏转板两端,便于得到在垂直方向上大小适宜的波形图像。同理,若被测信号幅值过大,则 Y 轴放大器输入端的衰减器也可以对其进行衰减。

③ X 轴(水平)放大器。

与 Y 轴放大器的作用类似,触发电平经 X 轴放大器放大后加于 X 轴偏转板,控制电子束的水平偏转。触发电平可以由机内产生,也可以由面板上"X 轴输入"端钮直接引入外加信号。

④ 扫描信号发生器(锯齿波发生器)。

扫描信号发生器用于产生一个与时间成线性变化的锯齿波电压,该电压即为触发电平,又称为时基信号或扫描电压。当触发电平的周期与被测信号的周期相同时,荧光屏上将显示一个完整而稳定的信号波形;当触发电平的周期是被测信号周期的整数倍 n 时,或者当被测信号的频率为触发电平频率的整数 n 倍时,荧光屏上将显示 n 个稳定的信号波形,这种工作状态称为同步。若两个信号的周期不满足整数倍关系,则荧光屏上显示的波形将会不稳定。

⑤ 触发同步电路。

通过触发同步电路,可使机内的锯齿波电压或外加触发信号与被测信号达到同步,从而在荧光屏上显示稳定的波形。

⑥ 电源。

电源为机内各电路提供所需的直流电压,其中包括 Y 轴(垂直)放大器和 X 轴(水平)放大器、扫描信号发生器、触发同步电路和示波管所需的直流电压和灯丝电压等。

(2)模拟示波器的使用。

典型模拟双踪示波器的外观如图 2.48 所示,主要使用界面包括显像屏和刻度盘、按钮控制区、输入接头区。

图 2.48　模拟双踪示波器面板及控制键

① 显像屏和刻度盘。

显像屏和刻度盘为模拟双踪示波器主要显示元器件。经处理过的信号加载在显像管的信号输入端,通过磁场控制电子枪的偏移,轰击荧光屏,从而在显示屏上形成图像。刻度盘将显示屏分为横纵等间隔的区间,通过 X、Y 轴挡位选择,可以读出显示波形幅值及周期等信息。

② 输入接头区。

输入接头区是信号探头输入信号的接头插口,包括 CH1 输入插口、CH2 输入插口和外触发输入插口。

③ 按钮控制区主要功能键。

(a) 电源开关:接通或关闭电源。

(b) 聚焦调节旋钮(FOUSC)和辉度调节旋钮(INTEN):分别调节光迹的清晰度和亮度,使显示波形清晰。

(c) 迹线旋转旋钮(TRACE ROTATION):调整水平轨迹与刻度线平行。

(d) 水平调节旋钮(POSITION↔)和垂直调节旋钮(POSITION ↕):分别调整显示信号的 X 轴水平位置和 Y 轴垂直位置。

(e) 扫描时间选择旋钮(TIME/DIV):调节扫描速度,即改变波形在显示屏上显示的宽度。

(f) 扫描时间微调旋钮(SWP. VAR.):用于扫描速度的连续细调。顺时针旋转至最右边为"校准"位置(CAL)。

(g) 水平位移×10 开关:使光迹在水平位置的扫描速度扩展 10 倍。

(h) Y 轴灵敏度选择旋钮(VOLTS/DIV):调节垂直偏转灵敏度,即改变波形在显示屏上显示的高度。

(i) Y 轴灵敏度微调旋钮(CAL):用于垂直偏转灵敏度的连续细调。顺时针旋转至最右边为"校准"位置。

(j) CH2 反相开关(CH2 INV):按下后,CH2 信号反相。

(k) 触发斜率选择开关(SLOPE):＋为上升沿触发,一为下降沿触发。

(l) 工作方式选择开关(ALT/CHOP):ALT 为两通道交替显示,适用于观察较高频率信号;CHOP 为两通道断续显示,适用于观察较低频率信号。

(m) 输入耦合方式选择开关(AC/GND/DC):AC 为输入端为交流耦合,GND 为接地,DC 为直流耦合。

(n) 触发方式选择开关(TRIGGER MODE):用于选择扫描工作方式,即 AUTO、NORM、TV-V、TV-H。AUTO 为自动,扫描电路处于自激状态;NORM 为常态,扫描电路处于触发状态,与电平控制旋钮(LEVEL)配合显示稳定波形;TV-V 电路处于电视场同步;TV-H 电路处于电视行同步。

(o) 触发源选择开关(SOURCE):选择触发电平的来源,即 LINE、EXT、CH1 或 CH2,将 CH1 或 CH2 输入信号作为触发信号;LINE 将用电网频率信号作为触发信号;EXT 为外触发,将 TRIG. IN 端子输入信号作为外部触发信号。

(p) 显示方式选择开关:CH1、CH2、DUAL、ADD。CH1 或 CH2 为单独显示 CH1 或 CH2 的信号波形;DUAL 为两通道信号双踪显示;ADD 为两通道信号代数和。

2）数字示波器

（1）数字示波器的结构。

数字示波器（见图 2.49）是一种高性能的新型示波器，能实现信号的存储、显示、测量和数据分析处理等功能。其基本结构包括液晶显示屏、A/D 转换器、存储及运算模块、电源。

图 2.49 数字示波器

① 液晶显示屏。

液晶显示屏简称 LCD(Liquid Crystal Display)，同其他智能设备一样，数字示波器的 LCD 按显示屏材质不同，可分为 TD、STN、DSTN 和 TFT(Thin Film Transistor)等。其中 TFT LCD 又称为主动式点晶薄膜晶体管液晶显示屏，它具有反应速度快、色彩丰富、亮度高、对比度高、视角大等特点，是目前应用的主流。

若按色彩显示模式不同，LCD 又分为单色、双色、VGA、SVGA 等，并具有多种尺寸及分辨率，可根据需要采取普通屏或触摸屏。

数字示波器采用彩色液晶显示屏显示，可以大幅度缩小尺寸和体积，节省设备内部空间，同时具有节能、显示细节丰富的优点。同早期 CRT 显示屏相比，分辨率高的彩色液晶显示屏除显示信号波形外，还提供更多细节内容，如在显示屏上显示汉字、字符，具有较强的信息表现能力。同时彩色显示屏可以采用不同的颜色来区别同屏显示的多路信号，以满足目前多通道示波器同时处理多路信号的要求。

② A/D 转换器。

A/D 转换器设置在信号的输入端，将探头采集的被测信号转变为数字信号，并送入存储器，以实现信号的存储、处理及显示功能。A/D 转换的精度直接决定了数字示波器的测量精度。

③ 存储及运算模块。

存储及运算模块用于控制输入信号的处理及存储，以实现对即时信号的长时间存储功能。配合微处理器提供的波形变换及触发电路等功能，可以对被测信号的频率、幅值、平均值等参数进行测量，并做出数字变换及运算处理。

④ 电源。

电源为机内各电路提供所需的直流电压。

（2）数字示波器的使用。

数字示波器的外观主要包括显示面板、面板功能选择键、功能面板、探头接头区。

① 显示面板为液晶控制面板。

② 面板功能选择键通常集中在显示面板的右侧，一般包括以下按键。若采用触摸屏显示，面板选择功能大多集成在触摸屏上。

运行状态键：在液晶显示屏上指示当前数字示波器的运行状态。

设置键：设置数字示波器当前状态。

菜单栏：点击液晶显示屏后显示菜单栏。

菜单控制键：控制菜单的展开及后退，并选择对应功能选项。

波形显示键：显示输入信号波形。

测量结果显示键：显示输入信号按照控制面板设置后的测量结果。

③ 探头接口区：连接探头的输入接口。

④ 功能控制键区。

通道选择键：选择需要测量或显示某一路或某几路信号。

运算结构通道键：在显示屏上显示运算后的波形结果。

参考波形通道键：在显示屏上显示参考波形。

垂直、水平位置调整及比例显示功能键组：调整波形的水平及垂直位置，以及调整波形的显示比例。

触发调整键组：调整触发信号的电平及电位的相关功能键。

设备功能键组：控制数字示波器的开关及自动功能模式的功能键组。

菜单控制键组：在控制面板上直接控制菜单选项的功能键组，包括存储功能键、光标控制键、预设显示控制键、采样控制键等。

3. 使用示波器的注意事项

（1）对于新示波器或长期闲置的示波器，使用前应对其进行简单的检查，包括旋钮、开关、电源线是否完好，扫描电路稳定度和垂直放大电路直流平衡是否需要调整等。若要对被测信号进行幅值和周期的测量，还应对垂直放大电路增益和水平扫描速度进行校正。

（2）使用模拟示波器时，应调节聚焦旋钮，使光点直径最小，波形清晰。同时调节亮度旋钮，使光点亮度适中。若亮度太高，电子束长期冲击荧光屏上某点的荧光物质，则会使该处荧光屏烧毁而形成暗斑，所以过亮的光点不宜固定出现在荧光屏上的同一位置。

（3）使用数字示波器时，应注意模拟带宽和数字实时带宽的区别、采样速率和上升时间等参数,对测量结果带来的影响。厂家给定的带宽一般为模拟带宽,它只适合重复周期信号的测量;而数字实时带宽远小于模拟带宽,同时适合重复信号和单次信号的测量。

数字示波器的采样速率过低,显示波形会出现混叠现象,若要避免出现该现象,采样速率至少高于被测信号高频成分的 2 倍。同时注意数字示波器的上升时间不仅与扫描速度有关,还与采样点的位置有关。

(4) 使用过程中,应避免频繁地开关电源。若暂时不用电源,可将光点亮度调低。

(5) 输入被测信号时,为避免损坏设备,应注意被测信号的幅值不能超过示波器允许的最大电压值。一般情况下,示波器上标明的允许最大电压值为峰-峰值,而不是有效值。

(6) 示波器和探头等附件应避免冲击和震动,防止屏蔽性能遭到破坏,使外界电磁干扰输入,影响测量结果。

(7) 一般情况下,示波器的正常工作温度在 0~40 ℃之间,使用时应清除仪器上的灰尘和杂物,保证通风口畅通,避免过热而损坏设备。

(8) 为减小测量误差和保证人身安全,示波器的外壳、探头接地线、交流 220 V电源接地线应可靠连接,所以示波器电源线应采用三芯插头线。

思考与练习

(1) 开机后,示波器显示屏上不出现光点,可能的原因有哪几个方面?

(2) 为了让示波器显示出稳定的波形,应调节哪几个旋钮和开关?

(3) 试说明用示波器进行双踪显示的步骤,要求同时测量 1 kHz、3 V 和2 kHz、2 V 正弦交流电信号。

任务四 常用电工器材及工艺的认知

知识点一 线材

线材是电工技术中常用的电工器材,主要用于电气的安装与连接。根据不同的应用场合和性能要求,线材的结构、线芯材质与绝缘材料也不尽相同。

1. 按照线芯材料分类

导电线材对线芯材料的要求:电阻率低、有一定机械强度、不易氧化、易于加工焊接、资源丰富、成本低廉等。常见的电工线材通常使用导电率较好的银、铜、铝作为线芯材料。考虑到成本因素,目前线材普遍使用的是铜和铝两种材料,广泛用于架空线路、照明线路、动力线路、变压器、电机及各种设备的连接。由于铝的焊接工艺比铜的复杂,质硬、塑性差,所以在维修电工及电气焊接中仍主要使用铜质线材。在一些特殊的使用场合,也有用合金作为线芯的线材。

2. 按照外绝缘结构分类

常见电工用线材根据结构和用途不同可分为裸导线、绝缘导线和电缆等。

1）裸导线

裸导线是指导体表面无绝缘层的导线,包括各种金属和复合金属圆单线、架空输电用绞线、软接线等多种类型,如图 2.50 所示。其中圆单线为普通裸导线,其截面为圆形;架空输电用绞线由多股单线绞绕而成,机械强度更高,常用的有铜绞线、铝绞线和钢芯铝绞线;软接线易于弯折造型,主要用于设备内部或电路板中电路连线。

(a)同心绞架空导线　　　　　　　　　　　　　　　(b)软接线

图 2.50　裸导线

裸导线常用规格型号,其文字符号表示如下:

第一位表示材质,"T"表示铜,"L"表示铝;

第二位表示类型,"Y"表示硬性线,"R"表示软性线,"J"表示绞线;

第三位表示截面积,常用裸线截面积包括 16 mm²、25 mm²、35 mm²、50 mm²、70 mm²、95 mm²、120 mm²、150 mm²、185 mm² 等。

例如,型号 TJ-25 表示截面积为 25 mm² 的铜芯绞线;型号 LR-16 表示截面积为 16 mm² 的铝质圆单线软线。

2）绝缘导线

绝缘导线是指线芯外表有绝缘层保护的导线,其主要作用是隔离带电体,防止带电体与外界接触造成漏电、短路、触电等事故发生。绝缘导线包括电气设备用绝缘导线、电磁线等,如图 2.51 所示。

(a)塑料线　　　　　(b)橡胶线　　　　　(c)屏蔽线　　　　　(d)电磁线

图 2.51　绝缘导线

（1）电气设备用绝缘导线用于各电气设备内部和外部的连接，其芯线多为铜、铝材料，通常采用单根线芯或多根绞合线芯，外绝缘层多采用塑料、树脂、橡胶、PVC 等绝缘材料。常用的规格型号文字符号表示如下："BV"表示塑料铜线，"BLV"表示塑料铝线，"BX"表示橡胶铜线，"BLX"表示橡胶铝线。

① 塑料线的绝缘层为聚氯乙烯材料，所以塑料线又称为聚氯乙烯绝缘导线，分为塑料铜芯线和塑料铝线。塑料线常用于普通电气安装，如低压开关柜、电气设备内部配线，室内外照明和动力配线等。注意：为了防止外绝缘层磨损，当塑料线用于室内外配线时，必须配备相应的穿线管。

塑料铜线按线芯不同，可分为塑料硬线和塑料软线。塑料硬线包括单芯和多芯两种。塑料软线多为多芯，很柔软并可多次弯曲，广泛应用于家用电器、照明电路和各类电工电子仪器仪表中，常用的有"RV"型聚氯乙烯绝缘单芯软线。若采用双绞线结构的塑料铜芯软线，在型号末尾添加"S"；若采用扁平状电缆结构的塑料铜芯软线，在末尾添加"B"。如"RVS"代表塑料绝缘软型铜芯绞线。塑料铝线只有硬线，同样分为单芯和多芯两种。

② 橡胶线的绝缘层外附有纤维纺织层，与塑料线相比，由于橡胶线的绝缘保护套更耐磨，所以防晒和防风雨能力更强，主要用于户外照明和动力配线，架空时可以明敷。同样，根据芯线材料不同，橡胶线也分为橡胶铜线和橡胶铝线。

绝缘导线的截面积根据允许通过电流大小不同，芯线截面积从 0.5 mm² 至 400 mm² 不等。常用系列有 0.5 mm²、1 mm²、1.5 mm²、2.5 mm²、4 mm²、6 mm²、10 mm²、16 mm²、25 mm²、35 mm²、50 mm²、70 mm²、120 mm²、150 mm²、185 mm²、240 mm²、300 mm² 和 400 mm² 等。例如，日常用于室内装修的照明线路中，BVV-2.5、BVV-4 就指的是铜芯塑料绝缘带塑料护套线，线径分别为 2.5 mm²、4 mm²，在实际生活中常简称"2.5 的线"或"4 的线"。

③ 屏蔽线在普通塑料线的基础上，增加了金属屏蔽结构，如增加了一层金属箔，或编了一层金属网，所以塑料屏蔽线又称为聚氯乙烯绝缘屏蔽线。屏蔽线主要用于仪器仪表、电子设备和通信设备中信号的传输，能有效减少外界电磁波的干扰，并防止信号泄露。

屏蔽线的线型与普通绝缘导线的线型一致，通常在型号末尾加上"P"以示区别。例如，"BVP"为铜芯聚氯乙烯绝缘屏蔽线，"BYVP"为铜芯聚氯乙烯绝缘和护套屏蔽线。

④ 护套软线是常用的家用电线，它将多根塑料绝缘线包裹于一体，外表加装一层塑料绝缘护套。其具有敷设方便、省时快捷、使用安全的优点。其芯线包括单芯、双芯、三芯等，每根芯线均很细，横截面积通常为 0.1～2.5 mm²。可作为照明线或电源线直接敷设于墙壁上，也可作为一般野外环境中轻型移动设备的电源线或信号控制线。

(2) 电磁线是实现电磁转换的绝缘导线, 又称为绕线组, 用于制作电工设备中的线圈和绕组的绝缘导线。根据电绝缘层所用的绝缘材料和制造方式不同, 电磁线分为漆包线、绕包线、漆包绕包线和无机绝缘线。其中, 电工中常用的漆包线是在铜或铝导体外涂覆一层均匀的漆溶液(绝缘漆), 再将溶剂挥发和漆膜固化、冷却而制成。

根据漆包线所用绝缘漆和作用特点不同, 漆包线可分为油性漆包线、聚乙烯醇缩甲醛漆包线、自黏性漆包线、直焊型漆包线、复合型漆包线等。油性漆包线由桐油等制成, 漆膜耐磨性差, 需要加棉纱包绕层后再制作成线圈和绕组; 聚乙烯醇缩甲醛漆包线的机械强度高, 可以直接用于电机的绕组; 自黏性漆包线的漆膜不用浸渍和烘焙, 但机械强度较差, 仅限于微型特种电机和小电机; 直焊型漆包线在焊接时无须去除漆膜, 在高温下漆膜能自行脱落, 使用方便; 复合型漆包线采用新型技术, 具有密度低、单位体积小、重量小、加工工序简单、制造成本低的特点。

3) 电缆

电缆通常是由几根或几组聚氯乙烯绝缘导线绞合而成的, 内部有加强保护结构, 外部套有保护层(铅、铝、塑料等), 具有良好的电气性能、良好的机械强度及绝缘密封性能。电缆中每组导线之间相互绝缘, 并通常围绕着中心扭成, 整个外面包有高度绝缘的覆盖层, 可以敷设在野外、挂空、海底、水下等多种条件恶劣的场合。电缆多用于电力、通信及相关电传输领域, 电力电缆如图 2.52 所示。

图 2.52　电力电缆

电力电缆主要由线芯、绝缘层和保护层三个部分组成。

线芯又称为缆芯, 也有铜芯和铝芯之分, 包括单芯、双芯、三芯和四芯等, 截面也包括圆形、半圆形和扇形等。

绝缘层包在线芯之间, 以及线芯和保护层之间, 起到绝缘和隔离作用, 防止线芯漏电和放电。绝缘层通常采用纸、橡胶和塑料等材料。其中纸绝缘是将一定宽度的电缆纸螺旋状的包绕在导电线芯上, 经过真空干燥, 然后放入混有松香和矿物油的液体中浸泡而制成的, 应用最为广泛。

保护层的主要作用是保护线芯和绝缘层不受损伤, 分为内保护层和外保护层。内保护层常用铅、塑料、橡胶等材料制成, 保持绝缘层干燥并防止电缆浸渍剂外流; 外保护层有沥青麻护层和钢带铠几种, 保护绝缘层不受机械损伤和化学腐蚀。

自学与拓展一 常用电线的型号和用途

(1) 电线通用符号的意义如下：

第一位代码"B"表示电线,有时不写(缺省);

第二位表示材质,"T"表示铜(缺省表示),"L"表示铝,"R"表示软铜;

第三位表示绝缘材料,"V"表示聚氯乙烯(俗称塑料),"X"表示橡胶,"F"表示氯丁橡胶;

第四位表示护套材料,"V"表示聚氯乙烯;

第五位为其他,"R"表示软性线,"P"表示屏蔽,"B"表示平型(或扁型),"S"表示绞型。

(2) 常见电线的型号和用途如表 2.4 所示。

表 2.4 常用电线的型号和用途

名　称	型号	主　要　用　途
铜芯橡胶绝缘线 铝芯橡胶绝缘线 铜芯氯丁橡胶绝缘线 铝芯氯丁橡胶绝缘线 铜芯橡胶绝缘软线 铜芯橡胶绝缘氯丁橡胶护套线	BX BLX BXF BLXF BXR BXHF	通用绝缘电线,固定敷设于室内外,明敷、暗敷或穿管,作为设备安装线。其中,BLX 铝芯电线,由于其重量轻,通常用于架空线路尤其是长途输电线路;BXR 仅用于安装时要求柔软的场所;BXHF 适用于较潮湿的场所和作为室外进户线
铜芯聚氯乙烯绝缘线 铜芯聚氯乙烯绝缘软线 铜芯聚氯乙烯绝缘聚氯乙烯护套线 铝芯聚氯乙烯绝缘线 铝芯聚氯乙烯绝缘软线 铝芯聚氯乙烯绝缘聚氯乙烯护套线	BV BVR BVV BLV BLVR BLVV	同 BX 型,主要用于交流电压 500 V 及以下的电气设备和照明装置的场合。其中 BLV 使用场合同 BLX;BVR 使用场合同 BXR
铜芯聚氯乙烯绝缘单芯软线 两芯平型铜芯聚氯乙烯绝缘软线 两芯绞型铜芯聚氯乙烯绝缘软线	RV RVB RVS	通用绝缘软线,用于交流电压 250 V 或直流电压 500 V 及以下的移动式日用电器的连接线,如机电安装工程现场中电焊机至焊钳的连线,由于电焊位置不固定,多移动,因而采用 RV 型
铜芯聚氯乙烯绝缘聚氯乙烯护套软线 铜芯聚氯乙烯绝缘聚氯乙烯护套平型软线	RVV RVVB	同 RV 型,用于潮湿和机械防护要求较高及经常移动、弯曲的场所
棉纱编制橡胶绝缘双绞软线 棉纱编制橡胶绝缘平型软线	RXS RXB	用于交流电压 250 V 或直流电压 500 V 及以下的室内日用电器、照明用电源线

自学与拓展二 常用电缆的型号和用途

常用电缆规格型号表可由八部分组成,如表 2.5 所示。

表 2.5 常用电缆的规格型号

型号位	型号意义	常见符号
第一位	用途	不标为电力电缆,K 表示控制缆,P 表示信号缆,DJ 表示计算机电缆
第二位	绝缘	Z 表示油浸纸,X 表示橡胶,V 表示聚氯乙烯,Y 表示聚乙烯,YJ 表示交联聚乙烯
第三位	导体材料	T 表示铜芯,缺省表示;L 表示铝芯
第四位	内护层(护套)	V 表示聚氯乙烯,Y 表示聚乙烯,Q 表示铅包,L 表示铝包,H 表示橡胶,HF 表示非燃性橡胶,LW 表示皱纹铝套,F 表示氯丁胶,N 表示丁晴橡皮护套
第五位	特征	不标为统包型,F 表示分相铅包分相护套,D 表示不滴油,CY 表示充油,P 表示屏蔽,C 表示滤尘器用,Z 表示直流
第六位	铠装层	0 表示无,2 表示双钢带(24 表示钢带、粗圆钢丝),3 表示细圆钢丝,4 表示粗圆钢丝(44 表示双粗圆钢丝)
第七位	外护层	0 表示无,1 表示纤维层,2 表示聚氯乙烯护套,3 表示聚乙烯护套
第八位	额定电压	单位为 kV

电缆如果为铜芯电力电缆,相应型号可以省略。例如,常用低压电缆 VV22,第一位省略为电力电缆,第二位为 V 聚氯乙烯,第三位省略为铜,第四位为 V 聚氯乙烯护套,第五位省略为统包型,第六位、第七位为 22,第一个 2 表示镀锌双钢带铠装,第二个 2 表示电缆外护套为聚氯乙烯护套料,所以 VV22 表示电力用内聚氯乙烯绝缘铜芯外聚氯乙烯护套钢带铠装电缆。

在实际工程中,由于电缆的传输线数、机械指标及环境指标不尽相同,所以对电缆的性能如抗拉、防水、密封等指标也提出了不同的要求。电缆存在众多型号,结构区别较大。其中,VLV、VV 型电力电缆机械强度较差,适用于室内、隧道内及管道内敷设。VLV22、VV22 型电缆机械强度比 VLV、VV 型的好,但不能承受较大拉力,适用于地下线路的敷设。VLV32、VV32 型电缆机械强度较好,并且能承受较大拉力,可适用于潮湿场所,如高层建筑的电缆竖井内等。YFLV、YJV 型电力电缆主要为高压电力电缆。KVV 型控制电缆适用于室内各种敷设方式的控制电路中,选用时注意其额定电压应满足线路工作电压的要求。如家用电器使用的220V 电线;一般工业企业用 380V 线缆;输配电线路使用的是 500 kV、220 kV、

110 kV 超高压和高压线缆等。

知识点二 耗材

常见耗材如图 2.53 所示。

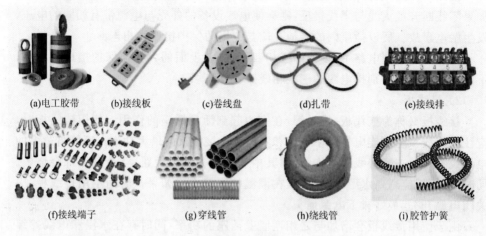

| (a)电工胶带 | (b)接线板 | (c)卷线盘 | (d)扎带 | (e)接线排 |

| (f)接线端子 | (g)穿线管 | (h)绕线管 | (i)胶管护簧 |

图 2.53 耗材

1. 电工胶带

电工胶带又称为电工绝缘胶带、绝缘胶带,在电工使用中起到防止漏电、绝缘保护的作用。由于电工胶带以软质聚氯乙烯薄膜为基材,单面涂以橡胶系压敏胶制造而成,所以全称为聚氯乙烯电气绝缘胶黏带,简称 PVC 电气胶带、PVC 胶带等。它具有优良的绝缘性能、阻燃、耐温、耐压、易撕、易卷的特点,普遍用于电线接头缠绕、绝缘破损修复,以及各类电机和电子零件的绝缘防护等。电工胶带有红、黄、蓝、白、绿、黑、透明等之分。

除了普通型电工胶带外,常用的电工胶带还包括无胶绝缘带和绝缘防水胶布等。无胶绝缘带的表面无胶水,依靠 PVC 表面的吸附力自我黏合,其软质伸缩性很大,可紧紧缠绕电缆线,加强绝缘保护效果。

绝缘防水胶布主要用于电力电气设备和电线电缆的绝缘恢复、接头处防水密封处理。绝缘防水胶带为自融性胶带,具有优良的防水密封性能,同时热稳定性好,耐气候性强,对铜、铝及各电缆护套具有极佳的黏接能力。

2. 插座、接线板和卷线盘

1)插座

插座的安装方式分为明式、暗式两种,生活中以暗装插座为主。住宅照明电路和家用电器的插座多为单相插座,其面板插孔分为两孔和三孔两种,工作电压为220 V。两孔插座只有火线和零线两相,三孔插座则增加了一个地线,用于对电气设备的外壳进行保护接地。我国规定有绝缘外壳的家用电器可以使用两芯插头,有金属外壳的家用电器必须使用三芯插头和与之对应的三孔插座,以避免因电器外壳漏电而引发触电事故。三孔插座应遵循左零线(N)、右火线(L)、中地线(E)的接线原则。

使用中,应特别注意插座内的接地端子不能与零线端子直接相连。其原因是如果零线断开或火线与零线接反,则会使电气设备的外壳与电源带有相同的电压,发生触电事故。所以插座内的接地孔应与专用的保护接地线相连。

在三相四线制电路中,多使用三相四孔插座,上面的大孔与保护接地线相连,下面的三个小孔分别接电源的三根相线。

2) 接线板

接线板又称为拖线板、排插等,在室内起到活动插座的作用。使用接线板时,应注意接线板上所连电器功率的总和不能超过接线板的最大功率。不能将过多的电器设备与同一个接线板相连,否则其中一个设备发生短路,整个电路都会烧毁。同时,接线板应远离水源,避免存放在潮湿的环境中。如果长时间不用接线板,应关闭电源开关,最好拔下电源插头。

由于使用接线板会增加与之相连墙壁插座的功率,同时存在水浸和电线摔绊等风险,所以考虑到家庭用电安全,进行室内装修时,应当尽可能多安装墙壁插座,减少接线板的使用。

3) 卷线盘

卷线盘又称为接线盘,具有携带方便、应用范围广泛的特点,常配有多个万用插孔,并带有过热、过载、漏电保护装置,安全防护等级高,具有多种不同长度的连线可供选择,使用方便灵活,适用于室内装修和野外作业等场合。

3. 扎带

扎带又称为束线带,在电工中主要用于各种电线、电缆的捆扎。根据所用材料不同,扎带可分为金属扎带和塑料扎带两种。金属扎带多采用不锈钢材质,具有优良的抗磨损、抗腐蚀、抗放射和防火能力,特别适用于露天、潮湿、高温等室内外场所中电线、电缆的捆扎。塑料扎带多采用 UL(国际认证检测中心)认可的尼龙 66(Nylon 66)材料注塑制成,所以又称为尼龙扎带,具有耐酸、耐腐蚀、绝缘性能良好、不易老化的特点,适用于一般电线及物品的捆绑、电子设备内部线路的固定、机械设备油路管道的固定和船舶上电缆线路的固定等。

根据用途及结构不同,尼龙扎带又可细分为自锁式尼龙扎带、可松式尼龙扎带、珠孔式尼龙扎带、标牌式尼龙扎带、插销式尼龙扎带等。

4. 接线端子

接线端子主要用于电气连接,它由一小段封装在绝缘塑料材料里的金属片和两端的插孔构成。接线端子具有导电性能良好、压接方便牢固、连接安全可靠的特点。连接导线时,无须焊接或缠绕,直接将导线插入插口,并且能随时断开,使用方便快捷。接线端子适用于大量导线互联,广泛应用于电子、电力、电信行业端子排

(接线盒)和端子箱等,接线美观,维护方便。

接线端子的种类和规格繁多,常用的类型包括插拔式接线端子系列、栅栏式接线端子系列、欧式接线端子系列、弹簧式接线端子系列、轨道式接线端子系列、穿墙式接线端子系列、光电耦合型接线端子系列等。

5. 穿线管

穿线管的作用是保护电线,电线穿墙时,必须预埋穿线管。这是因为将电线直接暗埋于墙内,不便于对线路进行检修和保养,并且电线长期使用时,绝缘层会老化龟裂,绝缘能力也随之降低,当线路超负荷时,散热慢会加速绝缘老化,这时一旦墙体受潮,会引起墙体大面积漏电,危及人身安全。所以严禁将塑料绝缘导线直接埋于墙内,必须使用穿线管。

穿线管的绝缘性能好,能承受高电压而不被击穿;机械性能强,可明敷或暗敷在混凝土内,不易受压破裂;阻燃性能好,能长时间保护线路;表面光滑,流体阻力小,不结垢,不易滋生微生物;热膨胀系数小,不收缩变形;防潮耐酸、防虫鼠;易弯曲,施工简便。穿线管除了可用于室内正常环境外,还适用于高温、潮湿、多尘、有震动和有火灾危险的场合。

按照所用材料不同,穿线管分为塑料穿线管(包括 PVC 塑料电线管-硬管、PE穿线管-卷软管、塑料波纹管)、金属穿线管(包括普通碳素钢电线套管、金属蛇皮管)、陶瓷穿线管(包括穿线瓷套管、玻璃纤维编织绝缘套管)等。

使用穿线管时,要配套使用管材附件,主要包括各种接头,如管接头、盒接头、90°接头、T 形接头、直角弯头等。特别注意,电线在穿线管内都不能有接头。

6. 绕线管

绕线管又称为胶管保护套、电线电缆保护套、软管保护套等,它采用热态缠绕定型挤出工艺将聚丙烯(PP)、聚乙烯(PE)或尼龙(PA)原料制成螺旋状保护套管。绕线管广泛安装于液压胶管、电线和电缆的外部,不仅提高了美观度,而且增强了产品的耐磨性、抗静电和抗紫外线能力,在各种恶劣环境下起到安全保护作用,延长产品的使用寿命。

与传统的保护用金属护簧产品相比,绕线管更加环保节能,安装简便,耐磨性更好,对产品外表面进行抗摩擦、防老化的保护能力更强,是替代金属护簧产品的新型产品。其安装方法包括从中间部位开始向两端绕转法和从一端开始向另一端绕转法。

思考与练习

生活中,常见的电工耗材有哪些? 它们各有什么作用?

知识点三 照明器具(白炽灯、日光灯、节能灯、LED 日光灯等)

1. 白炽灯

白炽灯俗称为灯泡、电灯,自 1879 年美国的 T. A. 爱迪生制成了碳化纤维(碳丝)白炽灯以来,一直是产量最大、应用最普遍的照明灯具。它具有结构简单、价格低廉、使用安全、安装方便、可连续调光等优点。

1) 白炽灯的分类

白炽灯按用途不同可分为普通照明白炽灯和专用照明白炽灯两种。

普通照明白炽灯按灯头结构可分为卡口(或插口)和螺口两种,如图 2.54 所示。卡口白炽灯的灯头型号为 B14、B22 等,螺口白炽灯的灯头型号为 E14、E27 等。白炽灯按外形可分为球形白炽灯、蘑菇形白炽灯、摇曳型白炽灯等。白炽灯按灯壳颜色可分为无色(透明)白炽灯、白色白炽灯、乳白色白炽灯、彩色白炽灯等。

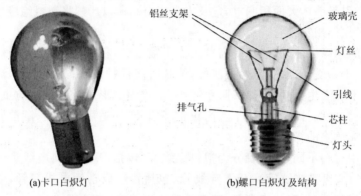

(a)卡口白炽灯　　　　　　　　(b)螺口白炽灯及结构

图 2.54　普通照明白炽灯

专用照明白炽灯的光电参数和外形尺寸参数极多,根据用途不同,又可细分为装饰白炽灯、红外线白炽灯、无影白炽灯、仪器白炽灯、水下白炽灯、矿用白炽灯、船用白炽灯、飞机用白炽灯等。

白炽灯按额定电压不同可分为 6 V、12 V、24 V、36 V、110 V、220 V 等。额定电压在安全电压范围内的 6~36 V 白炽灯,通常作为局部照明灯具,如手电筒、车床照明灯等。额定电压为 220~230 V 的白炽灯,用于一般照明灯具。使用时注意电路的实际电压值应与白炽灯的额定电压值一致。若实际电压值低于额定值,则白炽灯的亮度不够;若实际电压值高于额定值,则灯丝因过热而烧毁。

2) 白炽灯的发光原理与结构

白炽灯的基本工作原理是利用电流将灯丝加热,螺旋状的灯丝不断聚集热量,达到白炽状态,通过热辐射发出可见光。灯丝的温度越高,发出的光越亮。

其基本结构包括玻璃壳、灯丝、引线、铝丝支架、芯柱、灯头、排气孔等。

玻璃壳将灯丝与外界空气隔绝,以防止灯丝在高温下氧化。通过芯柱内的排气孔,将玻璃壳内部空气抽出,使灯丝保持在真空中或低压惰性气体中。功率在 40 W 以下的白炽灯,壳内为真空;功率在 40 W 以上的白炽灯,壳内为氩气或氮气等惰性气体。透明玻璃壳目前已逐渐减少,其内部一般涂覆铝反射层或磨砂处理,有些还采用彩色玻璃,以避免灯丝发光炫目。

灯丝一般选用钨丝制成单螺旋丝或双螺旋丝,通常寿命为 1000 h 左右。灯丝由铝丝支架支撑,两端与引线连接。

从能量的转换来看,白炽灯发光时,只有很少的一部分电能变成有用的光能,90%以上的电能转化成了热能。一只点亮的白炽灯,钨丝的温度高达 3000℃,在高温下,钨丝直接升华为气体;而在切断电源后,温度下降,钨气又凝结成固体,附着在玻璃壳内壁。由于钨是黑色的,所以经长期多次使用后,白炽灯将会变黑,影响照明质量。而当钨丝升华到非常细小时,通电后又很容易烧断,所以白炽灯的瓦数(功率)越大,寿命越短。

3) 白炽灯未来发展趋势

由于节能环保的原因,各国开始逐步淘汰白炽灯:2011 年 11 月 4 日,中国国家发展和改革委员会等部门公布"按功率大小逐步淘汰白炽灯路线图",规定了分五阶段淘汰白炽灯的工作步骤。其他各国也制定了淘汰白炽灯的相关计划和政策。澳大利亚是世界上第一个计划全面禁止使用传统白炽灯的国家,在 2009 年已停止生产白炽灯,在 2010 年逐步禁止使用传统白炽灯。27 个欧洲联盟成员国于2007 年 3 月通过了有关新能源及减排的计划,其中包括淘汰传统白炽灯,规定将在2015 年内转为生产高效卤钨白炽灯、紧凑型日光灯及高效白炽灯。美国在 2012 年到 2014 年 1 月期间,逐步淘汰高功率白炽灯,以节能白炽灯取代。日本于 2012 年 6月下令,要求各电器商停止售卖白炽灯,以便消费者改用节能的 LED 日光灯。

2. 日光灯

日光灯又称为荧光灯,具有结构简单、安装方便的特点。与白炽灯相比,日光灯发出的可见光更柔和,灯管的使用寿命更长(一般在 2500 h 至 3500 h),发光效率更高(约为白炽灯的 4 倍,节电 70%~90%),所以日光灯也是使用较普遍的照明灯具之一。

1) 日光灯的分类

日光灯按灯管形状分为直管形(YZ)和环形(YH)两种。其中环形又分为 U形、H 形、双 H 形、球形、SL 形、ZD 形等。

直管形日光灯按灯管的直径分为 T5、T8、T10、T12 等,其中 T 表示 1/8 英寸(3.175 mm)。通常日光灯灯管越细,使用场合越灵活,同时发光效率越高,节电效果越好,但启辉时需要的点燃电压越高,对镇流器的性能要求也相应越高。所以T8 以下的日光灯灯管必须采用电子镇流器。

按灯管光色分为日光色(RR)、冷白色(RL)和暖白色(RN)三种。其中日光色日光灯的灯管内涂覆三基色稀土荧光粉,填充高效发光气体,发出光线接近太阳光色,发光效率高,寿命长。冷白色和暖白色日光灯的灯管内涂覆卤素荧光粉,填充氩气或氖、氩混合气体,色彩暗淡不鲜艳,发光效率低,寿命短。

常用的灯管类型用符号表示,分为四部分,第一部分为灯管形状,第二部分为功率,第三部分为灯管光色,第四部分为灯管外径,如 YZ 40 RR 15,表示直管形、功率 40W、日光色、外径 15 mm 的日光灯灯管。

2)日光灯照明电路的构成及工作原理

(1)日光灯照明电路由灯管、镇流器、启辉器等部件组成,如图 2.55 所示,其原理图如图 2.56 所示。

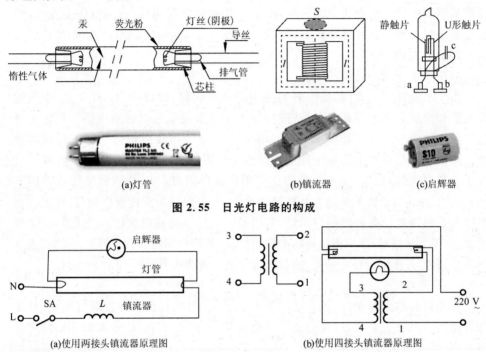

(a)灯管   (b)镇流器   (c)启辉器

图 2.55 日光灯电路的构成

(a)使用两接头镇流器原理图   (b)使用四接头镇流器原理图

图 2.56 日光灯照明电路原理图

① 灯管是日光灯的主体,其外壳由玻璃管构成,将灯管内抽成真空后,充入微量的惰性气体氩气和稀薄水银蒸气。在灯管的两端各有一根螺旋状灯丝,通过导丝与电源相连。灯管内壁上涂有一层均匀的荧光粉。当灯丝通电受热时,会发射出大量电子,在外界高电压作用下,电子产生加速运动,由低电势点运动到高电势点。在加速运动过程中,电子不断碰撞灯管内的氩气分子,使其电离,氩气分子电离后产生热量,使水银蒸气也发生电离,并发出强烈的紫外线。紫外线发射到灯管内壁的荧光粉,使荧光粉发出近乎白色的可见光。由于日光灯不含红外线,所以光线更柔和,不伤眼睛。

② 镇流器又称为限流器,在日光灯照明电路中,与日光灯灯管串联。电感式镇流器由绕在硅钢片铁芯上的电感线圈构成。镇流器的作用有:(a)限制日光灯灯管的电流,延长日光灯灯管的使用寿命;(b)日光灯在启动时,镇流器产生足够的自感电动势,与启辉器配合,产生瞬间高压,使日光灯灯管发光。镇流器一般采

用单线圈结构形式,有两个接头。有些镇流器为了在外界电压不足时更容易启辉,采用了双线圈结构形式,将主线圈和辅助线圈绕在同一个铁芯上。这种镇流器的外形和原理与普通镇流器的基本一致,但有四个接头,其中 1 和 2 接头为主线圈,3 和 4 接头为副线圈。一般在镇流器上面都标有接线图。

随着电子技术的发展,目前采用电子镇流器的日光灯越来越多。电子镇流器采用半导体元器件,将 220 V 市电经整流滤波变成 300 V 直流电,然后通过振荡电路将直流电逆变成 30~80 kHz 的高频交流电,并提高电压至交流峰值 1000 V 以上,最后利用该高频高压直接点亮日光灯灯管。由于电子镇流器产生电流的频率高,有效地消除日光灯灯管频闪现象,同时即开即亮,兼备了启辉器的功能。有时甚至可以将电子镇流器与日光灯灯管集成,其结构更加简单,轻便小巧。

③ 启辉器,俗称为跳泡,在启辉瞬间,起到自动开关的作用,为日光灯灯管提供高电压。双金属片启辉器的外壳为铝质或塑料的圆筒,内部由一个充有氩、氖混合惰性气体的玻璃泡(又称为氖泡)、两个电极和一个电容器构成。两个电极包括静触极(固定电极)和动触极。动触极由两个呈倒 U 形、热膨胀系数不同的双金属片组成。受热时,双金属片因膨胀而弯曲,与静触极接通;冷却时,自动收缩复位,与静触极分离。另外,在静触极和动触极间,并联了一只纸介电容器,其作用是吸收辉光放电时产生的谐波,避免对无线电设备带来电磁干扰。同时电容器与镇流器组成振荡电路,延迟灯丝预热时间,有利于日光灯启辉。

在日光灯照明电路中,启辉器与灯管并联。选用启辉器时,注意其规格应与灯管的功率和镇流器规格相符。常用启辉器的规格有 4~8 W、15~20 W、30~40 W 和通用型 4~65 W 等。

(2) 日光灯照明电路的工作原理如下。

当电路接通时,220 V 电压通过镇流器和灯丝加在启辉器电极两端,使氖泡内惰性气体电离而产生辉光放电,并发出大量热量。氖泡内双金属片受热膨胀,使两电极闭合,这时镇流器、启辉器触极和灯丝构成通路,日光灯灯管发光。

与此同时,由于两电极闭合,极间电压降为零,启辉器内氖泡停止放电,温度迅速降低,双金属片自动复位,使电源切断。镇流器中电流也突然降到零,产生很大的自感电动势。在该电压作用下灯丝发射电子,使日光灯灯管内水银蒸气电离,产生紫外线而激发荧光粉发光。

日光灯正常发光后,交流电流不断流过镇流器的线圈,由楞次定理可知,线圈能阻碍电流的变化,所以日光灯灯管内电流稳定在额定值范围内,日光灯灯管电压也有所降低(30 W 日光灯的额定电压在 100 V 左右),此时镇流器起到了限流降压的作用。由于日光灯灯管正常工作电压低于启辉器内氖泡的击穿电压(150 V 左右),所以氖泡不再发光,双金属片也不再接通,并联在日光灯灯管两端的启辉器也就不起作用了。

在很多场合,为了提高照明的亮度,一盏日光灯可能包含多根日光灯灯管。这时每根日光灯灯管都必须配备单独的镇流器和启辉器,如有两根日光灯灯管的日光灯,应配有两个镇流器和两个启辉器。有时灯具看起来好像共用一个镇流器,但实际上可能是将两个镇流器放置在同一个盒子内。在某些类型的灯具里,启辉器是内置的,不能单独更换。

日光灯灯管在启辉时,灯丝上承受高压冲击,启动电流为正常发光时电流的2~3倍,加速消耗了灯丝上的电子发射物质,缩短了日光灯灯管的寿命。所以使用日光灯时,要尽量避免不合理的频繁启动。

3)日光灯照明电路的安装及注意事项

日光灯照明电路的安装如图 2.57 所示,安装时应注意以下几点。

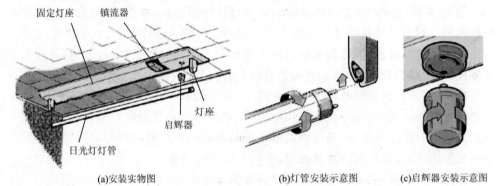

固定灯座　镇流器

灯座

启辉器

日光灯灯管

(a)安装实物图　　　　　　　(b)灯管安装示意图　　(c)启辉器安装示意图

图 2.57　日光灯照明电路安装示意图

(1)安装前首先检查日光灯照明电路的各零配件是否完好无损,各零配件的规格是否相符。特别注意镇流器的规格应与日光灯灯管的功率相同,否则日光灯灯管不能正常发光,甚至会将镇流器和日光灯灯管烧毁。

(2)照明电路的开关必须要装在火线上,再接入镇流器。若灯架采用金属材料,还要注意绝缘,避免发生短路和漏电的危险。

(3)安装悬吊式日光灯时,镇流器应用螺钉固定在灯架的中间位置;安装吸顶式日光灯时,为便于散热,镇流器应固定在灯架以外的其他位置。启辉器固定于灯架的一端,灯座固定于灯架的两端,其距离与日光灯灯管长度保持一致。

(4)电源导线不应承受重力,当日光灯的质量超过 1 kg 时,应使用吊链。

4)日光灯照明电路常见故障

接通电源后,日光灯常见故障如下。

(1)日光灯灯管不亮:① 日光灯灯管两端的灯脚与灯座、启辉器与其插座接触不良;② 灯丝断裂;③ 镇流器线圈断裂;④ 日光灯灯管漏气;⑤ 线路连接错误等。灯丝和镇流器线圈是否断裂,可以使用万用表的欧姆挡进行检测。

（2）日光灯灯管发光后立即熄灭：① 镇流器的规格与日光灯灯管功率不符；② 镇流器内部短路，使日光灯灯管发光时电压过高，烧毁灯丝；③ 线路连接错误，烧毁灯丝。

（3）日光灯灯管闪烁或两端发光，始终无法点亮：① 灯脚或启辉器接触不良；② 镇流器的规格不符或接头松动；③ 电源电压低；④ 启辉器损坏；⑤ 日光灯灯管陈旧或质量差。

（4）启辉器跳动正常，日光灯灯管无闪烁，但只有两头发光：日光灯灯管漏气。若漏气严重，在两端灯丝位置，日光灯灯管的内壁有轻微白烟痕迹。

（5）日光灯灯管两端发黑：① 日光灯灯管陈旧，寿命将至，应及时更换新灯管；② 电源电压过高或镇流器的规格不符。

（6）镇流器有"嗡嗡"的杂音：① 镇流器质量差，或铁芯线圈的硅钢片未固定紧，通电时发生振动，这时应及时更换镇流器；② 电源电压过高；③ 若有发热甚至冒烟现象，则镇流器过载或内部短路。

3. 节能灯

节能灯的主要特点是能节省电能，在达到相同光源输出的前提下，节能灯的耗电量只有白炽灯的 1/5～1/4，所以节能灯又称为省电灯泡。它包括 PL 插拔式节能灯（单端日光灯）和电子节能灯（自镇流日光灯）两大类。不同类型的节能灯灯管外观图如图 2.58 所示。

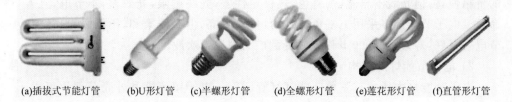

(a)插拔式节能灯管　(b)U形灯管　(c)半螺形灯管　(d)全螺形灯管　(e)莲花形灯管　(f)直管形灯管

图 2.58　不同类型的节能灯灯管外观图

PL 插拔式节能灯的工作原理与传统日光灯的相同，其灯头包括两针（2P）和四针（4P）两种：两针型节能灯含有启辉器和抗干扰电容；而四针的灯头中没有任何电路元器件，使用时需外加镇流器和启辉器。由于 PL 插拔节能灯灯管多采用稀土元素三基色荧光粉，所以具有亮度高、光效强、寿命长、显色性好、节电效果明显的特点。

电子节能灯自带镇流器和启辉器全套控制电路，所以又称为一体式日光灯、紧凑型日光灯。它的尺寸与白炽灯的相近，与灯座的接口也和白炽灯的相同（卡口式和螺纹式），使用时可以替换白炽灯，直接将其安装在标准白炽灯灯座上。而电子节能灯寿命是白炽灯的 6 倍以上，所以用电子节能灯取代白炽灯是目前照明灯具发展的必然趋势。

1) 电子节能灯的分类

(1) 按电子节能灯灯管的外形,电子节能灯包括常用的 U 形管、螺旋管、直管形(或支架形)和莲花形、梅花形、伞形等。

U 形管电子节能灯包括 2U、3U、4U、5U、6U、8U 等多种类型,功率包括 3～240 W 等多种规格。其中,字母 U 前面的数字表示电子节能灯内 U 形灯管的数目。2U、3U 形电子节能灯,可以直接替换白炽灯,主要应用于民用和一般商业照明。4U、5U、6U、8U 形电子节能灯,可以用于直接替代高压汞灯、高压钠灯、T8 直管形日光灯,主要用于工业、商业照明。

螺旋管电子节能灯按引脚形式不同,分为全螺和半螺两种。按螺旋环圈数(字母 T)不同,有 2T、2.5T、3T、3.5T、4T、4.5T、5T 等多种类型,功率包括 3～240 W 等多种规格。

直管形电子节能灯主要包括 T4、T5 两种,功率分为 8 W、14 W、21 W、28 W,可用于直接替代 T8 直管形日光灯,广泛应用于民用、工业、商业照明。

(2) 按灯头规格,电子节能灯分为卡口式和螺纹式。常用的卡口式灯头为 B22。螺纹式灯头根据灯头直径规格不同,又可细分为 E14、E27、E40 等。

(3) 按灯管内涂覆的荧光粉,电子节能灯可分为有卤粉、混合粉、三基色等三种。卤粉学名卤磷酸钙荧光粉,混合粉为三基色荧光粉和卤粉按不同比例混合而成,三基色分为氧化钇、多铝酸镁、多铝酸镁钡按一定比例混合。卤粉和混合粉的价格便宜,但光线不自然,偏青色,热稳定性差,光线刺眼,光效差,不节电,且寿命短。电子节能灯多采用三基色荧光粉,价格略高,但光线柔和,不刺眼,显色好,节电效果好,寿命长(8000 h 以上),受到广大消费者欢迎。

2) 电子节能灯的结构

电子节能灯由稀土三基色节能灯灯管、灯头、电子镇流器和外壳等部件组成。电子节能灯灯管和灯头连接处的上方有一块印刷电路板(PCB),电子镇流器位于其上。为便于隔热和散热,确保电子节能灯灯管的正常使用寿命,在印刷电路板下方设有一块隔板,隔板下方还增设一个外壁空腔结构,空腔的外壁周围还设有多个通孔。

电子节能灯的外壳多采用塑料壳,包括 PBT、PC、ABS 等。ABS 耐热性差,价格最便宜,多用于低档产品。高档电子节能灯的外壳为 PBT 壳,阻燃、耐高温,价格最贵。

3) 使用电子节能灯的注意事项

(1) 每点亮一次电子节能灯,其寿命会缩短 2～3 h,所以使用时应尽量减少开关灯的次数。

(2) 尽量选择合格的产品,杜绝使用假冒伪劣的电子节能灯。

(3) 不能在调光灯具中使用电子节能灯。这是因为调光灯具中的调光器通常将工作电压在 0~240 V 范围内进行调整。而电子节能灯的工作电压应在 190~240 V 范围内,电压过低会使电子节能灯灯管启辉困难,若长时间处于大电流启辉状态甚至会将电子节能灯灯管烧毁;电压过高,电子节能灯灯管的功率变大,电子节能灯灯管内的电子元器件也会因过热而烧毁。所以过高和过低的工作电压都容易损坏电子节能灯。

(4) 不能在高温、潮湿、通风条件差(如密闭灯具)的场所使用电子节能灯。因为电子节能灯多为紧凑型灯具,内部散热条件差,电子镇流器又使其处于高频、高压的工作状态,所以在以上环境中容易损坏电子节能灯灯管,应避免使用。

(5) 由于电子节能灯内部含有储能元件,断开电源后,可能仍带有 300 V 高电压。所以在安装、拆卸电子节能灯时,为避免电子节能灯灯管受力破损而发生触电事故,应握住灯头上的塑料外壳进行操作。

(6) 电子节能灯使用一段时间后,电子节能灯灯管会变暗,这时应及时更换新的电子节能灯灯管,否则影响节电效果,甚至损坏眼睛。

4. LED 日光灯

发光二极管简称 LED,俗称为 LED 灯珠。它是由镓(Ga)与砷(AS)、磷(P)的化合物制成的特殊二极管。其发光原理为:PN 结外加正向电压时,P 区和 N 区的电子会向对方区域做扩散运动,当大量电子向 P 区扩散并与 P 区的空穴复合时,复合产生的能量以光能的形式释放,辐射出可见光。光线的颜色和波长与半导体内掺入的杂质有关,如磷砷化镓 LED 发红光,磷化镓 LED 发绿光,碳化硅 LED 发黄光。

将超高亮 LED 白光作为发光光源的照明灯具为 LED 日光灯。它与传统(电感整流器)日光灯灯管在外形上完全相同,长度包括 60 cm、120 cm 和 150 cm 等,直径包括 T5、T8、T10 等。

1) LED 日光灯与传统日光灯的比较

(1) LED 日光灯耗电省,寿命长。由于传统日光灯中附加的电子镇流器要消耗能量,所以 20 W 传统日光灯实际耗电约为 53 W,40 W 传统日光灯实际耗电约为 68 W。而 LED 日光灯的耗电量比传统日光灯的要低,节电达到 80%,如 20 W 的 LED 日光灯比传统 60 W 日光灯亮度更高。常用的 LED 日光灯功率包括 10 W、16 W 和 20 W 等。

LED 日光灯使用寿命更长,是普通灯管的 10 倍以上,达 5 万小时至 8 万小时,无须维护,频繁开启时,也不会有任何损害。其外壳为非玻璃制品,耐冲击和震动。

(2) LED 日光灯绿色环保,无污染。传统日光灯灯管内充有大量水银蒸气,如果传统日光灯灯管破裂,水银蒸气会挥发到大气中,成为污染环境的公害。而 LED 日光灯使用半导体发光技术,LED 日光灯灯管内不含水银,废旧 LED 日光灯灯管可再回收利用,并且无紫外线辐射,无蚊虫环绕,是完全绿色环保、无污染光源,属于国家绿色节能照明工程重点开发的产品之一。

(3) LED 日光灯光线柔和,保护视力。传统日光灯使用 220 V、50 Hz 的交流电,每秒钟会产生 100~120 次的频闪。而使用 LED 日光灯时,首先将交流电直接转换为直流电,用直流电驱动半导体发光,不会产生闪烁现象,能有效缓解视觉疲劳,保护眼睛。

(4) LED 日光灯适用性好,使用方便。单个 LED(发光二极管)的体积小,为边长为 3~5 mm 的正方形,可以做成任何形状的照明灯具。开灯即亮,回应时间短。色温范围广,可以提供任何颜色的光线,应用场合多。电源电压在一定范围内能点亮 LED 日光灯灯管,并且能调整光亮度,所以也适用于需要调光的场合,使用更加方便,无须安装启辉器和镇流器。LED 日光灯是目前取代传统日光灯的最理想照明灯具。

2) LED 日光灯的结构

LED 日光灯主要由灯珠、线路板、电源、外壳、外罩等部件构成,如图 2.59 所示。LED 日光灯灯管的使用寿命在很大程度上取决于电源的稳定性和元器件的散热性能。散热性能包括光源的选择、灯珠的焊接、线路板和散热器的黏合及散热器的设计等。

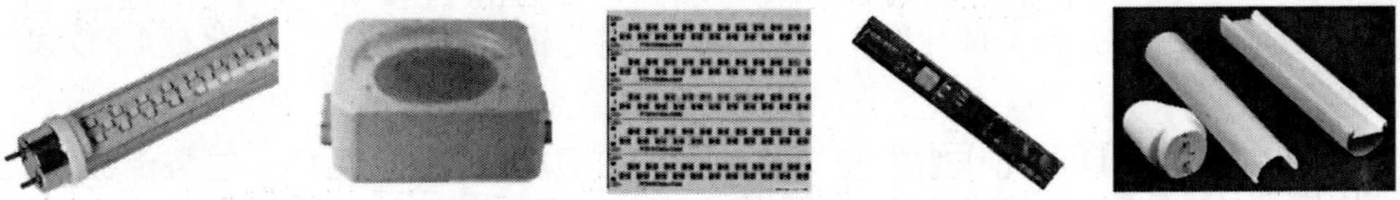

(a)LED日光灯　　(b)贴片式灯珠　　(c)线路板　　(d)电源　　(e)外壳、外罩及灯头

图 2.59　LED 日光灯及配件外观图

(1) 灯珠。

灯珠为 LED 日光灯的光源,其发光颜色取决于波长。通常将蓝光 LED 上覆盖一层淡黄色荧光粉涂层以激发白光。LED 灯珠封装形式包括直插式(俗称草帽管)和贴片式(SMD)两种。直插式灯珠热阻大、光衰严重,目前 LED 灯的灯珠多采用贴片式。常用的贴片式灯珠类型为 3528、5050、3014,功率包括 0.1 W、0.2 W 等规格,一般尺寸在 3 mm×14 mm。

通常,LED 日光灯的灯珠多达 200 颗以上,为了分散热量,发光均匀,连接时应将这些超亮度小功率的灯珠按一定形式串、并联。

(2) 线路板。

在 LED 日光灯中,线路板又称为灯板,通常包括陶瓷基板、玻纤板和铝基板三种。陶瓷基板易碎;玻纤板成本较低,但散热效果不佳;而大功率的 LED 日光灯发热量较大,所以目前流行的线路板为铝基板,它是在导热性良好的铝型材平面上印刷电路板,并焊接元器件,具有良好的散热和耐热性能。

（3）电源。

在 LED 日光灯中,电源又称为驱动,它的作用是将 220 V 市电转化成供 LED 使用的低压直流电。电源按输入/输出,可以分为隔离电源（内置电源）和非隔离电源（外置电源）。两种电源的特点各有千秋:内置电源,电路稍复杂,但安全性较高;外置电源转换效率稍高,散热性好,但安全性较低。目前 LED 日光灯生产厂家多采用内置电源,以减少触电危险,但散热性不及外置电源。

（4）外壳。

LED 日光灯的外壳主要起到支撑和散热作用。制作 LED 日光灯灯管的外壳通常有两种材料:铝型材和 PC 塑料管。虽然 PC 塑料管价格便宜,但散热性差,所以目前生产厂家多采用铝型材,它的散热能力比 PC 塑料管的高出 40% 以上,性价比高。根据横截面的形状,铝型材分为 C 形头、D 形头、1/2 管、1/3 管、椭圆管。使用中可以根据不同场合,选择不同的灯头,目前市场上多采用椭圆管作为 LED 灯管,它的光线柔和,没有暗区。

（5）外罩。

目前 LED 日光灯的外罩大多由 PC 塑料管（聚碳酸酯）制成,很少使用亚克力（有机玻璃）材质。PC 塑料管分为透明罩、透明条纹罩、扩散条纹罩、乳白扩散罩等。透明罩的透光率最高,达 90% 以上,但从外罩可以看到灯珠,光线刺眼,容易产生眩晕感。透明条纹罩为半透明罩,透光率约 88%,不刺眼,但光线不均匀。扩散条纹罩光线柔和,没有暗区,透光率约 86%。目前多采用的乳白扩散罩,透光率最低,在 75%～85% 之间,可完全遮挡灯珠的光斑。

3）LED 日光灯的安装

（1）安装内置电源 LED 日光灯时,可以去掉普通日光灯外配置的镇流器和启辉器,直接更换为 LED 日光灯灯管。

（2）安装外置电源 LED 日光灯时,由于配有专用的支架,需要更换原有的日光灯及全部配件。

思考与练习

（1）4 盏白炽灯分别为甲"220 V/40 W"、乙"110 V/40 W"、丙"110 V/60 W"、丁"110 V/100 W",下列说法正确的是（　　　）。

　　A. 甲、乙两盏白炽灯分别在额定电压下工作时,它们的亮度相同

　　B. 甲、丙两盏白炽灯串联在家庭电路中使用时,它们均能正常发光

　　C. 甲、丁两盏白炽灯串联接在 220 V 的电路中时,甲一定比丁亮

　　D. 甲接在电压为 110 V 的电路中使用时,它的实际功率为 20 W

（2）思考日光灯各组成部分的作用,回答以下问题。

① 接通电源,点亮日光灯,取下启辉器,日光灯是否仍然发光? 这说明启辉器在什么时候才起作用,在什么时候失去作用?

② 如果日光灯的启辉器丢失,接通电源,日光灯能否发光? 作为应急措施,用一小段绝缘导线将启辉器座上的两接线柱碰触,略等一会儿再取走,能否使日光灯发光? 碰触一下的作用相当于启辉器中双金属片的什么动作?

(3) 试说明节能灯能节省电能的原因。

(4) 试说明 LED 日光灯的优、缺点。

知识点四　工艺(布线、接线)

室内配线就是给室内的用电设备、元器件敷设供电和控制线路。线路不仅要求安装牢固、安全可靠,而且还要求布置合理、整齐美观。

1. 室内配线的类别

室内配线包括明敷(明线安装)和暗敷(暗线安装)两种。明敷是将导线直接(或穿管或用线槽)敷设于墙壁、梁柱和天花板的表面,安装方便快捷、价格低廉、维修方便。暗敷是将穿线管和接线盒预埋在墙内、顶棚或地面,安装时再将导线穿入穿线管内,相对于明敷而言,暗敷更加美观牢靠。

2. 室内配线的基本要求

(1) 室内配线必须使用绝缘导线或电缆。选择导线时,注意线路的工作电压应低于导线的额定电压;线路的安装方式和敷设环境应与导线的绝缘等级相符;导线的横截面积应能满足使用环境中供电和机械强度的要求。

(2) 配线时应避免导线有接头,导线连接不良或接头质量不好,易引发安全事故。所以应尽量将接头放在接线盒探头的接线柱上。如果接头无法避免,则必须采用压线或焊接方式连接导线,同时注意接头处或分支处不能承受机械力。

(3) 室内配线必须加装短路和过载保护装置。布线遵循横平竖直的原则,要求条理清楚、整齐美观,便于后期施工和管线的保护。

(4) 采用明敷时,应注意以下几点。

① 室内水平导线距地面距离不得低于 2.5 m,垂直导线距地面距离不得低于 1.8 m。室外敷设导线时,水平和垂直导线距地面距离均不得低于 2.7 m;否则应将导线穿入穿线管加以保护,以防机械损伤。

② 导线穿过墙体或楼板时,应使用穿线管加以保护。导线穿过墙体时,穿线管两端的出线口伸出墙面距离不得小于 0.01 m,以防导线和墙壁接触。同时为防止雨水进入穿线管内,穿线管应向墙外地面倾斜,或使用有带瓷弯头的套管。导线穿过楼板时,穿线管上端口距地面距离不小于 1.8 m,下端口到楼板下为止。

③ 当导线较多、相互交叉时,应在每根导线上加套绝缘管,并将加套绝缘管加以固定,以避免导线相互碰线。导线之间的最小距离、导线各固定点之间的最大允许距离、导线与建筑物的最小距离应符合相关规定。

3. 常用的室内配线方式

常用的室内配线方式有塑料护套线配线、线槽配线、线管配线、瓷夹和瓷瓶配线等,如图 2.60 所示。根据安装环境、配线用途、安全要求、经济条件等因素合理选择配线方式,并应遵守设计要求和国家相关规定严格施工。

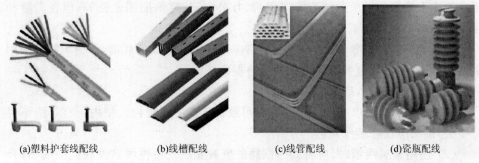

(a)塑料护套线配线　　　　(b)线槽配线　　　　(c)线管配线　　　　(d)瓷瓶配线

图 2.60　室内配线的主要方式

1) 塑料护套线配线

塑料护套线是外加绝缘保护层的双芯或多芯绝缘导线,具有防潮、耐酸、耐腐蚀的特点。塑料护套线安装方便、价格低廉、整齐美观,适合室内电气照明或小容量配电线路的敷设。使用时,应用铝片线卡或塑料线卡将其固定,并提供支撑。塑料护套线配线可直接明敷于建筑物的表面或空心楼板,但不能直接埋入抹灰层进行暗敷,也不适用于室外露天场所的明敷和大容量配电线路。

采用塑料护套线配线时,应注意以下几点。

（1）在线路上,不可将两护套线剖开直接连接,应在接线盒内或借助于开关、插头连接接头。

（2）室内使用的塑料护套配线,若采用铜芯导线,其截面积不得小于 $0.5 \ \mathrm{mm}^2$；采用铝芯导线,其截面积不得小于 $1.5 \ \mathrm{mm}^2$。

（3）塑料护套线转弯时,转弯前和转弯后各用 1 个线卡固定。若在同一墙面转弯,必须保持垂直,弯曲导线均匀,弯曲半径不应小于塑料护套线线路宽度的 3 倍。

（4）塑料护套线应尽量避免交叉,若不可避免 2 根塑料护套线交叉时,其交叉处应用 4 个线卡固定。

（5）为避免机械损伤,护套线在穿过墙体或楼板时,应使用穿线管加以保护。当距地面距离小于 0.15 m 时,同样要使用穿线管。

2) 线槽配线

线槽又称为行线槽、走线槽,是将绝缘导线固定于墙体、地面或天花板表面的电工用具。线槽配线通常是在墙体抹灰粉刷后进行的,使用时先将导线敷设在线槽的槽底内,然后用槽盖将导线盖住。由于可开启线槽的槽盖,使用灵活,便于日后布线和线路改造。

按材质,线槽分为金属线槽和塑料(PVC)线槽两种。金属线槽为电缆提供表面防护,一般用于正常环境的室内场所的明敷,不得用于强腐蚀性场合。塑料线槽重量轻,便于搬运和切割拼接,绝缘性好,阻燃,耐腐蚀,目前广泛应用于工业和民用建筑中干燥室内场所的明配线工程,如办公室、住宅的照明电路等,但在高温和易受机械损伤的场合不易采用。

塑料线槽的种类繁多,室内照明电路多采用矩形截面的线槽,地面布线多采用带弧形截面的线槽,电气控制多采用带格栅的线槽。

采用线槽配线时,应注意以下几点。

(1)无防干扰要求的同一回路线路可敷设于同一线槽内。槽内所有导线不得有接头,接头应设在接线盒内。

(2)使用金属线槽时,应将同一回路的所有相线及中性线敷设在同一线槽内,如果单相交流敷设 1 根线、三相交流电敷设 2 根线,会在线槽内因产生涡流而发热,引发事故。

(3)槽内导线的规格和数量应符合设计要求和国家规定。当无特殊设计要求时,包括外绝缘层在内的导线总截面积不应超过线槽截面积的 40%,载流导线数目不得超过 30 根。控制、信号线路中非载流导线的总截面积不应超过线槽截面积的 50%,导线数目不限。便于检查的场所,如可拆卸槽盖的线槽,导线的总截面积不应超过线槽截面积的 75%。

3)线管配线

将绝缘导线穿入管内的配线方式称为线管配线,该配线方式安全可靠、更换导线方便,适用于潮湿、粉尘、有防爆要求的场合。线管配线也分为明配管和暗配管。明配管要求横平竖直、整齐美观,适用于工厂车间等不能做暗敷线路的场所。家庭配电多使用暗配管,它要求管路畅通、长度短、弯头少。

采用线管配线时,应注意以下几点。

(1)采用金属穿线管时,为保证安全,应将金属管可靠接地或接零。

(2)穿管敷设绝缘导线的电压等级不应低于交流 500 V。穿线管也应符合相关规定,在配线工程中,禁止使用有砂眼、裂缝或较大变形的穿线管。

(3)同一单元、同一回路的导线应穿入同一穿线管;对于强、弱电不同的供电导线或控制不同对象的导线,不得穿入同一穿线管。以下几种情况除外:同一设备的电力回路和无防干扰要求的控制回路;无防干扰要求的各种用电设备的信号回路、测量回路、控制回路;同类照明回路的几个回路等。

同时应注意 1 根穿线管内照明线不应超过 8 根,包括外绝缘层在内的管内导线总截面积不应超过管内截面积的 40%。使用金属管时,应将同一回路的所有相线及中性线穿在同一根穿线管内。

（4）穿线管内所有导线不得有接头，接头应设在接线盒内，搭接牢固后，涮锡并用绝缘带均匀紧密地包缠好。穿入导线后，管口应做密封处理。

（5）若管路长度过长，中间应加装接线盒或拉线盒，便于导线的安装和维护。穿线管的分支处应加分线盒。

4）瓷夹和瓷瓶配线

瓷夹和瓷瓶配线是利用瓷夹或瓷瓶对导线起到支撑作用的配线方式。该配线方式安装简单便利、价格低廉。其中瓷夹（或塑料线夹）配线适用于用电量小、干燥、无机械损伤的室内或室外跳梁下的电气照明线路的明线敷设，不宜用于雨雪能接触导线的室外场所。

瓷瓶（或瓷柱）配线适用于用电量大、电压高的室内外明线敷设。若配线场所较潮湿，如地下室、浴室或户外场所，应使用户外式绝缘瓷瓶，注意此时瓷瓶不得采用倒装方式。

5）照明配电箱（板）的敷设

照明配电箱（板）是低压供电系统的末级配电设备，它将供电公司输送的进户线作为输入端，对用户的照明电路和用电设备起到控制、保护、转换和计量作用。照明配电箱（板）主要由箱体（或面板）、导线和元器件（电度表、隔离开关、空气断路器、漏电断路器等）构成。各设备和仪表应安装牢靠。

照明配电箱（板）敷线时，应注意以下几点。

（1）各导线、元器件应排列整齐、连接牢靠、方便操作，应保证照明配电箱（板）的前方 0.8～1.2 m 范围内无障碍物。

（2）照明配电箱（板）外不得有裸导线外露。装在照明配电箱（板）外表面的元器件必须有可靠的保护屏。

（3）照明配电箱（板）内应标明回路名称，便于查找故障。照明配电箱（板）前使用硬线布线，硬线要求横平竖直，并避免交叉，导线转弯时应成 90°。照明配电箱（板）后一般使用软线布线，导线长度应留有一定余量。

4. 导线的连接

在配线工程中，由于导线长度不够或线路中存在分支，常常需要将 2 根导线相连，或导线与接线柱相连。这些连接处称为接头，接头连接的质量直接关系到线路和设备的安全，通常线路故障点也发生于导线接头处。导线的连接通常包括导线与导线的连接，导线与接线柱的连接，插座与插头的连接，导线压接管的压接，焊接等。

1）导线连接的基本要求

导线连接时要注意接头处的连接质量应符合以下要求。

（1）接头处紧密可靠、稳定性好，接头处电阻不应大于相同材料、相同长度导线的电阻值；

（2）机械强度高，接头处的机械强度不应低于非连接处机械强度的 80%；

（3）绝缘性好，接头处的绝缘性与非连接处导线的绝缘性相同；

（4）接头处要做密封处理，防腐蚀、防水性能好；

（5）在有分支的接头处，干线不应受到分支的横向拉力。

2）导线连接的基本步骤

无论采用哪种连接方式，导线的连接都包括 4 个基本步骤：剥除绝缘层、连接导线线芯、焊接或压接接头、恢复绝缘层。

剥除绝缘层可采用电工刀、钢丝钳或剥线钳。剥除绝缘层时，注意不应损伤导线线芯。注意选择合适的电工工具。

（1）线芯面积在 4 mm² 以下的塑料硬线（单芯或多芯）可使用剥线钳或钢丝钳剥除绝缘层，操作方便快捷；线芯面积在 4 mm² 以上的塑料硬线，可使用电工刀剥除绝缘层。使用电工刀时，注意刀口应以 45°倾斜切入绝缘层，然后刀面与导线保持 25°倾斜向线端推削。

（2）塑料软线由多股铜丝组成，可使用剥线钳或钢丝钳剥除绝缘层，若使用电工刀易损伤线芯。

（3）塑料护套线的护套层和芯线绝缘层，以及橡胶线的纤维编织保护层和橡胶层都使用电工刀剥除绝缘层。

（4）花线首先用电工刀去掉导线外表面的棉纱织物保护层，然后用钢丝钳去掉橡胶绝缘层。

接头连接完毕后，应使用绝缘带将接线端子与导线绝缘层的空隙均匀紧密地包缠。常用的绝缘带包括黄蜡带、涤纶薄膜带和黑胶带（黑胶布）。为保证恢复绝缘效果，包缠绝缘带时应注意以下几点。

（1）恢复绝缘层数时，应在绝缘带 2 个带宽处开始包缠，注意绝缘带与导线保持 45°，每圈包缠叠压带宽 1/2。包缠完毕后，同样在 2 个带宽处结束。

（2）对于 220 V 线路，应先包缠 1 层黄蜡带（或涤纶薄膜带），然后黄蜡带（或涤纶薄膜带）在尾端，用同样方法，按另一斜叠方向包缠 1 层黑胶带，或直接包缠两层黑胶带。对于 380 V 线路，应包缠 1～2 层黄蜡带（或涤纶薄膜带）后，再包缠 1 层黑胶带。

3）导线的连接方法

（1）导线与导线的连接。

① 单股铜芯线的直接连接如图 2.61 所示。

单股铜芯线的直接连接包括绞接法和缠绕法。线径在 4.0 mm² 及以下的单股铜芯线适用于绞接法连接。线径在 6.0 mm² 及以上的单股铜芯线适用于缠绕法连接。

绞接法是将 2 个线芯做 X 交叉，用双手将 2 个线芯互相缠绕 2～3 圈后呈 90°

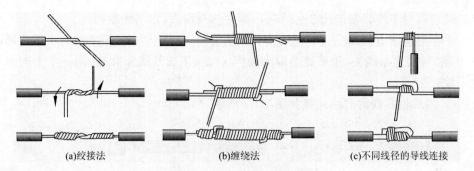

(a)绞接法 　　　　(b)缠绕法 　　　　(c)不同线径的导线连接

图 2.61 单股铜芯线的直接连接

拉直两线头。然后将两线头在对方线芯上紧密缠绕 5~6 圈后,用钢丝钳剪去多余线头,并钳平线芯末端。连接双线芯时,分别连接颜色一致的两根线芯,注意两个连接处必须错开一定距离。

缠绕法分为加辅助线和不加辅助线两种。首先将 2 个线芯并合,可在其重叠处加一段同样线径的线芯,再将线径为 1.5 mm² 的裸铜导线作为绑线,从 2 个线芯并合处向两端缠绕,缠绕长度约为导线直径的 10 倍。然后将被连接导线的线芯线头分别折回,将两端裸铜线继续缠绕 5~6 圈后,剪去多余线头,钳平线端。

不同线径的导线连接时,先将细线在粗线上紧密缠绕 5~6 圈,再将粗线折回,用细线继续紧密缠绕 3~4 圈后,剪去多余线头,钳平线端。

② 单芯铜芯线的分支连接如图 2.62 所示。

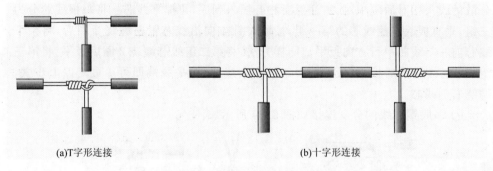

(a)T字形连接 　　　　　　　　　(b)十字形连接

图 2.62 单股铜芯线的分支连接

分支连接是指在主线路上连接一根导线作为分支线路,其连接方式分为 T 字形连接和十字形连接两种。

T 字形连接方法:首先剥除干线中间和支线线头的绝缘层,然后将干线线芯与支线端线头十字交叉,在支线线芯根部留出 3~5 mm 后,按顺时针方向沿干线紧密缠绕 5~8 圈后,剪去多余线头。如果线径截面积较小,则应先将支路线头在干线线芯上打一个结,即将干线线头绕干线一圈,再围绕自身绕一圈也打一个结,收紧线端后再沿干线紧密缠绕 5~8 圈后,剪去多余线头,钳平线端即可。

十字形连接方法:将上、下支线线头分别沿左、右两个方向,紧密缠绕干线线芯 5~8 圈,剪去多余线头,钳平线端即可;也可将上、下支线线头并合,沿一个方向缠绕干线。

③ 多股铜芯线的直接连接如图 2.63 所示。

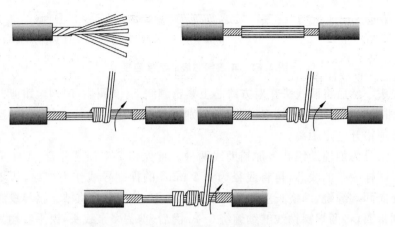

图 2.63　多股铜芯线的直接连接

首先剥去多股铜芯线的绝缘层,分别将待连接的两根线头散开后拉直,在靠近绝缘层 1/3 处将线芯螺旋绞紧,其余 2/3 长度的线芯分散成伞骨状。然后将两根分散的线头相对后隔根对叉,注意要相互插入到底,再捏平线芯。将每根线芯分为三组,垂直扳起左侧线芯的第一组,按顺时针方向沿线芯紧密缠绕 2 圈后,将余下线芯向右与线芯平行方向扳平。同样方法,将第二组线芯缠绕 2 圈后扳平,将第三组线芯缠绕 3 圈后扳平,最后剪去每组多余线芯,钳平线端即可。重复以上步骤,缠绕右侧线芯。

④ 多股铜芯线的分支连接如图 2.64 所示。

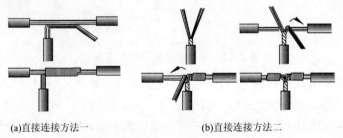

(a)直接连接方法一　　　　　　　　(b)直接连接方法二

图 2.64　多股铜芯线的分支连接

多股铜芯线的 T 字形分支连接有两种方法。第一种方法是将支线芯线折成 90°后紧靠芯线,再将线头折回并紧密缠绕在芯线上,缠绕长度为导线直径的

10倍。第二种方法是将支线留出的线头距绝缘层根部1/8处螺旋绞紧，余下7/8长度的芯线分成两组，一组放于干线前面，另一组插入干线芯线中间。一组向右按顺时针方向紧密缠绕干线线芯4～5圈，并剪去线头，钳平线端。另一组用同样方法，向左按逆时针紧密缠绕干线线芯4～5圈，并剪去线头，钳平线端。

⑤ 单股铜芯线和多股铜芯线的连接如图 2.65 所示。

单股铜芯线和多股铜芯线连接时，首先将多股铜芯线的线芯绞紧成单股状，再将其缠绕于单股铜芯线的线芯上5～8圈，最后将单股铜芯线的线芯接头折回，并压紧在缠绕部位即可。

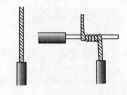

图 2.65　单股铜芯线与多股铜芯线的连接

⑥ 导线压接管的连接如图 2.66 所示。

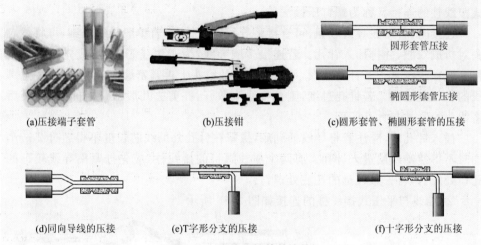

(a)压接端子套管　　(b)压接钳　　(c)圆形套管、椭圆形套管的压接

(d)同向导线的压接　　(e)T字形分支的压接　　(f)十字形分支的压接

图 2.66　导线压接管的连接

铝芯线容易氧化，若采取铜芯线的绞合连接方式，易造成线路故障，所以多采用压接端子套管的连接方式。它是指将待连接的线芯穿入压接套管，然后用压接钳或配套压模紧压套管，使线芯紧密连接。压接端子套管同样适用于较粗的铜芯线。为保证连接良好，连接前应注意将线芯和套管内壁上的氧化物和污垢物清除掉。如果导线较粗或连接处机械强度较高，应增加压接次数。

常用套管的截面形状有圆形和椭圆形两种。当采用圆形套管时，应将线芯分别从左右两端相对插入套管，并各插至套管一半处。当采用椭圆形套管时，应将两线合并对接，并使两端伸出套管25～30 mm。椭圆形套管不仅可用于导线的直接压接，还可用于2根同向导线的连接，以及导线分支(包括 T 字形和十字形)的连接。

(2) 导线与接线柱的连接。

各种电气设备和装置中均设有供导线连接的接线柱，常用的接线柱包括针孔式接线柱、平压式接线柱、瓦形接线柱等。

① 导线与针孔式接线柱的连接如图2.67所示。

(a)针孔合适的连接　(b)针孔过粗时线头的处理　　(c)针孔过细时线头的处理

图2.67　导线与针孔式接线柱的连接

针孔式接线柱存在于瓷接头和绝缘接头中,其材质通常采用铜或钢金属材料。在接线柱的两端各有一只压线螺钉,螺钉下方有一长条针形接线孔。操作时只需将待连接的导线从两边分别插入针孔,并旋紧螺钉即可完成连接,所以导线与针孔式接线柱的连接又称为螺钉压接法。

连接时,若单股导线较粗,可直接将导线插入针孔;若单股导线较细,可将线芯头对折成双股,并排插入针孔。若连接多股导线,为避免线芯松散,应先用钢丝钳将多股导线绞紧。若针孔过大,可在已绞紧的线头上再紧密缠绕一层绑线,注意绑线的直径应适宜。若针孔过细,则可将线头散开,并剪去几股适量中间线芯,最后将线头绞紧并与针孔匹配。

插入针孔时,应注意将导线插到底,裸露在针孔外的线芯长度不得超过2 mm,同时不得使绝缘层进入针孔。有两个压线螺钉的接线柱,应先拧紧离导线较近的孔口处螺钉,再拧紧较远的孔底处螺钉。

② 导线与平压式接线柱的连接如图2.68所示。

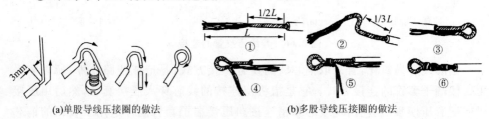

(a)单股导线压接圈的做法　　　　(b)多股导线压接圈的做法

图2.68　导线与平接式接线柱的连接

导线与平压式接线柱连接时,需借助螺钉和垫圈将线头压紧。常用螺钉包括半圆头、六角头和圆柱头等。用于开关、插座、灯头和吊线盒等的小载流量导线多使用半圆头螺钉固定;较大载流量导线则采用圆柱头和六角头螺钉固定。

导线与接线螺钉连接时,首先应将线头弯制成压接圈(俗称羊眼圈),具体方法是:剥去线头的绝缘层,在距离绝缘层根部约3 mm处向外侧折角呈90°,用尖嘴钳弯曲线头,使线头的圆弧略大于螺钉的弯曲直径,最后剪去多余线芯,并修正线头圆弧成圆形。注意压接圈的弯曲方向应与螺钉旋紧方向一致;连接前应清除导线、螺钉、垫圈上的氧化层,并且垫圈应在压接圈的上方;导线的绝缘层不得压入垫圈内。

截面积在 10 mm² 以上的较大截面单股芯线或股线多于 7 股的多股导线,与平压式接线柱连接时,线头必须加装接线耳,再由接线耳与平压式接线柱连接。连接时,首先使用压接或焊接(或先压接再焊接)的方法将线头与接线耳连接,然后使圆柱头或六角头螺钉穿过垫片和接线鼻,将其固定即可完成连接,如图 2.69 所示。为保证连接牢靠,同样要注意清除线芯表面和接线耳内的氧化物和污垢物。

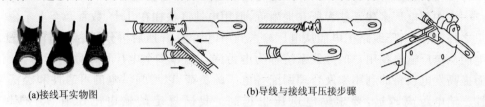

(a)接线耳实物图　　　　　　　　　　(b)导线与接线耳压接步骤

图 2.69　导线与接线耳的压接

③ 导线与瓦形接线柱的连接如图 2.70 所示。

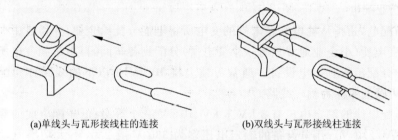

(a)单线头与瓦形接线柱的连接　　　　　(b)双线头与瓦形接线柱连接

图 2.70　导线与瓦形接线柱的连接

导线和瓦形接线柱的连接与导线和平压式接线柱的连接类似,只是垫圈为瓦形或桥形。为避免线头脱离,应首先清除线头上氧化物和污垢物。然后在离绝缘层根部约 3 mm 处,按螺钉的弯曲直径用尖嘴钳将线头弯成 U 形,注意使 U 形长度约为宽度的 1.5 倍,剪去多余线头,将其卡入瓦形接线柱。若要将 2 个线头卡入同 1 个接线柱内,应将 2 个线头弯成 U 形后重合,再卡入瓦形垫圈下方。

任务五　工业用电与安全用电的认知

知识点一　工业用电——供配电网络、接地与接零

工业用电主要研究的是电力的供应和分配问题。众所周知,电能不能大量存储,发电、变电、输电、配电和用电都必须在同一时间完成。各种电压等级的电力线路将发电厂、变电所和用户联系起来构成一个整体,称为电力系统。

1. 发电、输电概述

发电厂(站)按其所用能源可分为水力、火力、风力、核能、太阳能等几种,

目前以水力、火力居多;核电站的发展也日新月异,有后来居上之势。近年来我国还建立起一批利用可再生能源发电的发电厂,风力、潮汐、太阳能、地热和垃圾发电厂,这些发电厂因地制宜、合理利用,能逐步缓解能源短缺和绿色环保问题。

各种发电厂(站)的发电机几乎都是三相交流发电机。国产发电机按电压等级有 400V(Y)/230V(△)、3.15 kV、6.3 kV、10.5 kV、13.8 kV、15.75 kV、18kV 等多种规格。

大中型电厂多建于能源所在地附近,但用电地区往往在几十、数百乃至上千公里之外,须用高压线路把电能从电厂输送到用电地区,降压后再分配给各用户。把电能从电厂输送到用户的导线系统称为电力网。相邻多个电厂可以联网运行,从而提高发电设备的利用率及合理调配各电厂的负荷,以增强供电的可靠性和经济性。输电距离越远,要求输电电压也越高。我国规定的输电电压有 35 kV、110 kV、220 kV、330 kV、500 kV 等几个等级。

图 2.71 是输电线路的一个例子。

2. 企业配电

所谓配电,是指从输电线路末端的变电所将电能分配给企业,并通过中央变电所、车间变电所(小企业通常只有一个变电所)分配到各车间,再由车间变电所或配电柜(板)分配给所有用电设备。通常习惯上将 10 kV 及以下的线路称为配电线路,10 kV 以上的称为输电线路。

高压配电线的额定电压有 3 kV、6 kV、10 kV 三个等级;低压配电线的额定电压是 380 V/220 V。用电设备的额定电压多为 380 V 或 220 V;大功率电动机的电压有 3 kV 和 6 kV;机床局部照明的电压为安全电压(36 V)。

从车间配电所或配电柜(板)到用电设备的线路属于低压配电线路,其连接方式主要有放射式和树干式两种。放射式配电线路如图 2.72 所示,当负载点较分散而各负载点具有相当大的集中负载时采用。树干式配电线路如图 2.73 所示,适用于下述情况。

(1)负载集中,同时各负载点位于变电所或配电柜(板)的同一侧,其间距离较近,如图 2.73(a)所示。

(2)负载比较均匀地分布在一条线上,如图 2.73(b)所示。

采用放射式或图 2.73(a)所示的树干式配电线路时,设备既可独立地接到配电柜上,也可连成链状接到配电柜上,如图 2.74 所示。离配电柜较远,但彼此距离很近的小型用电设备,宜连成链状,从而节省导线,但同一条链上的用电设备一般不得超过 3 个。

车间配电柜是靠墙(或柱)安装在地面的立式金属柜,其中装有刀开关和管状熔断器等,配出回路为 4~8 个不等。

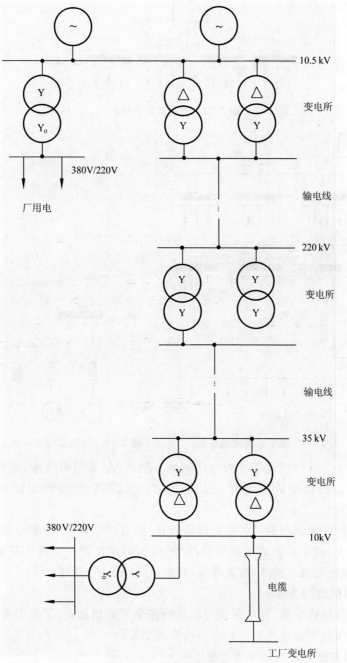

图 2.71 输电线路举例

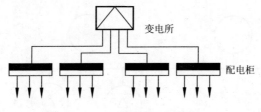

图 2.72 放射式配电线路

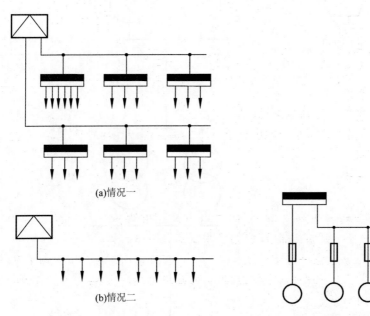

(a)情况一

(b)情况二

图 2.73 树干式配电线路　　　图 2.74 用电设备直接接至配电柜

采用图 2.73(b)的树干式配电线路时,干线一般采用母线槽,这种母线槽不经配电柜而直接从变电所经开关引到车间,支线则从干线经出线盒引到用电设备。

放射式配电线路与树干式配电线路相比,前者供电可靠,但敷设投资较高;后者灵活性较大,但干线损坏或需要修理时,会影响连在同一干线上其他负载的运行,因而可靠性较低。此外,前者导线细,而总线路长;后者则相反。

3. 导线截面的选择

正确选择导线截面,既可保证用电系统安全可靠地运行,又能节省有色金属。选择导线截面应考虑发热条件和电压损失两个方面。

1)根据发热条件选择导线截面

导线都有电阻,因而电流通过导线时有功率损耗,使导线的温度升高,直至导线中产生的热量和散发到环境中的热量达到平衡,导线的温度才趋于稳定。因此,导线温度与电流的大小、环境温度及散热条件等因素有关。

为防止导线因过热而造成绝缘的损坏,或连接点的氧化乃至熔化,导线的最高容许温度分别为绝缘导线 55 ℃,裸导线 70 ℃。据此,针对导线的敷设条件和环境温度,规定了不同型号导线的最大容许持续电流(可查阅《电工手册》),导线截面的选择应使最大容许持续电流略高于工作电流。

2)根据容许电压损失选择导线截面

电流通过导线除了有功率损耗之外,还会产生一定的电压损失,使线路的末端电压低于其首端电压。电压损失通常用首、末端电压算术差的相对值表示,即

$$\Delta u = \frac{\Delta U}{U_N} \times 100\% = \frac{U_1 - U_2}{U_N} \times 100\%$$

其中,U_1、U_2 分别为线路的始、末端电压;U_N 为负载的额定电压。电压损失一般不得超过 5%。

可以证明,电压损失与导线的材料、长度、截面和末端负载的功率有关,即

$$\Delta u = \frac{Pl \times 10^5}{\gamma S U_N^2} \times 100\%$$

其中,U_N、P 分别为负载的额定电压和功率;l、S 分别为导线的长度和截面积,$1/\gamma$ 为材料的电阻率。当负载及导线的材料、长度确定时,电压损失即取决于导线的截面积。所以,还应根据容许的电压损失来选择导线。户内配电线路一般不长,可先根据发热条件选择合适的导线,然后用电压损失给予校验和修正。

此外,考虑导线的机械强度,不同情况下导线的最小容许截面积有相应的规定。

4. 接地和接零

1)工作接地

工作接地是指将三相系统的中性点与埋入地下的金属接地体连接,如图 2.75(a)所示。工作接地可达到以下目的。

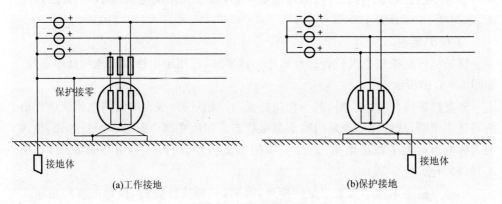

(a)工作接地 (b)保护接地

图 2.75 接地和接零

（1）降低触电电压。

在中性点不接地系统中，一相接地时另两相对地电压为线电压，若人体此时触及另外两相之一，触电电压也接近线电压；而在中性点接地系统中，一相接地时另两相对地电压仍为相电压，因而触电电压可降低为前者的 $1/\sqrt{30}$。

（2）故障时迅速断开电源。

在中性点不接地系统中，一相接地时接地电流（由导线的绝缘电阻和对地电容提供通路）很小，不足以使保护装置动作而断开电源，形成潜在的触电危险；而在中性点接地系统中，一相接地相当于单相短路，电流很大，从而使保护装置迅速动作而断开电源。

（3）降低对地绝缘水平。

在中性点不接地系统中，一相接地时另两相对地电压升高为线电压，因而要求也相应提高对地绝缘水平，从而增加了投资；中性点接地则可避免这一弊端。

但是，中性点不接地也有它的好处。首先，如果一相接地是瞬间的，能够自动消除，则不致引起不必要的跳闸停电；其次，如果确是故障，则由于接地电流小不足以断电，故障的短时存在也有利于故障点的查找和检修。

2）保护接地

保护接地是指将电气设备的金属外壳接地，适用于中性点不接地的低压系统，如图 2.75（b）所示。

正常情况下，设备的外壳是不带电的。外壳不接地时，若某一相绝缘损坏使外壳带电，人体触及外壳，即相当于单相触电。触电电流取决于人体电阻和导线的绝缘电阻。当系统的绝缘性能下降时，有可能危及人的生命安全。

若外壳接地，则情况就不同了。此时一相接外壳也就是该相接地，人体触及外壳时，人体电阻远大于与之并联的接地电阻，故通过人体的电流很小，不会危及生命，如图 2.76（a）所示。

3）保护接零

保护接零是指将电气设备的金属外壳接零线，适用于中性点接地的低压系统，如图 2.76（b）所示。

外壳接零线（中性点）时，某一相接外壳即该相短路，很大的短路电流使该相熔断器迅速熔断，从而使外壳瞬间脱离带电状态。即使在断电前人体触及外壳，也因为人体电阻远大于线路电阻，通过人体的电流极小，所以不会有生命危险，如图 2.76（b）所示。

中性点接地系统不宜采用保护接地，否则，一相接外壳时，接地电流将由于工作接地和保护接地电阻串联而减小，可能造成保护装置不能动作，而使外壳继续带电。

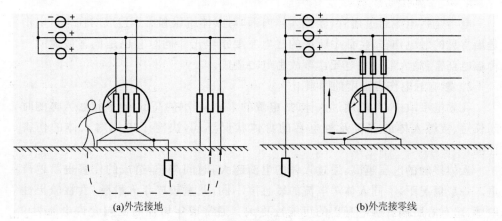

(a)外壳接地　　　　　　　　　　　　　　　　(b)外壳接零线

图 2.76　保护接地和保护接零

思考与练习

（1）选择导线应考虑哪些方面？

（2）什么是工作接地？采用工作接地可达到什么目的？

（3）什么是保护接地和保护接零？它们分别适用于哪一种低压配电系统？

（4）试说明保护接地和保护接零的原理。

知识点二　安全用电的基本原理和方法

随着电工电子技术的发展，各种生产设备和家用电器的普及，为人们的生产和生活带来了诸多便利。然而，在用电过程中，因缺乏安全用电常识，而出现乱接乱搭、违章作业、设备失修等现象，将导致用电设备损坏、电气火灾甚至人员伤亡事故。因此，如何保障用电设备的安全及人身安全，避免不必要的事故再次发生，是安全用电的关键。

1. 触电的危害

1）电流对人体的危害

人体本身为导体，当人体接触到带电物体或靠近高压电气设备时，将会有电流流过人体，而造成触电事故。根据人体是否接触到带电体，触电事故可分为接触型和非接触型两种。接触型触电事故，主要由于电流的热效应、化学效应及机械效应，对人体造成伤害。非接触型触电事故是由于高压物体对人体放电而产生的，如当人体过于接近 1 kV 以上的高压电气设备时，高电压将空气电离，电流经空气流经人体，电弧或电火花对人体造成伤害。

根据电流对人体造成危害性质的不同，触电分为电伤和电击两种。

电伤是指电流对人体外部皮肤造成的局部伤害。一般包括 3 种伤害，即电流与皮肤接触时造成的电灼伤和电熔印，以及高压电弧产生熔化的金属微粒，侵蚀到皮肤表面而造成的皮肤金属化。电伤会在皮肤表面留下明显的伤痕，但一般没有致命危险。

电击是指电流通过血管，流经人体内部，对人体组织和器官造成的伤害。电击是最常见的触电伤害，生活中所说的触电主要指电击。同时它也是危害最大的一种触电伤害，绝大部分触电死亡事故由电击造成。

2）影响触电伤害程度的因素

在触电事故中，电流通过人体时，电流的大小、频率的高低，电流接触人体的时间长短、接触人体的部位及触电者的身体状况不同，决定了电流对人体的伤害程度。

人体接触的电压越高，通过人体的电流越大，时间越长，造成的伤害也就越严重。一般情况下，不同人体对电流的敏感度不同，儿童较成年人敏感，女性较男性敏感，患有心脏病者触电身亡的可能性更大。通常成年男性的工频允许电流为 9 mA，成年女性的工频允许电流为 6 mA。如果线路或设备安装有防止触电的速断保护装置，人体允许电流可考虑为 30 mA。

相同电压下的交流电与直流电比较，交流电对人体造成的伤害要大得多，其中 40～60 Hz 交流电对人危害最大。超出该范围频率的电流对人体的伤害程度明显降低。如果电流很小，并且频率高于 20 kHz，对人体已经无伤害，在医学上可用于理疗。

触电时间为 1～5 min，采取急救措施，90% 有良好的效果；触电时间 10 min 内有 60% 的救生率；触电时间超过 15 min，生还希望甚微。所以一旦发生触电事故，应该尽快使触电者脱离电源并采取急救措施。

电流的路径也影响了伤害程度。电流通过人体脑部和心脏时最危险，会造成呼吸系统、血液循环系统、中枢神经系统机能紊乱，引起"心室纤维性颤动"、窒息、心脏停跳而致人死亡。

2. 造成触电事故的原因

造成触电事故的原因有很多，其中主要原因有以下几种。

（1）缺乏电气安全知识，用电不规范：根据统计资料表明，生活中，很多触电事故都是由于缺乏电气安全知识而造成的，如爬上高压电杆掏鸟巢，在高压线附近放风筝，用手碰触线路火线、破损的胶盖刀闸等。

（2）违反操作规程：我国各部门针对行业特点制定了具体的安全操作规程，但从业人员在实际操作中，仍存在违反操作规程现象，如在未采取必要的安全措施情况下，带电拉高压隔离开关、带电连接照明电路、带电修理破损的设备和导线、带电移动电气设备等。

（3）设备不合格：线路架设不合规格，如设备的安全距离不够，接地线未可靠接地等。目前，市场上出现一些假冒伪劣用电设备和电线、电缆，绝缘等级和抗老化能力很低，极易引发触电事故，甚至线路短路，而引发大火，造成严重的社会灾难。

（4）设备和线路维修不及时：如胶盖刀闸或绝缘导线破损而长期不修，大风刮断的低压线路而未得到及时维修，都容易造成触电事故。

（5）其他偶然因素：如大风刮断的电力线碰巧刮落到人体身上，夜间行走碰及断落在地面的带电导线等。

根据调查发现，触电事故的发生具有一定的规律。

（1）夏、秋季节事故多：触电事故具有明显的季节性，夏、秋两季降雨多，气候潮湿，设备的电气绝缘性能降低；天气炎热，人体出汗多，人体电阻降低。所以 6 月至 9 月为触电事故的多发季节。

（2）低压触电事故多：我国低压电网分布广，低压电气设备多，在触电事故中，单相触电占 70％以上，而且触电者以中青年人居多，私搭乱接，缺乏电气安全知识，无视操作规章，易造成事故。

（3）电气设备的接头处事故多：接头处绝缘老化、紧固件松动存在安全隐患，易引发触电事故。

根据以上分析可知，触电事故的发生，除了偶然因素外，其他的都是可以避免的。

3. 触电的种类

触电事故的发生都是由于人体成为了导电回路的一部分，根据人体触及带电体的方式和电流流过的途径，触电的种类包括单相触电、两相触电、跨步电压触电三种，如图 2.77 至图 2.79 所示。

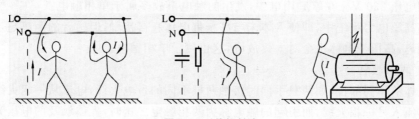

图 2.77　单相触电

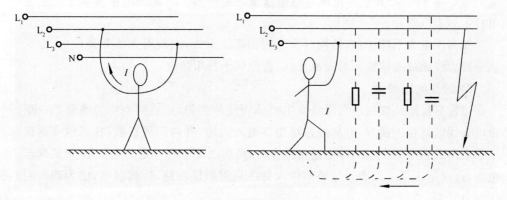

图 2.78　两相触电

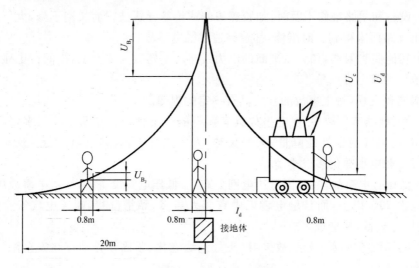

图 2.79 跨步电压触电

1) 单相触电

在低压电力系统中,人体一部分触及了带电的一根火线,另一部分接触了大地(或零线),电流通过人体后流入大地(或零线)形成回路,称为单相触电。同理,当人体触及了漏电的电气设备的外壳,也属于单相触电。这时,人体触及的电压为电源的相电压 220 V。在家庭用电中,发生的触电事故多属于单相触电。

在高压电力系统中,即使人体未与高压带电体直接接触,但两者的距离超过了安全距离,高压带电体也会对人体放电,这也属于单相触电。

2) 两相触电

人体的不同部位,如两只手同时接触两根不同的带电火线,电流从一相火线通过人体流入另一相火线,而引起的触电称为两相触电。这时,人体触及的电压为电源的线电压 380 V,其危害比单相触电造成的更严重。两相触电多发生于电工在电杆上的带电作业。

在高压电力系统中,人体同时靠近两相高压火线,火线对人体弧光放电,电流从一根火线通过人体流入另一根火线,这也属于两相触电。

3) 跨步电压触电

当带有接地装置的电气设备发生故障而使外壳带电,或架空电力线路的一根带电火线断落在地面时,电流经过接地点流入大地,并向四周扩散,在接地点周围土壤上形成强电场。当人体走近接地点时,两脚之间会有一定的电位差,形成跨步电压,这时电流从一只脚经过胯部流入另一只脚形成回路,造成触电,成为跨步电压触电。

通常,人体的跨步距离为 0.8 m。在低压用电电路,若人体与接地点的距离在

20 m 以外,一般认为跨步电压为零,不会发生触电事故。在高压线断落处,10 m 以内禁止进入。若人体与接地点的距离较近,跨步电压较高,防止触电的有效方法是通过单足或并足跳离高压危险区。

4. 预防触电的措施

1)采用安全电压

安全电压是指在不带任何防护设备的情况下,对人体不造成伤害的电压值。一般在容易触电和有触电危险的特殊场合,必须采用安全电压源供电。这是对小型电气设备或小容量电气线路采取的安全措施。

安全电压值与人体电阻的大小、所处的环境等因素有关。人体电阻以 1700 Ω 计算,人体允许的电流为 30 mA,根据欧姆定律,人体允许持续接触电压值大约为 50 V。

国际电工委员会(IEC)规定安全电压限定值为 50 V。我国规定 6 V、12 V、24 V、36 V、48 V 五个电压等级为安全电压级别。

2)采用绝缘和屏护措施及安全间隔距离

(1)绝缘是指将带电体用绝缘材料封装起来,以保证设备的正常运行,人体不会接触到带电体。很多绝缘材料在受潮或强电场作用下,绝缘性能会降低,所以设备和线路的绝缘应与电压的等级、周围环境和运行条件相符。

除采用绝缘措施外,在带电运行的高压电气和低压电气设备上工作时,为避免触电,还要使用绝缘工具。常用的绝缘工具包括绝缘手套、绝缘靴、绝缘棒。绝缘手套和绝缘靴都是由绝缘性能良好的特种橡胶制成的。绝缘手套有高压、低压两种,避免人手直接接触电压。绝缘靴用于防止跨步电压对人体的伤害。绝缘棒又称为绝缘杆、操作杆、令克棒、拉闸杆等,通常由 4 个部分组成,如图 2.80 所示,常用于高压隔离开关的闭合和拉开操作、便携式接地线的拆装操作等。

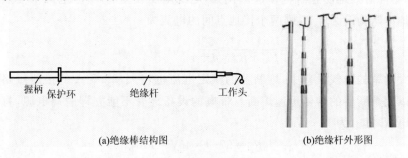

(a)绝缘棒结构图　　　　　　　　(b)绝缘杆外形图

图 2.80　绝缘棒

(2)屏护是指采用遮拦、护罩、护盖或箱闸等隔离部件将带电体与外界隔开,避免人过于接近带电体而造成触电。对于高压设备和不能绝缘的低压电气设备,如开关设备的可动部分,应采取屏护措施。若屏护装置由金属材料制成,应妥善接地或接零。

(3) 安全间隔距离:在带电体与地面之间、带电体与其他设备之间,为防止过于接近带电体而发生事故,应保持一定的安全间隔距离。安全间隔距离与带电体的电压大小、设备类型、安装方式等因素有关。

3) 采用接地和接零措施

电气设备的金属结构部分在正常时不带电,但发生故障时,电压会由带电部分传到不带电部分,而发生触电事故。在电气工程中,必须采用保护接地和保护接零等措施预防触电。

(1) 保护接地。

通常,在低压系统中,接地体的电阻不得超过 4 Ω。当人体接触带电的设备外壳时,人体与接地电阻并联,而人体电阻远大于接地电阻,流过人体的电流很小,从而避免了触电事故。

保护接地应用于中性点不接地的配电系统中,如电机、变压器、开关设备、照明器具和移动式大功率电气设备的外壳或底座都要保护接地。

(2) 保护接零。

当电气设备发生外壳漏电故障时,电网相电压经过设备外壳流入零线,火线和零线间形成几百安的单相短路电流,该电流使电路上的保护装置迅速动作(如熔断器迅速熔断),从而切断电源。由火线和零线间的短路电阻比人体电阻小得多,单相短路电流全部流经接零回路,以确保人体安全。

保护接零适用于电源的中性点直接接地(工作接地)的配电系统,它是 380 V/220 V 三相四线制供电系统中采用的最主要的安全措施。如果在该场合采用保护接地,则不能有效地防止触电事故。例如,电源电压设为 220 V,电源中性点和设备的接地电阻均设为 4 Ω,则两个接地点间的电流为

$$I_R = \frac{U}{R_O + R_d} = \frac{220}{4+4} \text{ A} = 27.5 \text{ A}$$

在大功率的电气设备中,熔断器的额定电流也较大,27.5 A 的接地短路电流将不足以让熔断器的熔体迅速熔断。带电的设备外壳不能立即脱离电源,将长时间带有电压,其值为

$$U_d = I_R R_d = 27.5 \times 4 \text{ V} = 110 \text{ V}$$

远远超过了安全电压值。若设备的接地电阻大于电源中性点的接地电阻,那么设备的电压更高,危险性更大。

在保护接零系统中,为确保电源的中性线与设备外壳可靠连接,电源中性线不允许接开关或熔断器。同时为保证电源中性点工作接地,零线和用户终端需重复

接地,以防中性线断开。

同一低压配电网中(如同一变压器供电系统),为避免造成检查难度和电网不平衡,不允许一部分电气设备保护接地,一部分电气设备保护接零。

4) 安全用电原则

(1) 不购买、不使用假冒伪劣的电线和设备。

(2) 不私拉、乱接电线,禁止用铜丝代替保险丝,禁止在自来水管、煤气管道上连接接地线。

(3) 不靠近高压带电体,如室外高压线和变压器;不接触低压带电体,不用湿手和湿布接触带电设备,不移动带电的电气设备。

(4) 检查和维修电气设备时,应先切断电源,若电源线破损,应立即更换导线或用绝缘胶带包好。

(5) 手持式电动工具(如电钻、电焊钳等),使用时注意防止导线被绞住、受潮、受热或碰损。操作人员要带绝缘手套,穿绝缘靴,站在绝缘板上施工。

(6) 经常检查电气设备的保护接地和保护接零装置的完好性,并在配电系统中安装合格的漏电保护器和空气开关。

5. 触电急救处理

触电意外在所难免,遇到人体触电事故不能惊慌失措,应采取正确的急救措施和方法,提高触电者获救的可能性。触电后的急救应遵循迅速、就地、正确、坚持的原则。分秒必争,积极抢救,并及早拨打 120 急救电话,让医务人员接替救治。

1) 使触电者尽快脱离电源

触电发生后,施救人员应迅速切断电源,包括拉开电闸,拔下电源插头,用带有绝缘胶柄的工具剪断电线。若无法切断电源,可用干燥的木棒、竹竿等将电线从触电者身上挑开,或将触电者拉离电源。如果触电者紧握电线,无法脱离电源,并且有电流经触电者流入大地,这时应设法将木板垫在触电者身下,阻断通电回路。如果触电者触及高压设备,施救人员应注意保持与周围带电体的安全距离,在脱离电源过程中,应戴绝缘手套,穿绝缘靴,使用相应电压等级的绝缘棒。

在救援过程中,既要救人,也要保障自己的人身安全,尽量站在干燥的木板或绝缘垫上施救。在触电者未脱离电源之前,严禁用手直接接触触电者。

2) 对触电者的急救处理

脱离电源后,应通过呼叫或轻拍触电者肩部,判断其是否神智清醒。若触电者意识清醒,则应让其就地平躺,减轻心脏负担。若触电者丧失意识,则要在 10 s 内判断其呼吸和心跳情况。若呼吸停止,但心跳尚存,应采用口对口人工呼吸法,让触电者恢复自行呼吸;若心跳停止,但呼吸尚存,则应采用胸外心脏挤压法,有节奏地使心脏收缩,让触电者恢复心跳;若伤势非常严重,呼吸、心跳均停止,则必须同时采用人工呼吸法和胸外心脏挤压法进行抢救。根据实际情况,也可采用摇臂压胸呼吸法或俯卧压背呼吸法进行抢救。

思考与练习

(1) 为什么塑料绝缘导线严禁直接埋在墙内?

(2) 单相三孔插座如何安装才正确?为什么?

(3) 照明开关为何必须接在火线上?

(4) 安装螺纹灯的灯头时,为什么火线接中心、零线接金属螺纹端?

(5) 如因电线短路而失火,能否立即用水去灭火?为什么?

第三部分 项目工作页

项目工作页如表 2.6 和表 2.7 所示。

表 2.6 小组成员分工列表和预期工作时间计划表 2

任 务 名 称		承 担 成 员	计划用时	实际用时
通用电工工具的认识与使用	试电笔			
	螺丝刀			
	钢丝钳			
	尖嘴钳			
	活络扳手			
	剥线钳			
	电工刀			
专用电工工具的认识与使用	冲击钻			
	转速仪			
	电烙铁			
	吸焊器			

任 务 名 称		承 担 成 员	计划用时	实际用时
常用电工仪表的使用与维护	电压表			
	电流表			
	互感器			
	钳形电流表			
	功率表			
	电度表			
	万用表			
	兆欧表			
	接地电阻测试仪			
	示波器			
常用电工器材及工艺	线材			
	耗材			
	照明器具			
	工艺(布线、接线)			
	工业用电和安全用电			
	供配电网络、接地与接零			
	安全用电的基本原理和方法			

注:项目任务分工,由小组同学根据任务轻重、人员多少,共同协商确认。

表 2.7 任务(N)工作记录和任务评价 2

任 务 名 称					
资讯	方式	教材			
		参考资料			
		网络地址			
		其他			
	要点				
	现场信息				
计划	所需工具				
	作业流程				
	注意事项				
	工作进程	工作内容		计划时间	负责人
决策	老师审批意见				
	小组任务实施决定				
	工作过程				
	检查			签名:	
	存在问题及解决方法			签名:	
任务评价	自评				
	互评			(老师)签名:	

注:① 根据工作分工,每项任务都由承担成员撰写项目工作页,并在小组讨论修改后向老师提出;② 教学主管部门可通过项目工作页内容的检查,了解学生的学习情况和老师的工作态度,以便于进一步改进教学不足,提高教学质量。

第四部分　自我练习

想一想

　　1. 用万用表测量二极管的正向电阻时,为什么不同的欧姆挡测出的电阻值各不相同?

　　2. 钳形电流表有什么用途?

　　3. 用万用表的绝缘电阻挡测量电阻时为什么要"调零",怎么调?

　　4. 如何用万用表判断电容器和二极管的好坏?

项目二
常用电子电气元器件的识别与检测

【项目描述】

电子电气元器件是任何一种电气线路、电子电路的基本组成元素,认识这些常用的电子电气元器件,了解其性能和检测方法是学习和掌握电工技术的起点。

【学习情境】

识别与检测电源、电阻、电容、电感、常用低压电器、变压器及电动机。

【学习目标】

(1)掌握各种不同电源的电学特性、使用条件和使用范围;

(2)掌握各种不同电阻的电学特性、使用条件和使用范围;

(3)掌握单个电容及电容串、并联的电学特性以及它们的使用条件和使用范围;

(4)掌握单个电感及电感串、并联的电学特性以及它们的使用条件和使用范围;

(5)掌握耦合电感的电学特性;

(6)掌握相量的表示方法和计算;

(7)掌握常用低压电器的工作原理、使用条件和使用范围;

(8)掌握变压器、电动机的工作原理、使用条件和使用范围。

【能力目标】

(1)能够从外观上辨别不同的常用电子电气元器件;

(2)能够识别不同电子电气元器件的图形符号及能够用图形符号表示不同的电子电气元器件;

(3)能够用相量的方法表示和计算正弦量;

（4）能够区分有效值、最大值、平均值、额定值、限定值的概念和含义；

（5）能够正确检测和选用常用电子电气元器件；

（6）能够测定耦合电感的同名端；

（7）能够测定变压器的变比；

（8）能够测定电动机绕组的首尾端；

（9）能够正确使用、整理、存放工具、仪表、器材。

第二部分 项目学习指导

任务一 常用电源的识别与检测

知识点一 直流电源

1. 实际电源的 VCR

以直流电源为例，实际电源的 VCR，即输出电压与输出电流的关系（称为外特性）为

$$U = E - R_0 I \tag{3.1}$$

其中，E 为电源的电动势，它等于外电路开路时电源的端电压；R_0 是电源的内阻。

式（3.1）表明：输出电流 I 增大时，电源内阻上的电压 $R_0 I$ 随之增大，从而导致输出电压 U 下降。由式（3.1）可绘出直流电源的 VCR 曲线，如图 3.1 所示。它是斜率为 $-R_0$ 的一条直线，其在纵轴上的截距等于电源的电动势 E。

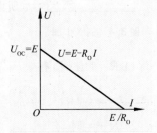

图 3.1 实际电源及 VCR 曲线

实际电源的 VCR 可通过实验测得（参看有关实验教材）。但须注意：实际电源都是有额定值的，测量时电流不得超过额定值，更不容许将电源短路。因此，实验测得的 VCR 只在一定的电流范围内，如图 3.1 所示。

2. 直流电压源

1）电压源的 VCR

电压源是这样一种理想二端元器件：两端的电压为恒定值或一定的时间函数，与通过它的电流无关。因此，电压源的电压与它所连接的外电路无关，它是一种独立源；而通过它的电流可以是任何值，与它所连接的外电路有关。

电压源是干电池、发电机等实际电源的理想化。

电压源的图形符号如图 3.2(a) 所示，其中，u_S 为电压源的电压，"＋"、"－"号表示 u_S 的参考极性。若电压源的电压为恒定值，则称为直流电压源。直流电压源

也可以用图 3.2(b)所示的电池符号来表示,其中,较长的线段表示正极,较短的线段表示负极。图 3.3 为直流电压源 $u=U_\mathrm{s}$ 的 VCR 曲线。它是一条平行于 i 轴、在 u 轴上的截距为 U_s 的直线。

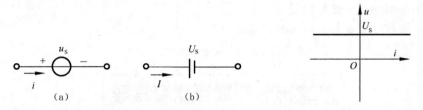

图 3.2　电压源的图形符号　　　　　　图 3.3　直流电压源的 VCR

例 3.1　电路如图 3.4 所示,其中,$U_\mathrm{s}=5$ V,R 为可调电阻。设其阻值调节范围为 $[0,\infty)$,试分别计算:(1) $R=1$ Ω;(2) $R\to\infty$;(3) $R=0$ 时电路中的电流 I。

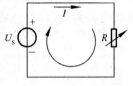

图 3.4　例 3.1 图

解　对于图 3.4 所示电路,选择回路的绕行方向为顺时针,根据 KVL 并结合欧姆定律可列出方程

$$RI-U_\mathrm{s}=0$$

所以

$$I=\frac{U_\mathrm{s}}{R}$$

(1) $R=1$ Ω 时,有

$$I=\frac{U_\mathrm{s}}{R}=\frac{5}{1}\ \mathrm{A}=5\ \mathrm{A}$$

(2) $R\to\infty$ 时,有

$$I=\frac{U_\mathrm{s}}{R}=\frac{5}{R}\to 0$$

(3) $R=0$ 时,因为电压源的电压与外电路无关,此时 U_s 仍应为 5 V,所以

$$I=\frac{U_\mathrm{s}}{R}=\frac{5}{R}\to\infty$$

例 3.1 可以加深对电压源这一理想元器件的理解。实际电路中当然不会出现无穷大的电流,这是因为任何实际设备或元器件都不可能具有电压源的 VCR。电压源这种理想元器件实际上并不存在。

不过,实际电源的 VCR 通常与电压源比较接近,一旦发生短路,即外电路的电阻 $R\to 0$ 时,将会有很大的电流通过电源,造成电源设备的烧毁。因此,实际电源必须避免短路。

2) 电压源的功率

在图 3.2 所示的关联参考方向下,电压源吸收的功率为

$$p=u_{\mathrm{s}}i$$

若 i 与 u_{s} 同为正值或同为负值,即电压和电流的实际方向一致,则 $p>0$,电压源吸收功率,电压源是电路中的负载。

若 i 与 u_{s} 一个为正值、另一个为负值,即电压和电流的实际方向相反,则 $p<0$,电压源输出功率,电压源是电路中的电源。

当 $i=0$ 时,$p=0$,此时,电压源处于开路状态,既不吸收功率,也不输出功率。

3. 直流电流源

1) 电流源的 VCR

电流源是一种理想二端元器件:它的电流为恒定值或为一定的时间函数,与它两端的电压无关。因此,电流源的电流与它所连接的外电路无关,它是一种独立源;而它两端的电压可以是任何值,与它所连接的外电路有关。

电流源是光电池等实际元器件的理想化。

电流源的图形符号如图 3.5 所示,其中,i_{s} 为电流源的电流,实线箭头表示 i_{s} 的参考方向。若电流源的电流为恒定值,则称为直流电流源。图 3.6 所示为直流电流源 $i=I_{\mathrm{s}}$ 的 VCR 曲线,它是一条平行于 u 轴、在 i 轴上的截距为 I_{s} 的直线。

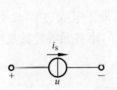

图 3.5 电流源的图形符号

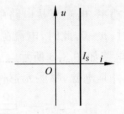

图 3.6 直流电流源的 VCR

例 3.2 电路如图 3.7 所示,其中,$I_{\mathrm{s}}=2$ A,R 为可调电阻。设其电阻值调节范围为 $[0,\infty)$,试分别计算(1) $R=1$ Ω;(2) $R=0$;(3) $R\to\infty$ 时电流源两端的电压 U。

解 对于图 3.7 所示电路,选择回路的绕行方向为顺时针,根据 KVL 并结合欧姆定律可列出方程

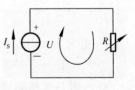

$$RI_{\mathrm{s}}-U=0$$

所以

图 3.7 例 3.2 图

$$U=RI_{\mathrm{s}}$$

(1) $R=1$ Ω 时,有

$$U=RI_{\mathrm{s}}=1\times2\ \mathrm{V}=2\ \mathrm{V}$$

(2) $R=0$ 时,有

$$U=RI_{\mathrm{s}}=0\times2=0$$

(3) $R\to\infty$ 时,因为电流源的电流与外电路无关,此时 I_{s} 仍应为 2 A,所以

$$U=RI_s=2R\rightarrow\infty$$

这个例子可以加深对电流源这一理想元器件的理解。实际电路中当然不会出现无穷大的电流,因为任何实际设备或元器件都不可能具有电流源的 VCR。电流源这种理想元器件实际上也是不存在的。

不过有的实际设备,如电流互感器,其工作时次级的 VCR 与电流源十分接近,一旦发生开路,即负载电阻 $R\rightarrow\infty$ 时,将会产生很高的电压,危及设备及人身安全。因此,电流互感器在运行中严禁开路。

某些电子电路在一定条件下,其输出端的 VCR 也接近电流源,如果适当提高负载的电阻值,则可以使负载获得较高的信号电压。

2)电流源的功率

在图 3.5 所示的关联参考方向下,电流源的吸收功率为

$$p=ui_s$$

若 u 与 i_s 同为正值或同为负值,即电压和电流的实际方向一致,则 $p>0$,电流源消耗功率,电流源是电路中的负载。

若 u 与 i_s 一个为正值、另一个为负值,即电压和电流的实际方向相反,则 $p<0$,电流源输出功率,电流源是电路中的电源。

当 $u=0$ 时,$p=0$,此时,电流源处于短路状态,既不吸收功率,也不输出功率。

例 3.3 电路如图 3.8 所示,已知电流 $I_0=1$ A,求各元器件的功率,并指出电路中哪些元器件是电源,哪些元器件是负载。

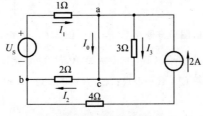

图 3.8 例 3.3 图

解 电流 $I_0=1$ A 通过的是理想导线,所以

$$U_{ac}=0\times I_0=0\times 1=0$$

3 Ω 电阻与理想导线并联(被理想导线短路),其两端电压也就是 $U_{ac}=0$,所以

$$I_3=\frac{U_{ac}}{3}=\frac{0}{3}=0$$

对于节点 c,由 KCL 可得

$$I_2=I_0+I_3=(1+0)\ \text{A}=1\ \text{A}$$

对于节点 a,有

$$I_1=I_0+I_3-2=(1+0-2)\ \text{A}=-1\ \text{A}$$

电压源 U_S 与 1 Ω 电阻串联,所以 I_1 也是通过电压源 U_S 的电流,参考方向与电压 U_S 非关联。

由 KVL 可得

$$U_{ab} = U_{ac} + U_{cb} = 0 + 2I_2 = 2 \text{ V}$$

$$U_S = U_{1\Omega} + U_{ab} = 1 \times I_1 + 2 = (-1 + 2) \text{ V} = 1 \text{ V}$$

4 Ω 电阻与 2 A 电流源串联,通过 4 Ω 电阻的电流即为 2 A。关联参考方向下 2 A 电流源的电压为

$$U_{2A} = -U_{ab} - U_{4\Omega} = (-2 - 4 \times 2) \text{ V} = -10 \text{ V}$$

各元器件的功率分别为

$$P_{U_S} = -U_S I_1 = -1 \times -1 \text{ W} = 1 \text{ W}$$

$$P_{2A} = U_{2A} \times 2 = -10 \times 2 \text{ W} = -20 \text{ W}$$

$$P_{1\Omega} = I_1^2 \times 1 = (-1)^2 \times 1 \text{ W} = 1 \text{ W}$$

$$P_{2\Omega} = I_2^2 \times 2 = 1^2 \times 2 \text{ W} = 2 \text{ W}$$

$$P_{3\Omega} = 0$$

$$P_{4\Omega} = 2^2 \times 4 \text{ W} = 16 \text{ W}$$

计算表明,电路中除了 2 A 电流源输出功率是电源以外,其他(包括电压源 u_S 在内)的元器件都消耗功率,都是负载。

4. 电源的两种模型

如果用电压源或电流源与电阻连接成图 3.9(a)或图 3.9(b)所示的单口网络,则只要参数(U_S、R_S 或 I_S、R_S')选择恰当,就能获得与图 3.1(a)相同的 VCR,如图 3.9(c)和图 3.9(d)所示,因此,图 3.9(a)或图 3.9(b)所示的单口网络都可以作为实际电源的模型。

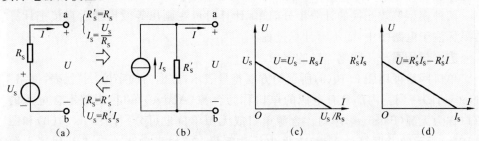

图 3.9 串联模型与并联模型的等效互换

图 3.9(a)所示为实际电源的串联模型,由一个电压源与一个电阻串联而成。根据 KVL 可写出串联模型的 VCR 为

$$U = U_S - R_S I \qquad (3.2)$$

与式(3.1)比较可知,只需 $U_S = E$,$R_S = R_O$,串联模型的 VCR 即与实际电源一致,也就是与实际电源等效。

图 3.9(b)所示为实际电源的并联模型,由一个电流源与一个电阻并联而成。根据欧姆定律,该单口的端电压即电阻 R'_S 上的电压为

$$U = R'_S(I_S - I)$$

即

$$U = R'_S I_S - R'_S I \qquad (3.3)$$

这就是并联模型的 VCR。与式(3.1)比较可知,只需 $I_S = E/R_O$,$R'_S = R_O$,并联模型的 VCR 即与实际电源一致,亦即与实际电源等效。

应当指出,实际电源的两种模型也都只有在一定条件下才能反映电源的实际情况。

5. 两种电源模型的等效互换

从式(3.2)和式(3.3)不难看出,当 $R_S = R'_S$,且 $U_S = R'_S I_S$ 时,两种电源模型的 VCR 一致,它们彼此等效。因此,同一电源的两种模型可以等效互换。若已知串联模型,其等效并联模型的电阻和电流源电流分别为

$$\begin{cases} R'_S = R_S \\ I_S = \dfrac{U_S}{R_S} \end{cases} \qquad (3.4)$$

反之,若已知并联模型,则等效串联模型的电阻和电压源电压分别为

$$\begin{cases} R_S = R'_S \\ U_S = R'_S I_S \end{cases} \qquad (3.5)$$

应当注意:用式(3.4)和式(3.5)进行等效变换时,串联模型中电压源的参考正极(直接或通过电阻)接哪一端,等效并联模型中电流源的参考方向就指向哪一端;反之亦然。

两种模型等效互换的计算十分简单,计算时可在画出等效模型后直接把计算结果标注于电路图中,而不写计算过程。

自学与拓展一 网络等效的概念

单口网络可用图 3.10(a)所示的方框符号表示,方框内的字母"N"代表"网络"(Network)一词。内部含有电源的单口称为含源(Active)单口,内部不含电源的单口称为无源(Passive)单口。含源单口或无源单口也可分别用图 3.10(b)和图 3.10(c)所示的方框符号表示,方框内标注字母"A"代表含源单口,"P"代表无源单口。

单口网络的端口电压与端口电流的关系,称为单口网络的 VCR。如果一个单口网络的 VCR 与另一个单口网络的 VCR 完全一致,则当它们的端口电压相等时,端口电流也必定相等,这样的两个单口即互为等效单口。两个等效单口对任意外电路的作用相同。因此,如果关注的是外电路的工作情况,可以用一个结构简单的等效单口代替原来较复杂的单口,以简化对外电路的分析,这种代替常称为等效

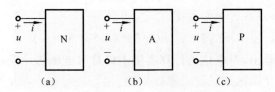

图 3.10 用方框符号表示单口网络

化简。

自学与拓展二 电子电路图中表示电源的方法

电子电路中的直流电源通常可以用直流电压源作为模型,而且总有一端是接"地"(电位参考点)的。为使图面简洁,电路图中有时不画出电源,而用标注电位的方法表示电源,即标出电源非接"地"端的电位值。例如,图 3.11(a)所示电路可以画成图 3.11(b)。在图(b)中,a 点标注的电位值为 +9 V,表示 a 点接电压源的正极,而电压源的负极接地,电压的大小为 9 V;b 点标注的电位值为 -6 V,表示 b 点接电压源的负极,而正极接地,电压的大小为 6 V。分析电路时不必把图 3.11(b)恢复成图 3.11(a)的形式,可以用电位的概念直接对图 3.11(b)进行计算。

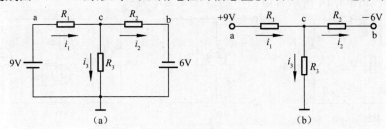

图 3.11 用标注电位的方法表示电源

例 3.4 图 3.12 所示电路中,已知 $R_1 = 5\ \Omega$、$R_2 = 10\ \Omega$,计算 c 点的电位。

解 图 3.12 中没有画出参考点,但既然标注了 a、b 两点的电位值,就说明参考点已经选定(两电压源的公共端),直接运用电位的概念进行计算即可。

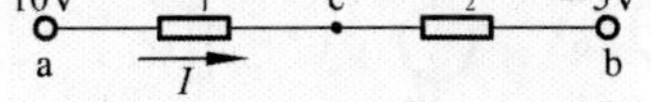

图 3.12 例 3.4 图

由

$$U_{ab} = \varphi_a - \varphi_b$$

及

$$U_{ab} = R_1 I + R_2 I = (R_1 + R_2) I$$

得

$$I = \frac{\varphi_a - \varphi_b}{R_1 + R_2} = \frac{10 - (-5)}{5 + 10}\ \text{A} = 1\ \text{A}$$

所以

$$\varphi_c = R_2 I + \varphi_b = [10 \times 1 + (-5)]\ \text{V} = 5\ \text{V}$$

或

$$\varphi_c = -R_1 I + \varphi_a = (-5 \times 1 + 10) \ V = 5 \ V$$

由例3.4可以看出,对电位的计算实质上仍是对电压的计算,在方法上与计算两点间的电压没有什么区别。

思考与练习

(1) 将图3.13中各电路等效变换成并联模型,设 $R=6 \ \Omega$,$u_S=9 \ V$。

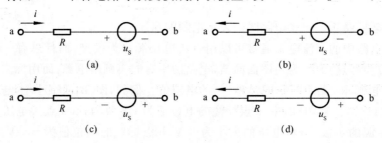

图 3.13 电路图1

(2) 计算图3.14所示各电路中的电压 u 或电流 i。

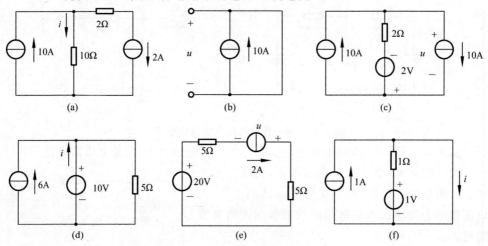

图 3.14 电路图2

(3) 计算图3.15所示电路中 a 点的电位。

知识点二 单相交流电源

1. 正弦交流电的产生

图3.16所示为正弦交流电产生的原理。N 和 S 是一对磁极,假设其间的恒定磁场是均匀的,方向自上而下,磁感应强度为 $\boldsymbol{B}$。AX 是可以绕固定转轴 O 旋转的线圈,匝数为 n。线圈平面与纸面垂直,垂直于纸面的两边的导体称为线圈的边。通过转轴的水平平面称为中性面。线圈平面处于中性面时,无论线圈向哪个方向

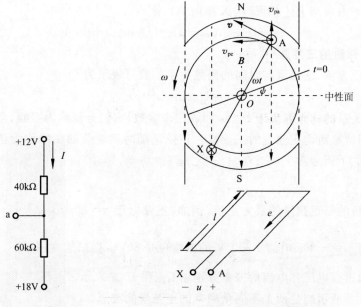

图 3.15 电路图 3   图 3.16 正弦交流电的产生

旋转,两个线圈边都不切割磁力线,线圈中不产生感应电动势。

若线圈以角速度 ω 逆时针方向绕轴旋转,$t=0$ 瞬间线圈平面与中性面的夹角为 ψ,经过时间 t,线圈的角位移为 ωt,则 t 时刻线圈平面与中性面的夹角为 $\omega t+\psi$。此时,由于线圈边继续作切割磁力线的运动,所以线圈中有感应电动势产生。若线圈边作圆周运动的线速度为 v,且切割磁力线的有效长度为 l,按图 3.16 所标感应电动势的参考方向(X 边电动势的方向垂直指向纸面,A 边的方向相反),则线圈中的感应电动势为

$$e=2nBlv_{pe}=2nBlv\sin(\omega t+\psi)$$

其中,$v_{pe}=v\sin(\omega t+\psi)$ 为线速度 v 的垂直于磁场方向的分量。当线圈匝数 n、线圈边的长度 l、线速度 v 及磁感应强度 B 一定时,上式中的乘积 $2nBlv$ 即为定值,令 $E_m=2nBlv$,则感应电动势为

$$e=E_m\sin(\omega t+\psi)$$

显然,感应电动势是一个正弦量。

若线圈未接外电路,线圈中没有电流,则两个引出端子间的电压(参考方向选择为从 A 指向 X)为

$$u=e$$

也是正弦量,可表示为

$$u=U_m\sin(\omega t+\psi)$$

其中,$U_m=E_m=2nBlv$。应当注意,上述结论是在预先选定的参考方向下得到的。

若 u 的参考方向与上述相反(从 X 指向 A),则

$$u=-e=-E_{\mathrm{m}}\sin(\omega t+\psi)=U_{\mathrm{m}}\sin(\omega t+\psi\pm180°)$$

2. 正弦量的三要素

以电压为例,正弦量与时间的函数关系一般可表示为

$$u=U_{\mathrm{m}}\sin(\omega t+\psi) \tag{3.6}$$

这个函数关系的确立取决于 U_{m}、ω 和 ψ 三个参数,它们分别称为振幅、角频率和初相位,它们就是所谓正弦量的三要素。正弦量随时间变化的曲线称为正弦量的波形,如图 3.17 所示。

1)振幅

振幅指的是正弦量的最大正值,例如,正弦电压 $u=80\sin\left(\omega t+\dfrac{\pi}{6}\right)$ V 的振幅为 80 V,而 $u=-80\sin\left(\omega t+\dfrac{\pi}{6}\right)$ V 的振幅也是 80V。振幅通常用带下标的大写字母表示,如正弦电压和电流的振幅分别用 U_{m} 和 I_{m} 来表示。

图 3.18 所示的是两个不同角频率的正弦量的波形。

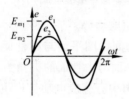

图 3.17 不同振幅的正弦量

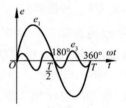

图 3.18 不同角频率的正弦量

2)周期、频率和角频率

正弦量交变一周所用的时间称为周期,用 T 表示,单位为秒(s);而每一秒内正弦量交变的周数称为频率,用 f 表示,单位是赫兹(Hz)。显然

$$f=\frac{1}{T} \tag{3.7}$$

式(3.6)中的 $\omega t+\psi$ 称为正弦量的相位,单位是弧度(rad)。正弦量的变化进程,即某一时刻正弦量的大小、方向和变化趋势(增大或减小)是由相位决定的。显然,每经历一个周期,相位的变化为

$$\omega T=2\pi$$

所以

$$\omega=\frac{2\pi}{T}=2\pi f \tag{3.8}$$

由于 ω 与频率 f 成正比,和频率一样可以用于衡量正弦量变化的快慢,故 ω 称为正弦量的角频率。角频率的单位是弧度/秒(rad/s)。角频率有时简称频率,

这时应根据它们的单位加以区分。

我国和大多数国家电力工业的标准频率为 50 Hz,简称工频。

图 3.18 绘出了两个不同频率正弦量的波形。不难看出,e_1 交变 1 周的时间内 e_3 交变了 3 周,因此

$$\omega_3 = 3\omega_1$$

显然 e_3 的变化比 e_1 快。

3) 初相位

$t=0$ 时刻正弦量的相位($\omega t + \psi = \psi$)称为初相位,简称初相,它决定初始时刻正弦量的大小、方向和变化趋势。在正弦量的表达式中,初相的单位可以用弧度来表示,也可以用度来表示,但计算时须统一单位。

显然,初相 ψ 的大小与计时起点的选择有关,但习惯上规定 ψ 的绝对值不超过 $180°$,即

$$180° \geqslant \psi \geqslant -180°$$

图 3.19 绘出了频率相同,而初相不同的两个正弦量的波形,其中 $u_1 = U_{1m}\sin(\omega t + 30°)$,$u_2 = U_{2m}\sin(\omega t - 30°)$。

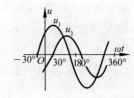

图 3.19　频率相同而初相不同的正弦量

如果把正弦波形从负值变为正值时与横轴的交点称为零点。从图 3.19 可以看到,正弦量的初相等于离原点最近的零点横坐标的相反值。例如,u_1 的初相 $\psi_1 = 30°$,其波形离原点最近的零点横坐标为 $-30°$;u_2 的初相 $\psi_2 = -30°$,其波形离原点最近的零点横坐标为 $30°$。

例 3.5　正弦量 $u_1 = 220\sqrt{2}\sin(314t + 210°)$ V,$u_2 = -311\sin(100\pi t + 30°)$ V,$u_3 = 220\sqrt{2}\cos(314t + 120°)$ V,请指出它们的振幅、频率和初相。

解　按振幅大于零和初相的绝对值不大于 $180°$ 的规定,将已知正弦量分别表示为

$$u_1 = 220\sqrt{2}\sin(314t + 210° - 360°) = 311\sin(314t - 150°) \text{ V}$$

$$u_2 = 311\sin(100\pi t + 30° - 180°) = 311\sin(314t - 150°) \text{ V}$$

$$u_3 = 220\sqrt{2}\sin(314t + 120° + 90° - 360°) = 311\sin(314t - 150°) \text{ V}$$

可见,u_1、u_2 和 u_3 的三要素完全相同:振幅为 311 V,角频率 314 rad/s,初相为 $-150°$,而频率均为

$$f = \frac{\omega}{2\pi} = \frac{314}{2 \times 3.14} \text{ Hz} = 50 \text{ Hz}$$

3. 同频率正弦量的相位差

两个同频率正弦量相位的差称为相位差。相位决定正弦量变化的进程,因而

相位差可用于衡量两个同频率正弦量变化进程的差别。

习惯上规定相位差的绝对值不超过 $180°$。例如,用 φ_{ui} 表示正弦量 $u = U_m \sin(\omega t + \psi_u)$ 与 $i = I_m \sin(\omega t + \psi_i)$ 的相位差,则 $|\varphi_{ui}| \leqslant 180°$。因此,当 $|\psi_u - \psi_i| \leqslant 180°$ 时,有

$$\varphi_{ui} = (\omega t + \psi_u) - (\omega t + \psi_i) = \psi_u - \psi_i$$

如果 $|\psi_u - \psi_i| > 180°$,则应根据三角函数的周期性,将其中一个正弦量的相位加上或减去 $360°$ 以后,再确定两者的相位差,即

$$\varphi_{ui} = (\omega t + \psi_u \pm 360°) - (\omega t + \psi_i) = \psi_u - \psi_i \pm 360°$$

显然,两个同频率正弦量的相位差仅与它们的初相有关,而与时间无关,因而也与计时起点的选择无关。

若 $0° < \varphi_{ui} < 180°$,则认为 u 的变化领先于 i,称 u 超前于 i;若 $-180° < \varphi_{ui} < 0°$,则认为 u 的变化落后于 i,称 u 滞后于 i。

例 3.6 正弦量 $u = U_m \sin(\omega t + 150°)$ V,$i = I_m \sin(\omega t - 60°)$ A,求 u 与 i 的相位差 φ_{ui},并确定它们中哪一个超前。

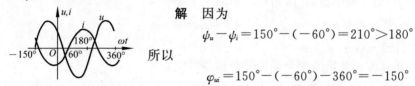

图 3.20 例 3.6 图

解 因为

$$\psi_u - \psi_i = 150° - (-60°) = 210° > 180°$$

所以

$$\varphi_{ui} = 150° - (-60°) - 360° = -150°$$

u 与 i 的相位差为 $-150°$,即 i 超前于 u $150°$。图 3.20 为 u 与 i 的波形图。

两个同频率正弦量的相位差为零,即它们的初相相同,称为同相。同相的正弦量变化进程完全相同,其波形同正同负、同升同降,同时达到最大值,也同时变为零,如图 3.21(a)所示。

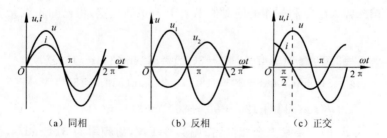

图 3.21 同频率正弦量的同相、反相和正交

若两个同频率正弦量的相位差为 $\pm 180°$(或 $\pm \pi$),则称为反相。反相的两个正弦量变化进程相反,总是一个为正另一个为负、一个增大另一个减小,但同时达到最大值(一正一负),也同时变为零,如图 3.21(b)所示。

若两个同频率正弦量的相位差为 $\pm 90°$（或 $\pm\dfrac{\pi}{2}$），则称为正交。正交的两个正弦量总是一个达到（正或负的）最大值，另一个就等于零，如图 3.21(c) 所示。

由于相位差与计时起点的选择无关，因而根据问题的需要，在一些相关的正弦量中，可以选择计时起点使其中某一个的初相为零。这个初相为零的正弦量称为参考正弦量，其他正弦量的初相则分别等于它们与参考正弦量的相位差。

例 3.7 正弦电流 $i=I_m\sin(\omega t+30°)$ A，正弦电压 $u_1=U_{1m}\sin(\omega t+30°)$ V，$u_2=U_{2m}\sin(\omega t+120°)$ V，$u_3=U_{3m}\sin(\omega t-60°)$ V。求电压 u_1、u_2、u_3 与电流 i 的相位差；若选择电流 i 为参考正弦量，则各电压的初相分别是多少？写出它们相应的瞬时值表达式。

解 u_1 与 i 的相位差为

$$\varphi_{u_1 i}=30°-30°=0°$$

u_2 与 i 的相位差为

$$\varphi_{u_2 i}=120°-30°=90°$$

u_3 与 i 的相位差为

$$\varphi_{u_3 i}=-60°-30°=-90°$$

若选择电流 i 为参考正弦量，则各电压的初相分别为

$$\psi_{u_1}=\varphi_{u_1 i}=0°,\quad \psi_{u_2}=\varphi_{u_2 i}=90°,\quad \psi_{u_3}=\varphi_{u_3 i}=-90°$$

各正弦量的表达式相应为

$$i=I_m\sin(\omega t)\ \text{A},\quad u_1=U_{1m}\sin(\omega t)\ \text{V}$$
$$u_2=U_{2m}\sin(\omega t+90°)\ \text{V},\quad u_3=U_{3m}\sin(\omega t-90°)\ \text{V}$$

4. 正弦量的有效值和平均值

1) 有效值

工程上常用有效值来衡量周期量的大小。

周期电流的有效值是用周期电流通过电阻产生的热效应来定义的。设周期电流 i 和恒定电流 I 通过同样大小的电阻 R，如果在周期电流 i 的一个周期内，两个电流产生的热量相等，则把这一恒定电流 I 的大小称为周期电流 i 的有效值。

在周期电流 i 的一个周期 T 内，恒定电流 I 通过电阻 R 产生的热量为

$$Q=I^2RT$$

周期电流 i 通过相同的电阻 R 产生的热量为

$$Q'=\int_0^T i^2 R\mathrm{d}t$$

若两者相等，即

$$I^2RT=\int_0^T i^2 R\mathrm{d}t$$

则

$$I = \sqrt{\frac{1}{T}\int_0^T i^2 \, \mathrm{d}t} \tag{3.9}$$

式(3.9)就是周期电流有效值的定义式,它适合于任何周期电流。根据以上定义式,有效值也称为方均根值。

对于正弦电流,有

$$i = I_\mathrm{m}\sin(\omega t)$$

其有效值为

$$I = \sqrt{\frac{1}{T}\int_0^T I_\mathrm{m}^2 \sin^2(\omega t) \, \mathrm{d}t} = \sqrt{\frac{I_\mathrm{m}^2}{T}\int_0^T \frac{1-\cos(2\omega t)}{2} \, \mathrm{d}t} = \sqrt{\frac{I_\mathrm{m}^2}{2T}\left[t - \frac{1}{2\omega}\sin(2\omega t)\right]_0^T}$$

$$= \frac{I_\mathrm{m}}{\sqrt{2}} = 0.707 I_\mathrm{m} \tag{3.10}$$

即正弦电流的有效值等于其振幅值的 $1/\sqrt{2}$。

类似地,周期电压、电动势的有效值分别为

$$U = \sqrt{\frac{1}{T}\int_0^T u^2 \, \mathrm{d}t}, \quad E = \sqrt{\frac{1}{T}\int_0^T e^2 \, \mathrm{d}t}$$

而正弦电压、电动势的有效值则分别等于它们各自振幅值的 $1/\sqrt{2}$,即

$$U = \frac{U_\mathrm{m}}{\sqrt{2}}, \quad E = \frac{E_\mathrm{m}}{\sqrt{2}}$$

通常所说的交流电压、电流的大小都是指有效值。如日常生活中使用的 220 V 交流电就是电压有效值为 220 V 的正弦交流电。常用的交流电压、电流所指的是交流有效值;交流电气设备铭牌上所标的额定电压、电流值也都是有效值。

但是,电容器及其他电气设备绝缘的耐压、整流器的击穿电压等,则须按交流电压的振幅值(而不是有效值)来考虑。

2) 平均值

工程上有时还用到平均值这一概念。这里所谓平均值,指的是周期量的绝对值在一个周期内的平均值。以周期电流为例,其平均值为

$$I_\mathrm{av} = \frac{1}{T}\int_0^T |i| \, \mathrm{d}t \tag{3.11}$$

式(3.11)即周期量平均值的定义式。

对于正弦电流 $i = I_\mathrm{m}\sin(\omega t)$,其平均值为

$$I_\mathrm{av} = \frac{1}{T}\int_0^T |I_\mathrm{m}\sin(\omega t)| \, \mathrm{d}t = \frac{2}{T}\int_0^{\frac{T}{2}} I_\mathrm{m}\sin(\omega t) \, \mathrm{d}t = \frac{2I_\mathrm{m}}{\omega T}[-\cos(\omega t)]_0^{\frac{T}{2}}$$

$$= \frac{2I_\mathrm{m}}{\pi} = 0.637 I_\mathrm{m} \tag{3.12}$$

式(3.12)用于测量交流电压、电流的全波整流系仪表,其指针的偏转角与所通

过电流的平均值成正比,而标尺是按有效值刻度的,两者的关系为

$$I=\frac{I_{\mathrm{m}}}{\sqrt{2}}=\frac{1}{\sqrt{2}}\frac{\pi}{2}I_{\mathrm{av}}=1.11I_{\mathrm{av}}$$

5. 正弦量的相量表示法

所谓相量表示法,就是利用复数与正弦量之间的一一对应关系,以复数表示同频率正弦量的方法。由于正弦交流电路中所有的电压、电流都是同频率的正弦量,在它们用复数表示以后,可以证明,它们之间的各种函数运算关系都有相应的复数形式,从而使复杂的三角函数运算得以通过简单的复数计算来实现。

对于任意正弦量 $i=I_{\mathrm{m}}\sin(\omega t+\psi_i)$,总存在一个复数 $I_{\mathrm{m}}\mathrm{e}^{\mathrm{j}\psi_i}$,它的模等于正弦量 i 的振幅 I_{m},幅角(它与实轴的夹角)等于正弦量 i 的初相 ψ_i,复数 $I_{\mathrm{m}}\mathrm{e}^{\mathrm{j}\psi_i}$ 称为正弦量 i 的相量,记为 $\dot{I}_{\mathrm{m}}$,即

$$\dot{I}_{\mathrm{m}}=I_{\mathrm{m}}\angle\psi_i$$

相量是复数,它与正弦量之间存在一一对应关系,因而可以用它来表示正弦量。

上述相量的模等于对应正弦量的振幅,称为振幅相量。如果相量的模等于对应正弦量的有效值,则称为有效值相量。正弦量 $i=I_{\mathrm{m}}\sin(\omega t+\psi_i)$ 的有效值相量记为 $\dot{I}$,即 $\dot{I}=I\angle\psi_i$。显然,有效值相量与振幅相量的关系为

$$\dot{I}=\frac{\dot{I}_{\mathrm{m}}}{\sqrt{2}} \tag{3.13}$$

用复平面上的有向线段来表示相量的图形称为相量图。为简便起见,画正弦量的相量图时,可以不画出坐标轴。但须注意:不同频率正弦量的相量不可以画在同一个坐标系内。

相量与正弦量的对应关系并非偶然。我们在复平面上作出 $\dot{I}_{\mathrm{m}}=I_{\mathrm{m}}\mathrm{e}^{\mathrm{j}\psi}$ 的相量图,如图 3.22 所示,这是一个大小为 I_{m}、与实轴夹角为 ψ_i 的相量。假设该相量以角速度 ω 绕原点作逆时针方向旋转,则相应的数学表示式为

$$I_{\mathrm{m}}\mathrm{e}^{\mathrm{j}(\omega t+\psi)}=I_{\mathrm{m}}\mathrm{e}^{\mathrm{j}\psi}\mathrm{e}^{\mathrm{j}\omega t}=\dot{I}_{\mathrm{m}}\mathrm{e}^{\mathrm{j}\omega t} \tag{3.14}$$

这是一个关于时间 t 的复指数函数。显然,相量 $\dot{I}=I_{\mathrm{m}}\mathrm{e}^{\mathrm{j}\psi}$ 即该复指数函数的初始值;而任意时刻 t 旋转相量在虚轴上的投影即等于正弦量 $i=I_{\mathrm{m}}\sin(\omega t+\psi_i)$。

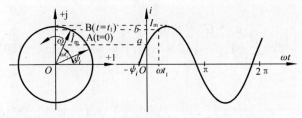

图 3.22　旋转相量在虚轴上的投影为正弦量

虽然相量与正弦量有一一对应关系,但它们一个是复数,一个是时间的正弦函

数,二者并非相等,即 $i \neq \dot{i}_m$。它们的对应关系用符号"→"表示,如 $i \to \dot{i}_m$ 或 $\dot{i}_m \to i$,指的是把正弦量 i 表示成相量 $\dot{i}_m$,或把相量 $\dot{i}_m$ 还原成正弦量 i。此外,并非交流电路的计算中遇到的复数都是相量,如以后将要学习的复阻抗和复导纳也是复数,但它们不是相量。为了区别于其他复数,表示相量的大写字母上方有一个圆点。

例 3.8 已知正弦量 $u_1 = 311\sin\left(\omega t + \dfrac{\pi}{6}\right)$ V, $u_2 = 537\sin\left(\omega t - \dfrac{\pi}{3}\right)$ V,写出它们的有效值相量,并绘出相量图。

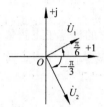

图 3.23 例 3.8 图

解
$$u_1 \to \dot{U}_1 = 220\angle\dfrac{\pi}{6} \text{ V}$$

$$u_2 \to \dot{U}_2 = 380\angle -\dfrac{\pi}{3} \text{ V}$$

其相量图如图 3.23 所示。

例 3.9 已知正弦量的相量为 $\dot{i}_1 = 8\angle 30° $ A, $\dot{i}_2 = 6\angle 66.9°$ A,若频率均为 $f = 50$ Hz,写出正弦量的解析式。

解
$$\dot{i}_1 \to i_1 = 8\sqrt{2}\sin(314t + 30°) \text{ A}$$
$$\dot{i}_2 \to i_2 = 6\sqrt{2}\sin(314t + 66.9°) \text{ A}$$

6. 用相量法求同频率正弦量的代数和

设 i_1、i_2 和 i 为同频率的正弦量,$\dot{i}_1$、$\dot{i}_2$ 和 $\dot{i}$ 为它们对应的相量,可以证明:若 $i = i_1 \pm i_2$,则

$$\dot{i}_m = \dot{i}_{1m} \pm \dot{i}_{2m}$$

因此,欲求两个同频率正弦量的代数和,可以先求出它们对应相量(复数)的代数和;计算的结果即是所求正弦量的相量,再把这个相量还原成正弦量即为所求。计算过程可用流程图表示,如图 3.24 所示。

$$i \Leftarrow i_1 \pm i_2$$
$$\uparrow \qquad \downarrow \quad \downarrow$$
$$\dot{i} \Leftarrow \dot{i}_1 \pm \dot{i}_2$$

图 3.24 流程图

显然,运用相量的概念求同频率正弦量的代数和,可以把烦琐的三角函数运算通过简单的复数运算来实现,从而大大简化了计算过程。

例 3.10 已知 $u_1 = 220\sqrt{2}\sin(\omega t)$ V, $u_2 = 220\sqrt{2}\sin(\omega t - 120°)$ V,试求 $u = u_1 - u_2$。

解 因为
$$u_1 \to \dot{U}_1 = 220\angle 0° \text{ V} = 220 \text{ V}$$
$$u_2 \to \dot{U}_2 = 220\angle -120° = [220\cos(-120°) + j220\sin(-120°)] \text{ V}$$
$$= 220\left(-\dfrac{1}{2} - j\dfrac{\sqrt{3}}{2}\right) \text{ V}$$

而
$$\dot{U} = \dot{U}_1 - \dot{U}_2 = \left(220 + \dfrac{220}{2} + j\dfrac{220\sqrt{3}}{2}\right) \text{ V} = 220\left(\dfrac{3}{2} + j\dfrac{\sqrt{3}}{2}\right) \text{ V}$$
$$= 220\sqrt{3}\left(\dfrac{\sqrt{3}}{2} + j\dfrac{1}{2}\right) \text{ V} = 220\sqrt{3}\angle 30° \text{ V}$$

所以 $\quad u = u_1 - u_2 = 380\sqrt{2}\sin(\omega t + 30°)$ V

求同频率正弦量的代数和也可以通过相量图来计算。计算时应遵循相量运算法则,即平行四边形法则或多边形法则。如果用多边形法则计算,相量的始端不一定都画到原点上。

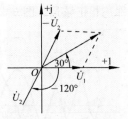

图 3.25 用相量图解例 3.10

用相量图求解例 3.10,其结果与用复数计算的结果相同,如图 3.25 所示。其中,求 $\dot{U}_1 - \dot{U}_2$ 的差是通过求 $\dot{U}_1 + (-\dot{U}_2)$ 的和来完成的。

相量图是分析正弦交流电路的一种重要的辅助手段,有时借助于相量图对问题先做定性分析,这可以为进一步做定量计算理顺思路。

思考与练习

(1) 已知正弦电压 $u_1 = U_{1m}\cos(\omega t - 120°)$ V,$u_2 = -U_{2m}\sin(\omega t + 30°)$ V,指出它们之间的相位关系。如果选择二者之一为参考正弦量,则它们的表达式应作何改变?

(2) 有效值是怎样定义的?正弦量的有效值与其振幅有怎样的关系?

(3) 耐压为 220 V 的电容器,能否在 220 V 的正弦电压下使用?为什么?

(4) 指出下列各正弦量的振幅、角频率、频率、周期和初相,分别绘出它们的波形图。

① $u = 20\sin\left(3140t - \dfrac{\pi}{3}\right)$ V;

② $i = -5\sin(6280t + 270°)$ A;

③ $u = 6000\cos(314t - 210°)$ V。

知识点三 三相交流电源

1. 对称三相正弦量

如图 3.26 所示,三个绕组中都会感应出正弦电压,而且三个电压的振幅相等、频率相同,当它们的参考方向选择为从 A、B、C(称为始端)分别指向 X、Y、Z(称为末端)时,三个电压的相位彼此互差 120°。

若以 $u_A = u_{AX}$ 为参考正弦量,则三个电压可分别表示为

$$\begin{cases} u_A = u_{AX} = U_{pm}\sin(\omega t) \\ u_B = u_{BY} = U_{pm}\sin(\omega t - 120°) \\ u_C = u_{CZ} = U_{pm}\sin(\omega t + 120°) \end{cases} \quad (3.15)$$

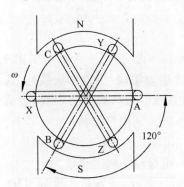

图 3.26 三相交流电的产生

这样的一组电压称为对称三相电压。凡振幅相等、频率相同、相位互差 120° 的三个正弦量,都称

为对称三相正弦量。图 3.27 和图 3.28 分别是对称三相电压的波形图和相量图。

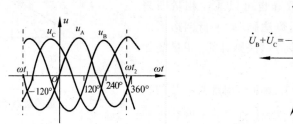

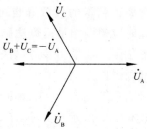

图 3.27　对称三相正弦量的波形图　　　图 3.28　对称三相正弦量的相量图

从波形图也可看出，任意时刻三个正弦电压的瞬时值之和恒等于零，即

$$u_A + u_B + u_C = 0$$

从相量图不难看出，这组对称三相电压的相量之和等于零，即

$$\dot{U}_A + \dot{U}_B + \dot{U}_C = U_P\angle 0° + U_P\angle -120° + U_P\angle 120°$$
$$= U_P + U_P[\cos(-120°) + j\sin(-120°)] + U_P(\cos 120° + j\sin 120°)$$
$$= U_P\left(1 - \frac{1}{2} - j\frac{\sqrt{3}}{2} - \frac{1}{2} + j\frac{\sqrt{3}}{2}\right) = 0$$

能够提供这样一组对称三相电压的电源就是对称三相电源，简称三相电源。

对称三相正弦量达到最大值（或零值）的顺序称为相序。上述 A 相超前于 B 相、B 相超前于 C 相的顺序称为正相序，简称正序。若 A 相滞后于 B 相、B 相滞后于 C 相的顺序称为反相序，简称反序。一般的三相电源都是正序对称的。工程上以黄色、绿色、红色三种颜色分别作为 A、B、C 三相的标志。

图 3.26 所示三相发电装置的每个绕组（称为一相绕组）都可作为一个独立的正弦电源单独向负载供电，这样就需要 6 根输电线，实际上是不采用这种供电方式的。现行的三相电力系统都是把发电机的 3 个绕组（三相电源）按一定方式连接成一个整体向负载供电，因而只需 3 根或 4 根输电线，比它们各自单独供电可节省大量的有色金属。

2. 三相电源的 Y 形连接

三相电源的 Y 形连接是把 3 个绕组的末端连接在一起，而从 3 个始端引出 3 根输电线，如图 3.29(a) 所示。从始端引出的输电线称为端线（也称为火线）。连接 3 个末端的节点 N 称为中点。如果从中点也有输电线引出，则称为中线（也称为零线），这样的供电系统为三相四线制。若无中线，则为三相三线制。

端线与中线之间的电压称为相电压，分别用 u_A、u_B 和 u_C 表示。显然，相电压就是端线所接绕组（电压源）的电压，因而相电压是一组对称三相正弦量。

端线与端线之间的电压称为线电压，分别用 u_{AB}、u_{BC} 和 u_{CA} 表示。根据 KVL 不难求得线电压与相电压的关系，即

$$\dot{U}_{AB}=\dot{U}_A-\dot{U}_B=\dot{U}_A-\dot{U}_A\angle-120$$

$$=\dot{U}_A\left[1-\left(-\frac{1}{2}-j\frac{\sqrt{3}}{2}\right)\right]=\dot{U}_A\left(\frac{3}{2}+j\frac{\sqrt{3}}{2}\right)$$

$$=\sqrt{3}\dot{U}_A\angle 30°$$

同理

$$\dot{U}_{BC}=\sqrt{3}\dot{U}_B\angle 30°$$

$$\dot{U}_{CA}=\sqrt{3}\dot{U}_C\angle 30°$$

可见,对称三相电源连接成 Y 形时,线电压有效值为相电压的$\sqrt{3}$倍;在相位上,线电压超前于相应的相电压 30°。因此,3 个线电压是与相电压同相序的一组对称三相正弦量。

上述线电压与相电压的关系也可通过图 3.29(b)所示的相量图求得。3 个线电压是对称的,而且都超前于相应的相电压 30°;在大小上,线电压的有效值为

$$U_L=2U_P\cos 30°=\sqrt{3}U_P$$

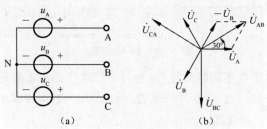

(a)　　　　　　　　(b)

图 3.29　三相电源的 Y 形连接及相量图

对称三相四线制的低压标准,相电压为 220 V,线电压为 $220\sqrt{3}$ V$\approx$380 V。显然,三相四线制供电系统可向负载提供线电压和相电压两组不同的对称三相电压;而三相三线制供电系统只能提供线电压。

例 3.11　Y 形连接的三相电源,线电压 $u_{AB}=380\sqrt{2}\sin(314t)$ V,试写出其他线电压和各相电压的解析式。

解　其他线电压和各相电压分别为

$$u_{BC}=380\sqrt{2}\sin(314t-120°)\text{ V}$$

$$u_{CA}=380\sqrt{2}\sin(314t+120°)\text{ V}$$

$$u_A=220\sqrt{2}\sin(314t-30°)\text{ V}$$

$$u_B=220\sqrt{2}\sin(314t-150°)\text{ V}$$

$$u_C=220\sqrt{2}\sin(314t+90°)\text{ V}$$

例 3.12　三相发电机连接成 Y 形发电。若误将 A 相接反,则线电压是否还

对称？若三相全反，又将如何？

解 本例可用相量图分析。A 相电源反接时的电路如图 3.30(a)所示，根据电路图可画出各线电压的相量图，如图 3.30(b)所示。从相量图可求得 A 相反接时的各线电压分别为

$$\dot{U}_{A'B} = -\dot{U}_A - \dot{U}_B = -\dot{U}_A + (-\dot{U}_B) = \dot{U}_C$$

$$\dot{U}_{BC} = \dot{U}_B - \dot{U}_C = \dot{U}_B + (-\dot{U}_C) = \sqrt{3}\dot{U}_B \angle 30°$$

$$\dot{U}_{CA'} = \dot{U}_C + \dot{U}_A = -\dot{U}_B$$

可见，A 相接反时，除 $\dot{U}_{BC} = \sqrt{3}\dot{U}_B \angle 30°$ 正常外，$\dot{U}_{A'B} = \dot{U}_C$、$\dot{U}_{CA'} = -\dot{U}_B$ 的大小和相位都与正常值相去甚远，所以这一组线电压已经严重不对称了。

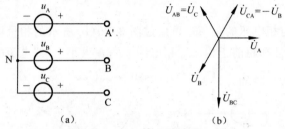

图 3.30　例 3.12 图

若三相全反，则线电压仍然对称，只是每个线电压都与正确连接时反相，如

$$\dot{U}_{A'B'} = -\dot{U}_A - (-\dot{U}_B) = -(\dot{U}_A - \dot{U}_B) = -\dot{U}_{AB} = \dot{U}_{AB} \angle 180°$$

3. 三相电源的△形连接

对称三相电源的△形连接，是把 3 个绕组(电压源)依次首(始端)尾(末端)相连，连接成一个闭合回路，然后从 3 个连接点引出 3 根端线，如图 3.31(a)所示。显然，这种接法只有三线制。

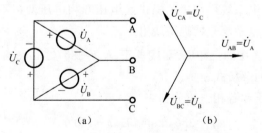

图 3.31　三相电源的△形连接及相量图

从图 3.31 不难看出，△形连接的对称三相电源，其线电压就是相应的相电压，即

$$u_{AB} = u_A, \quad u_{BC} = u_B, \quad u_{CA} = u_C$$

相量图如图 3.31(b)所示。

由于 3 个绕组接成闭合回路,考虑到实际绕组本身有一定的阻抗,设为 Z_{SP},则未接负载时回路中的电流为

$$\dot{I}_S = \frac{\dot{U}_A + \dot{U}_B + \dot{U}_C}{3Z_{SP}} = \frac{0}{3Z_{SP}} = 0$$

可见,接成△形的对称三相电源未接负载时,闭合回路内是没有电流的。

例 3.13　三相发电机接成△形供电。若误将 A 相接反,会产生什么后果?如何使连接正确?

解　图 3.32(a)为 A 相反接的电路,图 3.32(b)为相量图。未接负载时,△形回路内的电流为

$$\dot{I}_S = \frac{-\dot{U}_A + \dot{U}_B + \dot{U}_C}{3Z_{SP}} = \frac{-2\dot{U}_A}{3Z_{SP}}$$

由于此时闭合回路内的总电压为一相电压的 2 倍,而发电机绕组的阻抗一般很小,故一相接反将引起很大的回路电流,使发电机绕组过热而损坏。

为使连接正确,可以按图 3.32(c)将 3 个绕组依次串联后,经一电压表(量程大于 2 倍相电压)闭合,若发电机发电时电压表指示为零,说明连接正确,即可撤去电压表,再将回路闭合。

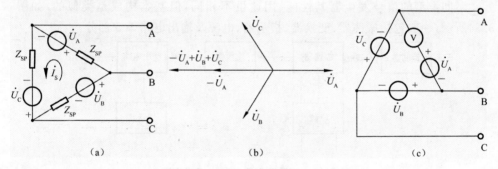

图 3.32　例 3.13 图

思考与练习

(1) 什么是对称三相正弦量?对称三相正弦量之和有什么特点?

(2) 三相电源 Y 形连接时线电压和相电压有怎样的关系?△形连接时情况又如何?如果连接错误会有什么后果?

知识点四　信号源

1. 信号源的用途

信号源是能够产生不同频率、不同幅度的规则或不规则波形的装置,也称为信号发生器。

信号源用于产生被测电路所需特定参数的电信号,如图 3.33 所示。在测试、研究或调试电子电路及设备时,为测定电路的一些电参量,都要求提供符合所定技

术条件的电信号,以模拟在实际工作中使用的被测设备的激励信号。当要求进行系统的稳态特性测量时,需使用振幅、频率已知的正弦信号源。当测试系统为瞬态特性时,又需使用前沿时间、脉冲宽度和重复周期已知的矩形脉冲源,并且要求信号源输出信号的参数,如频率、波形、输出电压或功率等,能在一定范围内进行精确调整,有很好的稳定性,有输出指示。

图 3.33　信号源的用途

2. 信号源的分类

信号源可以根据输出波形的不同,划分为正弦波信号发生器、矩形脉冲信号发生器、函数信号发生器和随机信号发生器等四大类。正弦信号是使用最广泛的测试信号。这是因为产生正弦信号的方法比较简单,而且用正弦信号测量比较方便。正弦信号源又可以根据工作频率范围的不同划分为若干种。

3. 信号源的基本组成

不同类型的信号发生器其性能、用途虽不相同,但基本构成是类似的,如图3.34所示,一般包括振荡器、变换器、指示器、电源及输出电路等 5 部分。

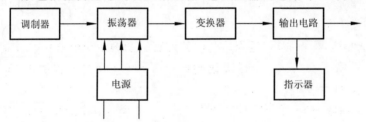

图 3.34　信号发生器的基本组成框图

1)振荡器

振荡器是信号发生器的核心部分,由它产生各种不同频率的信号,通常是正弦波振荡器或自激脉冲发生器。它决定了信号发生器的一些重要工作特性,如工作频率范围、频率的稳定度等。

2)变换器

变换器可以是电压放大器、功率放大器或调制器、脉冲形成器等,它将振荡器的输出信号进行放大或变换,进一步提高信号的电平并给出所要求的波形。

3)输出电路

输出电路为被测设备提供所要求的输出信号电平或信号功率,包括调整信号输出电平和输出阻抗的装置,如衰减器、匹配用阻抗变换器、射极跟随器等电路。

4. 信号发生器的主要技术指标

1) 频率特性

(1) 有效频率范围:各项指标均能得到保证时的输出频率范围称为信号发生器的有效频率范围。

(2) 频率准确度:是指输出信号频率的实际值 f 与其标称值 f_0 的相对偏差,其表达式为

$$\alpha = \frac{f - f_0}{f_0} = \frac{\Delta f}{f_0}$$

(3) 频率稳定度:频率短期稳定度为信号发生器经规定的预热时间后,频率在规定的时间间隔内的最大变化,表示为

$$\delta = \frac{f_{max} - f_{min}}{f_0}$$

(4) 频谱纯度:对于正弦信号发生器,频谱纯度也是其重要指标之一。

2) 输出特性

(1) 输出电平:包括输出电平范围和输出电平准确度。输出电平范围是指输出信号幅度的有效范围,也就是信号发生器的最大和最小输出电平的可调范围,通常采用有效值来度量。

(2) 输出电平的频率响应:是指在有效频率范围内调节频率时,输出电平的变化情况,也就是输出电平的平坦度。

(3) 谐波失真

$$\gamma = \frac{\sqrt{U_2^2 + U_3^2 + \cdots + U_n^2}}{U_1} \times 100\%$$

其中,U_1 为输出信号基波的有效值(或幅值)。

(4) 输出阻抗:输出阻抗的高低随信号发生器类型而异。低频信号发生器一般有 $50\ \Omega$、$600\ \Omega$、$5\ k\Omega$ 等几种不同的输出阻抗,而高频信号发生器一般只有 $50\ \Omega$(或 $75\ \Omega$)不平衡输出,在使用高频信号发生器时,要注意阻抗的匹配。

(5) 输出波形:是指信号发生器所能输出信号的波形。

3) 调制特性

许多信号源还包含调制功能。如高频信号发生器,一般还具有输出一种或多种调制信号的能力,通常为调幅和调频信号,有些还带有调相、脉冲调制、数字调制等功能。调制特性包括调制的种类、频率、调幅系数或最大频偏及调制线性等。

自学与拓展一 函数信号发生器

1. 函数信号发生器的基本组成与原理

(1) 脉冲式函数信号发生器原理框图如图 3.35 所示。

(2) 正弦式函数信号发生器原理框图如图 3.36 所示。

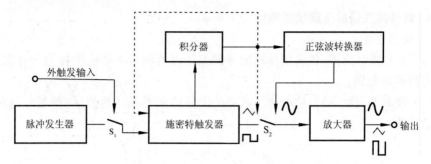

图 3.35　脉冲式函数信号发生器原理框图

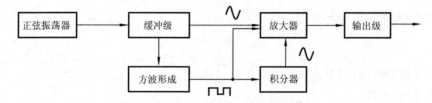

图 3.36　正弦式函数信号发生器原理框图

(3) 三角波式函数发生器原理框图如图 3.37 所示。

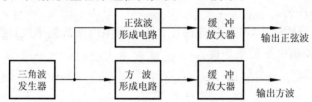

图 3.37　三角波式函数信号发生器原理框图

2. 函数信号发生器的主要性能指标

对于函数信号发生器,有以下几个性能指标。

(1) 输出波形:通常有正弦波、方波、脉冲和三角波等波形,有的还具有锯齿波、斜波、TTL 同步输出及单次脉冲输出等。

(2) 频率范围:函数发生器的整个工作频率范围一般分为若干频段,如 1～10 Hz、10～100 Hz、100 Hz～1 kHz、1 kHz～10 kHz、10 kHz～100 kHz、100 kHz～1 MHz 等波段。

(3) 输出电压:对于正弦信号,一般指输出电压的峰-峰值,通常可达 $10U_{P-P}$ 以上;对于脉冲数字信号,包括 TTL 和 CMOS 输出电平。

(4) 波形特性:不同波形有不同的表示法。正弦波的特性一般用非线性失真系数表示,一般要求不大于 3%;三角波的特性用非线性系数表示,一般要求不大于 2%;方波的特性参数是上升时间,一般要求不大于 100 ns。

(5) 输出阻抗:函数输出 50 Ω,TTL 同步输出 600 Ω。

自学与拓展二 脉冲信号发生器

1. 矩形脉冲信号

矩形脉冲信号如图 3.38 所示。

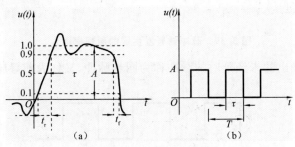

图 3.38 矩形脉冲信号

矩形脉冲信号有以下基本参数。

（1）脉冲振幅 A：脉冲顶量值与底量值之差。

（2）上升时间 t_r：由 10% 电平处上升到 90% 电平处所需的时间，也称为脉冲前沿。

（3）下降时间 t_f：由 90% 电平处下降到 10% 电平处所需的时间，也称为脉冲后沿。

（4）脉冲宽度 τ（或 t_w）：脉冲宽度本应指脉冲出现后所持续的时间，但是，由于脉冲波形差异很大，顶部和底部宽度并不一致，所以定义脉冲宽度为前后沿 50% 电平处的宽度。

（5）脉冲周期和重复频率如图 3.38(b) 所示。

（6）脉冲的占空系数 ε：脉冲宽度 τ 与脉冲周期 T 的比值称为占空系数或占空比，即 $\varepsilon = \tau / T$。

2. 脉冲信号发生器的分类

按照频率范围来分，脉冲信号发生器有射频脉冲信号发生器和视频脉冲信号发生器两种。

前者一般是高频或超高频信号发生器受矩形脉冲的调制而获得的，而常用的脉冲信号发生器都是以产生矩形脉冲为主的视频脉冲信号发生器。

按照用途和产生脉冲的方法不同，脉冲信号发生器可分为通用脉冲发生器、快沿脉冲发生器、函数信号发生器、特种脉冲发生器等。

3. 脉冲信号发生器的组成与基本原理

一台基本的脉冲信号发生器，其原理方框图如图 3.39 所示，包括主振级、延迟级、脉宽形成级、整形级、输出级等部分。

（1）主振级是脉冲信号源的核心，决定输出脉冲的重复频率，要求有良好的调节性能，较高的频率稳定度，宽的频率范围，陡峭的前后沿和足够的幅度。

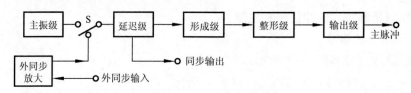

图 3.39 脉冲信号发生器的原理框图

（2）主振级输出的未经延时的脉冲称为同步脉冲，又称为前置脉冲，如图 3.40 所示。

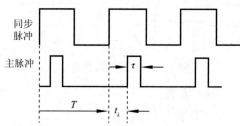

图 3.40 同步脉冲与主脉冲

任务二 常用电子元器件的识别与检测

知识点一 电阻元件

1. 电阻特性

电阻元件是实际电阻器的理想化，是代表电路中消耗电能这一现象的理想二

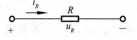

图 3.41 电阻元件的图形符号

端元器件。电流通过电阻元件时要消耗电能，因而电场力要对电流（正电荷的移动）做功，元件两端沿电流的方向就会有电压。其电压和电流的实际方向总是一致的，两者同时增大、同时减小，同时存在、也同时消失。因此，电阻元件也称为即时元件。其图形符号如图 3.41 所示。

2. 伏安特性

电阻元件的电压和电流的关系（Voltage Current Relationship），即 VCR，可用以电流为横坐标、电压为纵坐标的直角坐标平面上的曲线来表示。如果 VCR 曲线是一条过原点的直线（见图 3.42），这样的电阻元件称为线性电阻元件。通常所说的电阻元件多指线性电阻元件。显然，线性电阻元件的电压与电流成正比，在关联方向下可表示为

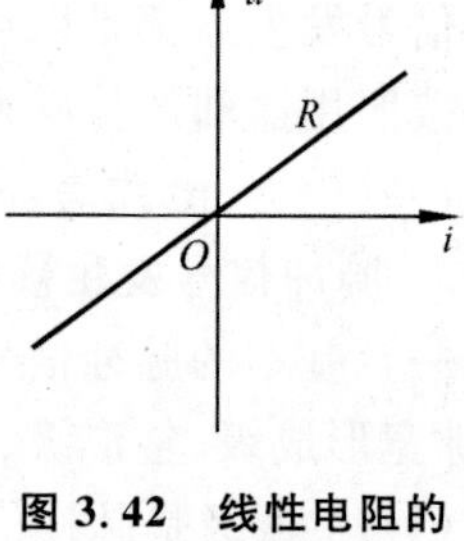

$$u_R = R i_R \tag{3.16a}$$

图 3.42 线性电阻的 VCR 曲线

式(3.16a)就是我们所熟悉的欧姆定律的数学形式。只有线性电阻元件才遵循欧姆定律。比例系数

$$R = \frac{u_R}{i_R}$$

为不小于零的常量,称为电阻,它是反映电阻元件对电流的阻碍作用的参数。

电阻的 SI 单位为欧[姆],符号为 Ω,$1\ \Omega = 1\ V/A$。欧姆(Ω)的十进制倍数单位千欧($k\Omega$)和兆欧($M\Omega$)也是常用的电阻单位,它们和欧姆(Ω)的关系为

$$1\ k\Omega = 10^3\ \Omega$$

$$1\ M\Omega = 10^6\ \Omega$$

当电压、电流的参考方向非关联时,欧姆定律应表示为

$$u_R = -Ri_R \tag{3.16b}$$

电阻的倒数称为电导,用 G 表示,即

$$G = \frac{1}{R}$$

电导也是表征电阻元件特性的参数,它反映电阻元件导电"能力"的大小,其 SI 单位为西门子(S),$1S = 1\ \Omega^{-1}$。欧姆定律也可用电导表示成

$$i_R = \pm Gu_R \tag{3.17}$$

用式(3.17)计算时,若电压、电流的参考方向关联,则等号右边取"+"号;否则,取"−"号。

电阻元件(或电阻器)也常简称电阻。所以,电阻一词,有时是指电阻元件(或电阻器),有时则是指电阻元件(或电阻器)的参数 R。

3. 电阻元件的功率

若选择电压、电流的参考方向关联,则由式(3.16)和式(3.17)可得电阻元件的功率

$$p_R = Ri_R^2 = Gu_R^2 \tag{3.18}$$

式(3.18)表明,电阻元件的吸收功率恒为正值,而与电压、电流的参考方向无关。这是必然的,作为耗能元器件,只要有电流通过电阻,无论电流的方向如何,它都要吸收功率。

例 3.14 求图 3.43 所示电阻元件的电压 U,若

(1) $G = 10^{-2}\ S, I = -2.5\ A$;

(2) $R = 40\ \Omega, P = 40\ W$;

(3) $I = 2.5\ A, P = 500\ W$。

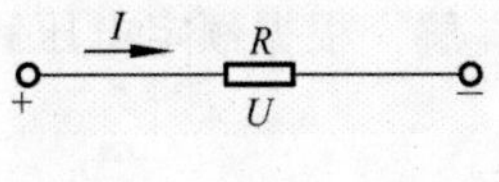

图 3.43　例 3.14 图

解 (1) 由式(3.17)得

$$U = \frac{I}{G} = \frac{-2.5}{10^{-2}}\ V = -250\ V$$

电流为负值,说明电流的实际方向与图示关联参考方向相反;但电阻的电压与

电流实际方向总是一致的,因而电压的实际方向也应与图示关联参考方向相反。所以,电压为负值。

(2) 由式(3.18)得

$$U = \pm \sqrt{PR} = \pm \sqrt{40 \times 40} \ V = \pm 40 \ V$$

电阻元件是耗能元件,无论其电压的方向如何,它都要吸收功率。因此,不管怎样选择参考方向,电压值为正或负都是合理的。

(3) 由式(3.18)得

$$U = \frac{P}{I} = \frac{500}{2.5} \ V = 200 \ V$$

4. 电阻器及其额定功率、额定值

实际电阻器,包括各种以消耗电能为主要特征的电热设备,通常都可用电阻元件作为模型。但须注意,实际电阻器的功率都有一个限度,称为额定功率。如果吸收功率超过额定功率,电阻器会过热甚至烧毁。例如,一个 100 Ω、5 W 的电阻器,其额定功率是 5 W,也就是最多只能吸收 5 W 功率。如果误接到 220 V 的电源上,它被迫吸收的功率为

$$p = \frac{220^2}{100} \ W = 484 \ W$$

远远超过额定功率,它会立刻冒烟、起火。所以,选用电阻器不仅要看它的标称阻值是否合适,尤其要注意它的功率不可超过额定值。

有些耗能的电器产品并未标明其电阻值,如白炽灯上标出 220 V、40 W,是指灯泡在 220 V 额定电压下工作时,消耗的额定功率为 40 W。

额定功率、额定电压、额定电流等,都称为额定值。额定值是产品的生产厂家为产品规定的工作条件。不只是耗能的电器产品有额定值,各种电气设备都有额定值。它们都只有在额定条件下工作,才能发挥其正常性能。否则,或其性能会打折扣;或造成设备的损坏,甚至危及人身安全。

例 3.15 试计算 220 V、40 W 的白炽灯分别误接 110 V 和 380 V 电压时的实际功率,并说明其后果(假设灯丝电阻不随电压变化)。

解 根据额定电压和额定功率可算得灯丝的电阻为

$$R = \frac{220^2}{40} \ \Omega = 1210 \ \Omega$$

接 110 V 电压时,白炽灯的实际功率为

$$P' = \frac{110^2}{1210} \ W = 10 \ W$$

由于电压过低,此时白炽灯不能正常发光。

接 380 V 电压时白炽灯的实际功率为

$$P'' = \frac{380^2}{1210} \text{ W} = 119.3 \text{ W}$$

由于电压过高,实际功率超过额定功率近 2 倍,所以白炽灯立刻被烧毁。

自学与拓展一　导电材料的电阻温度系数

在物理课中学过,一定温度下,金属导体的电阻为

$$R = \rho \frac{l}{S}$$

其中,l 和 S 分别为导体的长度和横截面积;ρ 为导体的电阻率。常用导电(电阻)材料的电阻率如表 3.1 所示。

表 3.1　常用导电材料的电阻率和电阻温度系数

材料名称	电阻率 ρ $(\Omega \cdot \text{mm}^2/\text{m})$ 20 ℃	电阻温度系数 $\alpha(1/℃)$ 0~100 ℃	材料名称	电阻率 ρ $(\Omega \cdot \text{mm}^2/\text{m})$ 20 ℃	电阻温度系数 $\alpha(1/℃)$ 0~100 ℃
银	0.0162	0.0038	康铜	0.49	0.000008
铜	0.0175	0.00393	锰铜	0.42	0.000005
铝	0.028	0.004	黄铜	0.07	0.002
钨	0.0548	0.0052	镍铬合金	1.1	0.00016
低碳钢	0.13	0.0057	铂	0.106	0.00389
铸铁	0.5	0.001	碳	3465	−0.0005

当金属导体的温度升高时,实验证明,其电阻随之增大。这是由于金属导体分子的热运动加剧,对自由电子有规则运动的阻碍作用增大的缘故。要维持一定的电流,电场力必须做更多的功,导体两端也就必须加更大的电压。

设导体的电阻在温度 t_1 时为 R_1,t_2 时为 R_2,则当温度从 t_1 变到 t_2 时,电阻的相对变化量为 $(R_2 - R_1)/R_1$。实验证明,在 0~100 ℃ 的范围内,金属导体电阻的相对变化量与温度变化量成正比,即

$$\frac{R_2 - R_1}{R_1} = \alpha(t_2 - t_1) \tag{3.19}$$

其中,比例系数 α 为常数,称为电阻温度系数,在数值上等于温度升高 1 ℃ 时导体电阻的相对变化量。α 的单位为 1/℃。

不同导电材料的温度系数一般不相同。表 3.1 列出了几种常用导电材料的电阻温度系数。

从表 3.1 可见,康铜、锰铜、镍铬合金等材料的电阻温度系数很小,其温度稳定性好,适合于制作标准电阻器及电工仪表中的分流电阻等。

碳的电阻温度系数为负值,说明温度升高时其电阻值减小。除碳以外,各种半导体和电解液的温度系数也是负值。这是因为温度升高时,这些材料中可以自由移动的电荷增多,因而在一定的电压之下电流增大,也就是电阻减小。用半导体制作的热敏电阻,可用于补偿电路中某些元器件由温度引起的变化。

例 3.16 电动机的主磁极绕组在 $t=20$ ℃时的电阻为 0.00809 Ω,电动机运行 2 h 后测得该绕组的电阻值为 0.01000 Ω,求此时电动机主绕组的温度。

解 绕组材料是铜,查表 3.1 知铜的电阻温度系数为 $\alpha=0.00393/℃$ 。由式(3.19)变换得

$$t_2=\frac{R_2-R_1}{\alpha R_1}+t_1=\left(\frac{0.01000-0.00809}{0.00393\times0.00809}+20\right)℃$$

$$=(60+20)℃=80℃$$

自学与拓展二 电阻器

1. 电阻的型号命名方法

国产电阻器的型号由以下四部分组成。

第一部分:主称,用字母表示,表示产品的名字。如 R 表示电阻,W 表示电位器。

第二部分:材料,用字母表示,表示电阻器由什么材料组成。T 表示碳膜,H 表示合成碳膜,S 表示有机实心,N 表示无机实心,J 表示金属膜,Y 表示氮化膜,C 表示沉积膜,I 表示玻璃釉膜,X 表示线绕。

第三部分:分类,一般用数字表示,个别类型用字母表示,表示产品属于什么类型。1 表示普通,2 表示普通,3 表示超高频,4 表示高阻,5 表示高温,6 表示精密,7 表示精密,8 表示高压,9 表示特殊,G 表示高功率,T 表示可调。

第四部分:序号,用数字表示,表示同类产品中不同品种,以区分产品的外型尺寸和性能指标等。

如 RT11 型表示普通碳膜电阻。

2. 电阻器的分类

(1) 线绕电阻器包括通用线绕电阻器、精密线绕电阻器、大功率线绕电阻器、高频线绕电阻器。

(2) 薄膜电阻器包括碳膜电阻器、合成碳膜电阻器、金属膜电阻器、金属氧化膜电阻器、化学沉积膜电阻器、玻璃釉膜电阻器、金属氮化膜电阻器,如图 3.44(a)至图 3.44(e)所示。

(3) 实心电阻器包括无机合成实心碳质电阻器、有机合成实心碳质电阻器,如图 3.44(f)所示。

(4) 敏感电阻器包括压敏电阻器、热敏电阻器、光敏电阻器、力敏电阻器、气敏

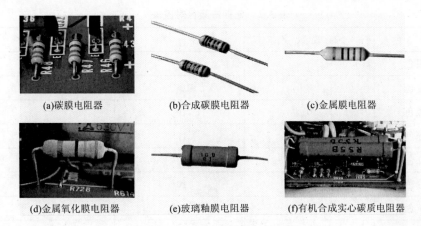

(a)碳膜电阻器　　　(b)合成碳膜电阻器　　　(c)金属膜电阻器

(d)金属氧化膜电阻器　　(e)玻璃釉膜电阻器　　(f)有机合成实心碳质电阻器

图 3.44　几种不同类型的电阻器

电阻器、湿敏电阻器,如图 3.45 所示。

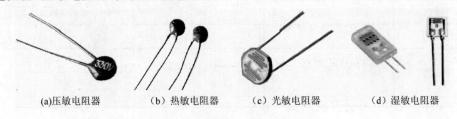

(a)压敏电阻器　　　(b) 热敏电阻器　　　(c) 光敏电阻器　　　(d) 湿敏电阻器

图 3.45　几种不同的敏感电阻器

3. 电阻器电阻值标示方法

(1)直标法:用数字和单位符号在电阻器表面标出电阻值,其允许误差直接用百分数表示,若电阻器上未注偏差,则均为±20%。

(2)文字符号法:用阿拉伯数字和文字符号两者有规律的组合来表示标称阻值,其允许偏差也用文字符号表示。符号前面的数字表示整数电阻值,后面的数字依次表示第一位小数电阻值和第二位小数电阻值。

文字符号:D、F、G、J、K、M 分别表示允许偏差分别为 ±0.5%、±1%、±2%、±5%、±10%、±20%。

(3)数码法:在电阻器上用 3 位数码表示标称值的标志方法。数码从左到右,第一、二位为有效值,第三位为指数,即零的个数,单位为欧。偏差通常采用文字符号表示。

(4)色标法:用不同颜色的带或点在电阻器表面标出标称阻值和允许偏差,如表 3.2 所示。国外电阻器大部分采用色标法。黑色表示标称阻值为 0,棕色表示标称阻值为 1,红色表示标称阻值为 2,橙色表示标称阻值为 3,黄色表示标称阻值为 4,绿色表示标称阻值为 5,蓝色表示标称阻值为 6,紫色表示标称阻值为 7,灰色表

表 3.2　色标法颜色对照表

颜　色	有 效 数 字	倍　乘	允 许 误 差
银色	—	10^{-2}	±10%
金色	—	10^{-1}	±5%
黑色	0	10^0	—
棕色	1	10^1	±1%
红色	2	10^2	±2%
橙色	3	10^3	
黄色	4	10^4	
绿色	5	10^5	±0.5%
蓝色	6	10^6	±0.25%
紫色	7	10^7	±0.1%
灰色	8	10^8	—
白色	9	10^9	±5% −20%
无色	—		±20%

示标称阻值为 8,白色表示标称阻值为 9,金色表示允许偏差为±5%,银色表示允许偏差为±10%,无色表示允许偏差为±20%。当电阻器为四环时,最后一环必为金色或银色,前两位为有效数字,第三位为乘方数,第四位为偏差。当电阻器为五环时,最后一环与前面四环距离较大,前三位为有效数字,第四位为乘方数,第五位为偏差。

知识点二　电感元件

1. 电感器和电感元件

电磁感应定律指出:当穿过某一导电回路所围面积的磁通 Φ 发生变化时,回路中即产生感应电动势。如果选择 Φ 与感应电动势 e 的参考方向符合右手螺旋关系,如图 3.46 所示,则对单匝线圈来说,感应电动势为

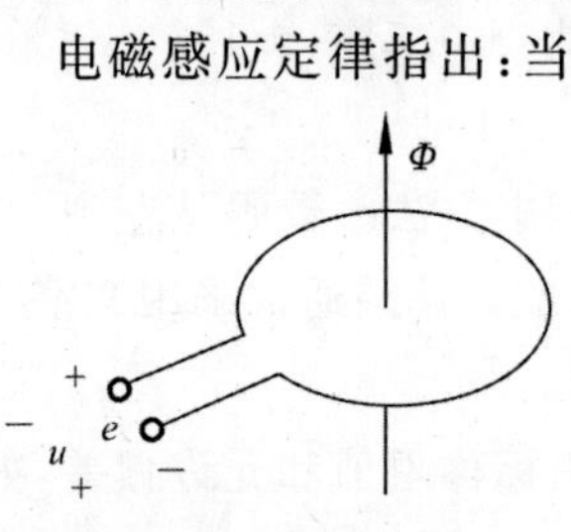

$$e=-\frac{d\Phi}{dt}$$

其中,磁通的单位为 Wb;时间的单位为 s;电动势的单位为 V。

图 3.46　单匝线圈

若线圈的匝数为 N,且穿过各匝的磁通均为 Φ,如图 3.47 所示,则感应电动

势为

$$e = -N\frac{\mathrm{d}\Phi}{\mathrm{d}t} = -\frac{\mathrm{d}\Psi}{\mathrm{d}t} \qquad (3.20)$$

其中，$\Psi = N\Phi$ 称为与线圈交链的磁链，它的单位与磁通相同。

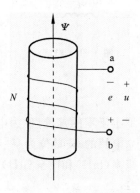

图 3.47 多匝线圈

感应电动势在线圈的两端产生电压，称为感应电压。若选择感应电压 u 的参考方向与 e 相同，也和磁通 Φ 的参考方向符合右手螺旋关系，则当外电路开路时，图 3.47 所示单匝线圈两端的电压为

$$u = -e = -\left(-\frac{\mathrm{d}\Phi}{\mathrm{d}t}\right) = \frac{\mathrm{d}\Phi}{\mathrm{d}t}$$

而图 3.47 所示多匝线圈两端的感应电压则为

$$u = N\frac{\mathrm{d}\Phi}{\mathrm{d}t} = \frac{\mathrm{d}\Psi}{\mathrm{d}t} \qquad (3.21)$$

用导线绕制的各种线圈，又称为电感器，也是实际电路中常用的元器件之一。如日光灯的镇流器、收音机的天线线圈等，都是电感器。当电感器的导线中有电流通过时，电感器的内部及其周围都要产生磁场，并存储磁场能量，这是电感器的主要电磁性质。如果忽略其他次要性质，电感器即被理想化而成为电感元件。所以，电感元件是代表电感器主要电磁性质的理想二端元器件。

当线圈有电流通过时，电流在该线圈内产生的磁通称为自感磁通。图 3.48 中，Φ_L 即表示电流 i_L 产生的自感磁通，Φ_L 与 i_L 的方向符合右手螺旋定则。假设线圈的匝数为 N，且穿过线圈每一匝的自感磁通都是 Φ_L，则 $\Psi_L = N\Phi_L$ 称为（电流 i_L 产生的）自感磁链。自感磁链 Ψ_L 与电流 i_L 之间的关系，可用以 i_L 为横坐标、Ψ_L 为纵坐标的直角坐标平面内的曲线来表示，称为 Ψ-i 特性。如果电感元件的 Ψ-i 特性是一条过原点的直线，如图 3.49 所示，则该电感元件称为线性电感元件；否则称为非线性电感元件。空心线圈（没有铁芯的线圈就是空心线圈）的 Ψ-i 特性就是直线，如果其电阻可以忽略，则可看成是线性电感元件。线性电感元件的图形符号如图 3.50 所示。

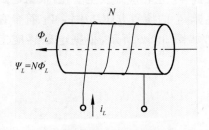

图 3.48 电流产生自感磁链

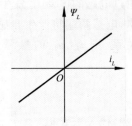

图 3.49 线性电感元件的 Ψ-i 曲线

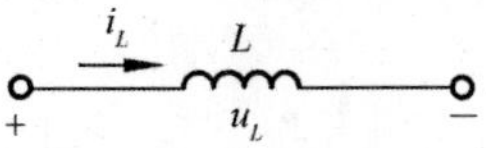

图 3.50 电感

由图 3.49 不难看出,线性电感元件的自感磁链 Ψ_L 与电流 i_L 成正比,即

$$\Psi_L = Li_L \tag{3.22}$$

比例系数

$$L = \frac{\Psi_L}{i_L} \tag{3.23}$$

为不小于零的常量,称为电感系数或自感系数,简称电感。

电感的 SI 单位为亨[利],符号为 H,1 H=1 Wb/A。亨[利]的十进制分数单位毫亨(mH)和微亨(μH)也是常用的电感单位,它们和亨利的关系为

$$1 \text{ mH} = 10^{-3} \text{ H}, \quad 1 \text{ } \mu\text{H} = 10^{-6} \text{ H}$$

电感元件和电感器也简称电感。所以,电感一词有时是指电感元件,有时则是指电感元件或电感器的参数 L。

选用电感器,除了要看它的标称电感值是否合适,还应注意其额定工作电流。如果工作电流长时间超过额定电流,会使电感器过热甚至烧毁。

电感器的电感,与线圈的形状、尺寸、匝数及周围的介质都有关系。形状、尺寸、匝数完全相同的线圈,当介质不同时,电感也不相同。由于磁导率相差悬殊,铁芯线圈的电感远大于空心线圈,且不是常数,因而是非线性的。

电感器俗称线圈,是由导线一圈一圈地绕在绝缘管上,导线彼此互相绝缘,而绝缘管可以是空心的,也可以包含铁芯或磁粉芯,简称电感。电感器常用于以下场合:

(1)作为滤波线圈阻止交流干扰;

(2)作为谐振线圈与电容组成谐振电路;

(3)在高频电路中作为高频信号的负载;

(4)制成变压器传递交流信号;

(5)利用电磁的感应特性制成磁性元器件。

常用的电感线圈如图 3.51 所示。

2. 电感元件的 VCR 和储能

当通过电感的电流 i_L 发生变化时,自感磁链 Ψ_L 也相应地发生变化,根据电磁感应定律,电感两端将产生自感电压 u_L。若选择 u_L 的参考方向和磁链 Ψ_L 符合右手螺旋关系,则 i_L、u_L 的参考方向彼此关联,如图 3.52 所示,根据电磁感应定律,有

$$u_L = \frac{\mathrm{d}\Psi_L}{\mathrm{d}t}$$

以式(3.22)代入上式得

$$u_L = L\frac{\mathrm{d}i_L}{\mathrm{d}t} \tag{3.24}$$

(a)空心线圈

(b)磁棒线圈

(c)磁环线圈

(d)固定色环电感

(e)偏转线圈

图 3.51 常用电感线圈

这就是关联参考方向下电感元件的 VCR。

式(3.24)表明,电感元件的电压与其电流的变化率成正比。只有当电流变化时,电感元件两端才会有电压。因此,电感元件也称为动态元件。特别当电流值为正且增大时,电压值为正,两者实际方向相同;当电流值为正但减小时,电压值为负,两者实际方向相反。直流稳态情况下,电流不随时间变化,磁通也不会变化,电感中虽有电流,但其两端电压等于零。因而在直流稳态电路中电感元件相当于短路。

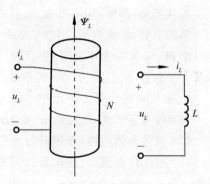

图 3.52 电压、电流和磁链的参考方向

如果 u_L、i_L 的参考方向非关联,则电感元件的 VCR 为

$$u_L = -L \frac{\mathrm{d}i_L}{\mathrm{d}t} \tag{3.25}$$

如上所述,电感元件有电流通过时,电流在线圈内及其周围建立起磁场,并存储磁场能量。因此,电感元件也是一种储能元件。

由电感元件的 VCR 可得电感元件的瞬时功率,即

$$p_L = u_L i_L = L i_L \frac{\mathrm{d}i_L}{\mathrm{d}t}$$

设 $t=0$ 瞬间电感元件的电流为零,经过时间 t 电流增至 i_L,则任意时刻 t 电感元件存储的磁场能量为

$$w_L = \int_0^t p_L \mathrm{d}t = \int_0^t L i_L \frac{\mathrm{d}i_L}{\mathrm{d}t}\mathrm{d}t = \int_0^{i_L} L i_L \mathrm{d}i_L = \frac{1}{2}L i_L^2 \Big|_0^{i_L}$$

所以

$$w_L = \frac{1}{2}L i_L^2 \qquad\qquad (3.26)$$

其中,若电感 L 的单位为 H,电流 i_L 的单位为 A,则 w_L 的单位为 J。

式(3.26)表明,对于给定的电感 L,其储能 $w_L \propto i_L^2$,因此,只要有电流通过它,无论电流的方向如何,它都会存储一定的磁场能量;此外,当电流 i_L 一定时,$w_L \propto L$,L 越大,存储的磁场能量越多,因此,电感 L 也反映了电感元件存储能量的"本领"。

自学与拓展 电感器

1. 电感器的型号命名方法

它由四部分组成,各部分的含义如下。

第一部分:主称,用字母表示,其中,L 表示电感线圈,ZL 表示阻流圈。

第二部分:特征,用字母表示,其中,G 表示高频。

第三部分:类型,用字母表示,其中,X 表示小型。

第四部分:区别代号,用数字或字母表示。

例如,LGX 型为小型高频电感线圈。应指出的是,目前固定电感线圈的型号命名方法各有不同,尚无统一的标准。

2. 电感器的分类

(1) 按电感形式,电感器分为固定电感、可变电感。

(2) 按导磁体性质,电感器分为空芯线圈、铁氧体线圈、铁芯线圈、铜芯线圈。

(3) 按工作性质,电感器分为天线线圈、振荡线圈、扼流线圈、陷波线圈、偏转线圈。

(4) 按绕线结构,电感器分为单层线圈、多层线圈、蜂房式线圈。

3. 电感器电感量的标示方法

(1) 直标法:是将电感的标称电感量用数字和文字符号直接标在电感器上,电感量单位后面的字母表示偏差。如 L10J,L 表示电感代号,10 表示标称电感量为 10 μH,J 表示允许误差。"J"表示允许误差为 $\pm 5\%$,"K"表示允许误差为 $\pm 10\%$,"M"表示允许误差为 $\pm 20\%$。

(2) 文字符号法:将电感的标称值和偏差值用数字和文字符号法按一定的规律组合标示在电感器上。采用文字符号法表示的电感通常是一些小功率电感,单位通常为 nH 或 μH。当用 μH 作单位时,"R"表示小数点;当用"nH"作单位时,"N"表示小数点。如 R91 表示电感量为 0.91 μH。

(3) 色标法:在电感表面涂上不同的色环来表示电感量(与电阻类似),通常用

3 个或 4 个色环表示。识别色环时,紧靠电感器一端的色环为第一环,露出电感器本色较多的另一端为末环。注意:用这种方法读出的色环电感量,默认单位为微亨（μH）。

例 3.17 如图 3.53 至图 3.56 所示,求各电感器的电感。

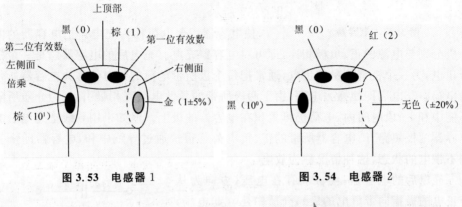

图 3.53 电感器 1 图 3.54 电感器 2

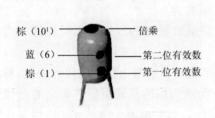

图 3.55 电感器 3

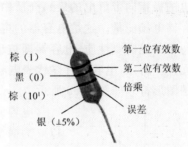

图 3.56 电感器 4

解 (1) $L = (10 \times 10) \times (1 \pm 5\%)$ μH $= 100(1 \pm 5\%)$ μH;

(2) $L = (20 \times 1) \times (1 \pm 20\%)$ μH $= 20(1 \pm 20\%)$ μH;

(3) $L = (16 \times 20) \times (1 \pm 20\%)$ μH $= 160(1 \pm 20\%)$ μH;

(4) $L = (10 \times 10^1) \times (1 \pm 5\%)$ μH $= 100(1 \pm 5\%)$ μH。

思考与练习

(1) 相对导磁系数为 8000 的硅钢片,其导磁系数为多少?

(2) 为什么电感元件也称为动态元件?为什么电感元件在直流电路中相当于短路?

知识点三 电容元件

1. 电容器和电容元件

电容器是实际电路中常用的元器件之一。无线电和通信系统中的调谐、耦合、滤波、移相等电路都离不开电容器;电力系统中利用电容器可实现电压的调整和功率因数的改善等。

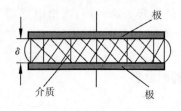

图 3.57 电容器

电容器,顾名思义就是电荷的容器,它具有容纳(积聚)电荷的功能。电容器由 2 个互相靠近而又彼此绝缘的导体构成,这 2 个导体称为电容器的极或极板,它们之间的绝缘物质称为电介质,如图 3.57 所示。

使电容器积聚电荷称为充电。把电容器的两个极分别与电源的正、负极相连,即可对电容器充电。充电后的电容器总是一个极带正电,另一个极带等量的负电,通常把每个极所带电荷的绝对值称为电容器所带的电荷。充电后即使撤去电源,由于两极所带的异性电荷互相吸引,又为介质所隔不能中和,一段时间内,电荷仍可聚积在电容器的极上。但如果用导线把充电后的电容器两极短路,则电容器所带的正、负电荷将很快通过导线中和,电容器即恢复到不带电的状态,这种情况称为放电。

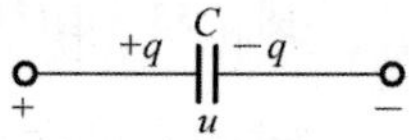

充电后的电容器,两极间存在电压(方向为从带正电的极指向带负电的极),介质中建立起电场,并且存储电场能量。这是电容器的主要电磁性质。如果忽略其他次要性质,电容器即被理想化而成为

图 3.58 电容元件的图形符号

电容元件。所以,电容元件是代表电容器主要电磁性质的理想二端元器件。电容元件的图形符号如图 3.58 所示。

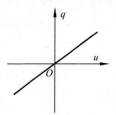

图 3.59 线性电容元件的 q-u 特性

电容元件所带的电荷 q 与电压 u 之间的关系,可用以 u 为横坐标、q 为纵坐标的直角坐标平面内的曲线来表示,称为 q-u 特性。如果电容元件的 q-u 特性是一条过原点的直线,如图 3.59 所示,则该电容元件称为线性电容元件。本书只涉及线性电容元件。今后所说的电容元件,都是指线性电容元件。

由图 3.59 不难看出,线性电容元件所带的电荷 q 与电压 u 成正比,即

$$q = Cu \tag{3.27}$$

比例系数

$$C = \frac{q}{u} \tag{3.28}$$

为不小于零的常量,称为电容量,简称电容。显然,C 在数值上等于电容元件在单位电压下所带的电荷,它反映电容元件容纳电荷的"本领"。

电容的 SI 单位为法[拉],符号为 F,1 F = 1 C/V。实际上常用的电容单位是法[拉]的十进制分数单位微法(μF)和皮法(pF),它们和法[拉](F)的换算关系为

$$1\ \mu\text{F} = 10^{-6}\ \text{F}, \quad 1\ \text{pF} = 10^{-12}\ \text{F}$$

电容元件(或电容器)也常简称电容。所以电容一词,有时是指电容元件(或电容器),有时则是指电容元件(或电容器)的参数 C。

选用电容器不仅要看它的标称容量是否合适,还须注意它的额定工作电压是多少。额定工作电压俗称耐压。如果电容器的实际电压超过耐压太多,其介质会被击穿而导电,电容器也就丧失了其容纳电荷的功能。

电容器的电容,与电容器极板的形状、尺寸、相对位置及介质的种类都有关系。平板电容器是常见的电容器之一。可以证明,平板电容器的电容为

$$C = \frac{\varepsilon S}{d} \tag{3.29}$$

其中,S 表示两极板的正对面积;d 为两极板的距离;ε 是与介质有关的系数,称为介电常数。真空的介电常数用 ε_0 表示,$\varepsilon_0 = 8.85 \times 10^{-12}$ F/m。

某种介质的介电常数 ε 与真空的介电常数 ε_0 之比

$$\varepsilon_r = \frac{\varepsilon}{\varepsilon_0} \tag{3.30}$$

称为相对介电常数。相对介电常数是一个纯数,如空气的相对介电常数 $\varepsilon_r = 1$,蜡纸的 $\varepsilon_r = 4.3$,云母的 $\varepsilon_r = 7$ 等。形状、尺寸完全相同的电容器,以云母为介质时,电容量可达到以空气为介质的 7 倍。可见,在尺寸受限制的情况下,要使电容器有较大的电容,应尽可能选用 ε_r 大的介质来制造电容器。

电容器的种类很多。按介质分,有纸质电容器、云母电容器、瓷介电容器、电解电容器等;按极板形状分,有平板电容器、圆柱形电容器等。除了电容量一定的固定电容器之外,还有电容量可在一定范围内调节的可变电容器和半可变电容器。这些都是人工制造的电容器。常用电容器如图 3.60 所示。实际电路中还会不同

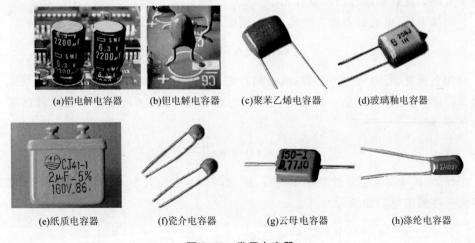

(a)铝电解电容器　　(b)钽电解电容器　　(c)聚苯乙烯电容器　　(d)玻璃釉电容器

(e)纸质电容器　　(f)瓷介电容器　　(g)云母电容器　　(h)涤纶电容器

图 3.60　常用电容器

程度地存在某些非人为的电容效应。例如,2 根架空输电线与其间的空气即构成一个电容器;线圈的各匝之间,晶体管的各个极之间,也存在着电容。这些电容一般很小,其作用通常不予考虑。但如果输电线很长,或电路的工作频率很高,则它们对电路的影响也是不容忽视的。

2. 电容元件的 VCR 和储能

当极板间的电压发生变化时,电容元件极板上的电荷也随之增减:充电时电荷增多,而放电时电荷减少。无论充电或放电,电路中都有电荷的转移,即电流。这个电流就是今后所说的电容电流。

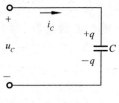

图 3.61　电容元件

对图 3.61 所示的电容元件,选择电容电流 i_C 的参考方向指向正极板,即与电压 u_C 的参考方向关联。假设在时间 dt 内,极板上增加的电荷为 dq,显然,dq 也是在 dt 内通过电容支路导线横截面的电荷。因此,电容电流为

$$i_C = \frac{dq}{dt}$$

将式(3.27)代入上式后得

$$i_C = C\frac{du_C}{dt} \tag{3.31}$$

这就是关联参考方向下电容元件的 VCR。

式(3.31)表明,电容元件的电流与其电压的变化率成正比。当极板上的电荷发生变化时,极板间的电压也发生变化,如充、放电时,电容支路中才有电流。因此,电容元件也称为动态元件。直流稳态情况下电压不随时间变化而变化,没有电荷的转移,电容两端虽有电压,电流却等于零。因而在直流稳态电路中电容元件相当于开路。这就是电容的隔直作用。

如果电压、电流的参考方向非关联,则电容元件的 VCR 为

$$i_C = -C\frac{du_C}{dt} \tag{3.32}$$

如上所述,充电后的电容器,两极间有电压,介质中建立起电场,并存储电场能量。因此,电容元件又是一种储能元件。由电容元件的 VCR 可得电容元件的瞬时功率,即

$$p_C = u_C i_C = Cu_C\frac{du_C}{dt}$$

设 $t=0$ 瞬间电容元件的电压为零,经过时间 t 电压升至 u_C,则任意时刻 t 电容元件存储的电场能量为

$$w_C = \int_0^t p_C dt = \int_0^t Cu_C\frac{du_C}{dt}dt = \int_0^{u_C} Cu_C du_C = \frac{1}{2}Cu_C^2\Big|_0^{u_C}$$

所以

$$w_C = \frac{1}{2}Cu_C^2 \qquad (3.33)$$

其中,若电容 C 的单位为法拉(F),u_C 的单位为伏特(V),则 w_C 的单位为焦耳(J)。

式(3.33)表明,对于给定的电容 C,其储能 $w_C \propto u_C^2$,因此,只要其两极间有电压,无论电压的方向如何,它都会存储一定的电场能量;此外,当电压 u_C 一定时,$w_C \propto C$,C 越大,存储的电场能量越多,因此,电容 C 也反映了电容元件存储能量的"本领"。

例 3.18 图 3.62 所示电路中,直流电流源 $I_S = 2$ A,电阻 $R_1 = 4$ Ω,电阻 $R_2 = 2$ Ω,电阻 $R_3 = 1$ Ω,电容 $C = 0.2$ F。求电容电压 U_C 及其存储的电场能量 w_C。

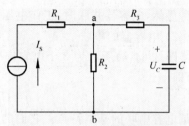

图 3.62 例 3.18 图

解 由于电容的隔直作用,此时电容 C 相当于开路,故其电压

$$U_C = U_{ab} = I_S R_2 = 2 \times 2 \text{ V} = 4 \text{ V}$$

由式(3.33)得

$$w_C = \frac{1}{2}CU_C^2 = \frac{1}{2} \times 0.2 \times 4^2 \text{ J} = 1.6 \text{ J}$$

自学与拓展 电容器

1. 电容器的连接

若单独使用电容器时电容或耐压达不到电路的要求,则可以把 2 个或 2 个以上的电容器以恰当的方式连接起来,得到电容量和耐压符合要求的等效电容。等效电容应与原电路具有相同的 q-u 特性,以保证在同样的电压下能够容纳同样多的电荷。

1) 电容器的并联

并联各元器件的电压相同,这也是电容并联的基本特点。对于图 3.63(a)所示的 3 个电容并联的单口,若端口电压为 u,则各电容所带的电荷分别为

$$q_1 = C_1 u, \quad q_2 = C_2 u, \quad q_3 = C_3 u$$

3 个电容所带的总电荷量为

$$q = q_1 + q_2 + q_3 = C_1 u + C_2 u + C_3 u = (C_1 + C_2 + C_3)u$$

上式即为图 3.63(a)所示电容并联单口的 q-u 特性。若图 3.63(b)所示电容元件与图 3.63(a)所示的并联单口等效,则等效电容的 q-u 特性为

$$q = Cu$$

应与并联单口的完全一致,通过比较不难得到等效条件为

$$C = C_1 + C_2 + C_3 \qquad (3.34)$$

式(3.34)表明,电容并联的等效电容等于并联各电容之和。

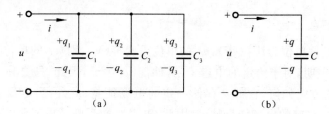

图 3.63　电容的并联

显然,电容器并联时,工作电压不得超过它们中的最低额定电压。

2) 电容器的串联

图 3.64(a)所示为 3 个电容串联的单口,电容串联时,各电容所带的电荷量相等,即

$$q = C_1 u_1 = C_2 u_1 = C_3 u_3$$

这是电容串联的基本特点。它们的电压则分别为

$$\begin{cases} u_1 = \dfrac{q}{C_1} \\[2mm] u_2 = \dfrac{q}{C_2} \\[2mm] u_3 = \dfrac{q}{C_1} \end{cases} \tag{3.35}$$

所以,串联单口的端口电压为

$$u = u_1 + u_2 + u_3 = \frac{q}{C_1} + \frac{q}{C_2} + \frac{q}{C_3} = \left(\frac{1}{C_1} + \frac{1}{C_2} + \frac{1}{C_3} \right) q$$

上式即图 3.64(a)所示电容串联单口的 q-u 特性。若图 3.64(b)所示电容元件与图 3.64(a)所示的串联单口等效,则等效电容的 q-u 特性

$$u = \frac{q}{C} \tag{3.36}$$

应与串联单口的完全一致,通过比较不难得到等效条件为

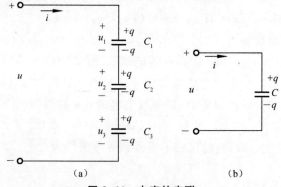

图 3.64　电容的串联

$$\frac{1}{C} = \frac{1}{C_1} + \frac{1}{C_2} + \frac{1}{C_3} \tag{3.37}$$

式(3.37)表明,电容串联时,等效电容的倒数等于串联各电容的倒数之和。

根据式(3.35)和式(3.37),各电容(包括等效电容)的电压之比为

$$u_1 : u_2 : u_3 : u = \frac{1}{C_1} : \frac{1}{C_2} : \frac{1}{C_3} : \frac{1}{C}$$

即串联各电容的电压与它们电容量的倒数成正比。

满足式(3.37)的等效条件时,在同样的端口电压下,等效电容所带的电荷应与串联各电容所带的电荷相等,即

$$q = Cu = C_1 u_1 = C_2 u_2 = C_3 u_3 \tag{3.38}$$

对于电容 C 一定的电容器,当工作电压等于其额定电压 U_N 时,它所带的电荷

$$q = Q_N = CU_N$$

为其电荷的限额。只要电荷不超过这个限额,电容器的工作电压就不会超过它的耐压。根据这个道理,串联几个电容器时,应根据电容与耐压的最小乘积确定电荷的限额,然后再根据式(3.38)确定等效电容的耐压。

对于既有串联又有并联的电容器的混联电路,可利用上述规律对电路逐步化简,最终确定电路的等效电容和耐压。

2. 电容器的型号命名方法

国产电容器的型号一般由四部分组成(不适用于压敏、可变、真空电容器),依次分别代表名称、材料、分类和序号。

第一部分:名称,用字母表示,电容器用 C。

第二部分:材料,用字母表示,用字母表示产品的材料。A 表示钽电解,B 表示聚苯乙烯等非极性薄膜,C 表示高频陶瓷,D 表示铝电解,E 表示其他材料电解,G 表示合金电解,H 表示复合介质,I 表示玻璃釉,J 表示金属化纸,L 表示涤纶等极性有机薄膜,N 表示铌电解,O 表示玻璃膜,Q 表示漆膜,T 表示低频陶瓷,V 表示云母纸,Y 表示云母,Z 表示纸介。

第三部分:分类,一般用数字表示,个别用字母表示。

第四部分:序号,用数字表示。

3. 电容器的分类

(1) 按照结构分类有固定电容器、可变电容器和微调电容器。

(2) 按电解质分类有有机介质电容器、无机介质电容器、电解电容器和空气介质电容器等。

(3) 按用途分类有高频旁路、低频旁路、滤波、调谐、高频耦合、低频耦合、小型电容器。

高频旁路包括陶瓷电容器、云母电容器、玻璃膜电容器、涤纶电容器、玻璃釉电容器。

低频旁路包括纸介电容器、陶瓷电容器、铝电解电容器、涤纶电容器。

滤波包括铝电解电容器、纸介电容器、复合纸介电容器、液体钽电容器。

调谐包括陶瓷电容器、云母电容器、玻璃膜电容器、聚苯乙烯电容器。

高频耦合包括陶瓷电容器、云母电容器、聚苯乙烯电容器。

低频耦合包括纸介电容器、陶瓷电容器、铝电解电容器、涤纶电容器、固体钽电容器。

小型电容包括金属化纸介电容器、陶瓷电容器、铝电解电容器、聚苯乙烯电容器、固体钽电容器、玻璃釉电容器、金属化涤纶电容器、聚丙烯电容器、云母电容器。

4. 电容器容量标示

(1) 直标法：用数字和单位符号直接标出。如 01 μF 表示 0.01 微法，有些电容用"R"表示小数点，如 R56 表示 0.56 微法。

(2) 文字符号法：用数字和文字符号有规律的组合来表示容量。如 p10 表示 0.1 pF，1p0 表示 1 pF，6p8 表示 6.8 pF，2u2 表示 2.2 μF。

(3) 色标法：用色环或色点表示电容器的主要参数。电容器的色标法与电阻相同。电容器偏差标志符号：H 表示 0～100%，R 表示 10%～100%，T 表示 10%～50%，Q 表示 10%～30%，S 表示 20%～50%，Z 表示 20%～80%。

5. 选用电容器常识

(1) 电容器装接前应进行测量，看其是否短路、断路或漏电严重，并在装入电路时使电容器的标志顺序一致。

(2) 电路中电容两端的电压不能超过电容器本身的工作电压。装接时应注意正、负极性，不能装反（电解电容有正、负极之分）。

(3) 当现有电容器与电路要求的容量或耐压不合适时，可以采用串联或并联的方法予以适应。当 2 个工作电压不同的电容器并联时，耐压值取决于低的电容器；当 2 个容量不同的电容器串联时，容量小的电容器所承受的电压高于容量大的电容器。

(4) 技术要求不同的电路，应选用不同类型的电容器。例如，谐振回路中需要介质损耗小的电容器，应选用高频陶瓷电容器（CC 型，即药片形）或云母电容器；隔直、耦合电容可选独石、涤纶、电解等电容器；低频滤波电路（整流电路）一般应选用电解电容器；旁路电容可选涤纶、独石、陶瓷和电解电容器。

(5) 选用电容器时应根据电路中信号频率的高低来进行，一个电容器可等效成 R、L、C 二端线性网络，不同类型的电容器其等效参数 R、L、C 的差异很大。等效电感大的电容器（如电解电容器）不适合用于耦合、旁路高频信号；等效电阻大的电容器不适合用于 Q 值要求高的振荡回路中。为满足从低频到高频滤波旁路的要求,在实际电路中,常将一个容量大的电解电容器与一个小容量的、适合于高频的电容器并联使用。

思考与练习

(1) 为什么把电容元件称为动态元件? 什么是电容的隔直作用?

(2) 电容元件的储能和什么有关? 有怎样的关系?

任务三 常用低压电器的识别与检测

知识点一 低压电器的分类与命名

低压电器是一种能根据外界的信号和要求,手动或自动地接通、断开电路,以实现对电路或非电路对象的切换、控制、保护、检测、变换和调节的元器件或设备。控制电器按其工作电压的高低,以交流 1200 V、直流 1500 V 为界,可划分为高压控制电器和低压控制电器两大类。总的来说,低压电器可以分为配电电器和控制电器两大类,是成套电气设备的基本组成元器件。在工业、农业、交通、国防及人们用电部门中,大多数采用低压供电,因此电器元器件的质量将直接影响到低压供电系统的可靠性。

知识点二 常用开关

低压开关主要用于电路的隔离、转换、接通和断开,有时也用于控制小容量电动机的启动、停止和反转。低压开关一般为非自动切换电器,常用的有刀开关、转换开关和按钮开关和行程开关等。

1. 刀开关

刀开关是一种结构最简单、应用最广泛的低压电器。常用的刀开关有瓷底胶盖闸刀开关和铁壳开关。

1) 瓷底胶盖闸刀开关

瓷底胶盖闸刀开关,简称闸刀开关,又称为开启式负荷开关。图 3.65 所示为瓷底胶盖闸刀开关的结构及其图形符号和文字符号。这种开关结构简单、价格便宜,但不易断开有负载的电路。这种开关可用于一般的照明电路和容量小于 5.5 kW 的电动机控制电路。

常用的闸刀开关有 HK1 系列和 HK2 系列,其中 HK1 系列是全国统一设计产品。

2) 铁壳开关

铁壳开关又称为封闭式负荷开关。它是在闸刀开关的基础上加以改进的一种开关。图 3.66 所示为铁壳开关的外观和结构;其图形和文字符号与瓷底胶盖开关相同,如图 3.65(b)所示。

铁壳开关的手柄转轴与底座之间装有一个速断弹簧。当扳动手柄合闸或分闸时,开始阶段 U 形双刀片并不移动,只拉伸弹簧、积蓄能量。当转轴转到一定角度

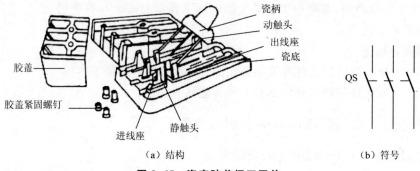

（a）结构 （b）符号

图 3.65 瓷底胶盖闸刀开关

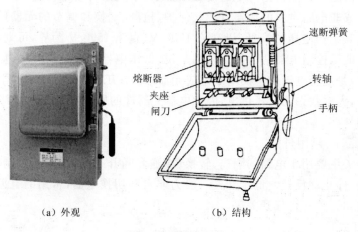

（a）外观 （b）结构

图 3.66 铁壳开关

时,弹簧的力量将 U 形双刀片快速嵌入夹座;或从夹座快速拉开,使电弧尽快熄灭。为确保安全,铁壳开关上装有机械连锁装置,使开关合上后盖子打不开,而盖子打开时开关合不上。

常用的铁壳开关有 HK3 系列和 HK4 系列,其中 HK4 系列是全国统一设计产品。

2. 转换开关

转换开关又称为组合开关,是一种特殊的刀开关。其外观、结构及图形和文字符号如图 3.67 所示。

转换开关的特点是利用动触片的左右旋转来代替闸刀的推合和拉开,结构较为紧凑。开关的顶部也装有扭簧储能机构,使开关能快速闭合或切断电路。

常用的转换开关为 HZ10 系列等,是全国统一设计产品。

3. 按钮开关

按钮开关是一种结构简单,其外观、结构及图形和文字符号如图 3.68 所示。一般情况下,按钮开关不直接控制主电路的通断,而是在控制电路中发出手动指令去控制接触器、继电器,再由它们去控制主电路。按钮开关的触点容许通过的电流

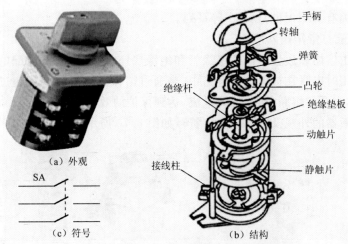

（a）外观

SA

（c）符号

手柄
转轴
弹簧
凸轮
绝缘垫板
动触片
静触片
绝缘杆
接线柱

（b）结构

图 3.67 转换开关

不大，一般不超过 5 A。

按用途和触点结构的不同，按钮开关分为启动按钮开关（按下时常开触点闭合）、停止按钮开关（按下时常闭触点分断）和复合按钮开关（按下时先断开常闭触点，后闭合常开触点）。

使用较多的按钮开关有 LA-18、LA-19、LA-20 三个系列。

4. 行程开关

行程开关又称为位置开关或限位开关，其作用与按钮开关类似。但不是靠手动，而是靠生产机械运动部件的碰撞使触点动作，来接通或断开某些电路，以达到限制该部件运动范围的目的。图 3.69 为行程开关的外观及图形和文字符号。

（a）外观

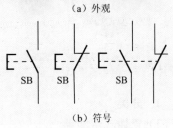

SB   SB   SB

（b）符号

图 3.68 按钮开关

（a）外观

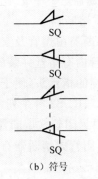

SQ

SQ

SQ

（b）符号

图 3.69 行程开关

行程开关有 LX19 和 JLXK1 等系列。

知识点三　常用熔断器

熔断器由熔体和放置熔体的绝缘管和绝缘底座构成,用于低压配电线路的短路保护。使用时串联在被保护的电路中,当通过熔体的电流达到或超过了某一额定值时,熔体会自行熔断,切断故障电流,达到保护的效果。

各种熔断器的外观及图形和文字符号如图 3.70 所示。

(a) 瓷插式熔断器　　　　　(b) 螺旋式熔断器

(c) 无填料封闭管式熔断器　　　(d) 有填料式熔断器　　　(e) 符号

图 3.70　熔断器

1. 分类

1) 瓷插式熔断器

瓷插式熔断器是一种最简单的熔断器,常见的为 RC1A 系列,如图 3.70(a)所示。

2) 螺旋式熔断器

螺旋式熔断器由熔管及支持件(瓷制底座、螺纹瓷帽及瓷套)组成,如图 3.70(b)所示。熔管内有熔丝并装满石英砂,还有熔丝熔断的信号指示装置,熔体熔断后,弹出带色标的指示头,便于发现和及时更换熔体。全国统一设计的螺旋式熔断器有 RL6、RL7、RLS2 等系列。

3) 无填料封闭管式熔断器

无填料封闭管式熔断器有 RM10 系列,由熔断管、熔体、夹头及夹座几部分组成,如图 3.70(c)所示。

4) 有填料封闭式熔断器

有填料封闭式熔断器,如图 3.70(d)所示。它具有发热时间常数小、熔断时间短、动作迅速等特点。常用的有 RLS、RS0、RS3 等系列。

2. 熔体额定电流的选择

(1) 电炉、照明等电阻性负载的短路保护:熔体的额定电流应不小于负载额定电流。

(2) 一台电动机的短路保护:熔体的额定电流应等于电动机额定电流的 1.5～2.5 倍。

(3) 多台电动机的短路保护:熔体的额定电流 I_{RN} 应满足

$$I_{RN} = (1.5 \sim 2.5)I_{Nmax} + \sum I_N$$

其中,$\sum I_N$ 为所有电动机的额定电流之和,而 I_{Nmax} 为其中的最大值。

知识点四　常用断路器

低压断路器又称为自动空气开关,是具有一种或多种保护功能的开关,其结构及图形和文字符号如图 3.71 所示。

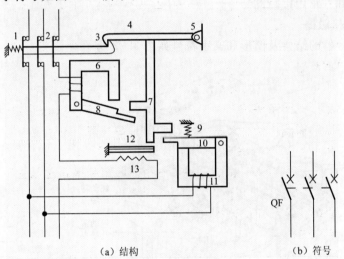

（a）结构　　　　　　　　　（b）符号

图 3.71　低压断路器

1. 低压断路器的保护原理

在图 3.71 中,5 为转轴,电磁脱扣器 6 的线圈与热脱扣器的热元器件 13 串联于被保护电路的某一相中;欠压脱扣器 11 的线圈则接电源的线电压(另两线)。合闸时,搭钩 4 钩住锁链 3,使触点 2 闭合接通电源;同时欠压脱扣器 11 的线圈通电,衔铁 10 吸合。正常工作时,电磁脱扣器和热脱扣器均不动作。

1) 短路保护

当电路发生短路时,很大的电流通过电磁脱扣器 6 的线圈,使衔铁 8 吸合,并通过杠杆 7 顶开搭钩 4,主触点 2 在弹簧 1 的作用下迅速断开,切断电源。

2）过载保护

当电动机发生过载时,热元器件 13 温度升高,使双金属片 12 受热向上弯曲,同样可通过杠杆顶开搭钩,切断电源。

3）欠压保护

若电路的电压消失或降低到一定程度,欠压脱扣器 11 的吸力消失或减小,其衔铁 10 在弹簧 9 的作用下释放,并通过杠杆顶开搭钩,切断电源。

低压断路器有 DZ5 和 DZ10 系列。其中,DZ5 为小电流系列,额定电流为10～50A；DZ10 为大电流系列,额定电流有 100A、250A 和 600A 三个等级。

2. 低压断路器的选择

（1）低压断路器的额定电压和额定电流应不小于电路的正常工作电压和电流。

（2）热脱扣器的整定电流应与所控制的负载额定电流一致。

（3）电磁脱扣器的瞬时脱扣整定电流应大于负载正常工作时的峰值电流。

知识点五　常用接触器

1. 交流接触器

交流接触器的结构及图形和文字符号如图 3.72 所示。

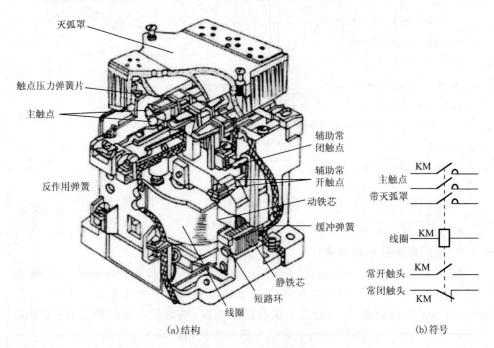

图 3.72　交流接触器

启动交流接触器时,由于动铁芯吸合前铁芯气隙大,因而磁阻大；但磁通的大小取决于电源电压,基本上是一定的。根据磁路的欧姆定律可知,此时磁势会很大,以致通过线圈的启动电流可达正常工作电流的十几倍。所以,一旦发生机械卡阻现象,或电源电压低于最小吸合电压,使动铁芯不能顺利吸合,则可能烧毁线圈。此时,应及时按下停止按钮,使线圈断电,然后排查故障。为保证交流接触器可靠地工作,线圈的电压不应低于额定电压的 85%。

此外,如果把交流接触器线圈误接到直流电源,由于没有了交流阻抗的限流作用(线圈电阻一般很小),也会导致电流很大、烧毁线圈。

为减小交变磁化下的铁损,交流接触器的铁芯用硅钢片叠成。铁芯的端面上嵌有短路环,用于消除铁芯吸合后的振动及噪声。

常用的交流接触器有 CJ0、CJ10、CJ12 等系列。

2. 直流接触器

直流接触器主要用于远距离接通或分断直流电路,其结构和动作原理与交流接触器大致相同。由于直流电流不会在铁芯内引起涡流,所以直流接触器的铁芯用整块铸钢或铸铁制成。为获得足够强的磁场和电磁吸力,直流接触器的线圈匝数很多,电阻较大,线圈本身容易发热,所以线圈做成较薄的长筒形,其外观如图 3.73 所示。

图 3.73　直流接触器

知识点六　常用继电器

继电器是根据输入的某种物理量的变化,来接通或断开控制电路的电器。常用的有热继电器、电流继电器、电压继电器、中间继电器、时间继电器、速度继电器等。

1. 热继电器

热继电器是利用电流的热效应而动作的,可用于电动机的过载保护。图 3.74为热继电器的外观及图形和文字符号。

热继电器由热元器件、双金属片、动作机构、触点系统、整定调整装置和温度补偿元器件组成,其动作原理与低压断路器的热脱扣器相同,只是动作时热继电器断开的是控制电路,而热脱扣器直接操纵开关断开主电路。

热继电器的主要技术数据是整定电流。整定电流一般取电动机额定电流 I_N 的 0.9~1.05 倍。当通过热元器件的电流超过整定电流的 20% 时,热继电器应当在 20 min 内动作。

常用的热继电器有 JR0、JR10 和 JR16 等系列。

2. 电流继电器和电压继电器

电流继电器是根据电流的大小而动作的,它的线圈匝数少,导线粗,使用时串联在被测电路中,反映电路中电流的变化。电流继电器按用途可分为过电流继电

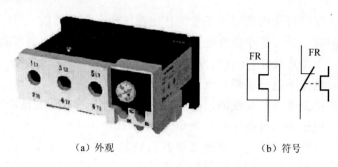

(a) 外观　　　　　　　　　　　　　(b) 符号

图 3.74　热继电器

器和欠电流继电器。

　　电压继电器是根据电压的高低而动作的,它的线圈并联在被测电路中,反映电路中电压的变化。电压继电器按用途可分为过电压继电器和欠电压继电器。

3. 中间继电器

　　中间继电器实质上是一种电压继电器,其结构和工作原理与接触器相同,所不同的是它的触点数量多而容量小(额定电流一般为 5 A),且无主、辅之分,其外观如图 3.75 所示。中间继电器在电路中主要起扩展触点数量的作用;也可直接用于控制小容量电动机或其他电气执行机构。

　　常用的中间继电器有 JZ7 和 JZ8 系列,后者为交、直流两用。此外,还有 JTX 系列通用小型中间继电器,用于自动装置以便接通或断开电路。

图 3.75　中间继电器

4. 时间继电器

　　时间继电器在电路中起控制动作时间的作用。它的种类很多,有电磁式、电动式、空气阻尼式、晶体管式等。常用的空气阻尼式时间继电器由电磁系统、工作触点、气室和传动机构等部分组成。根据触点动作延时的特点,时间继电器分为通电延时和断电延时两种。图 3.76 为空气阻尼式通电延时时间继电器的结构示意图。空气阻尼式通电延时时间继电器的特点是:线圈通电后要延长一段时间触点才动作;但断电时会即时复位。其动作过程如下。

　　吸引线圈 1 通电后,微动开关 9 并不立即动作。而是动铁芯 2 向下吸合,在释放弹簧 4 的作用下活塞杆 3 连同伞形活塞 5 一起向下移动。由于活塞表面的橡皮膜 6 隔断了活塞上、下的空间,造成活塞上方的气压低于下方的气压,对继续下移形成阻力,使活塞只能随着空气从进气孔 7 进入而缓缓下移。经历一段(延时)时间后,活塞杆才能下落到可以带动杠杆 8 使微动开关 9 动作。调节螺钉 10 可以改变进气孔的大小,从而调整延时时间。

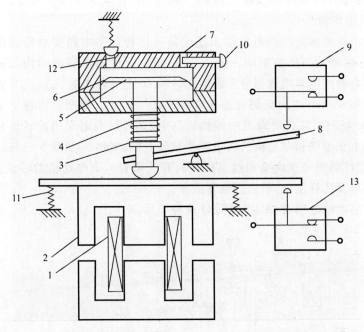

图 3.76   空气阻尼式通电延时时间继电器的结构示意图

线圈断电时,在恢复弹簧 11 的作用下动铁芯向上复位,将活塞往上推,活塞上方的空气经出气孔 12 顺畅排出,杠杆 8 脱离对微动开关 9 的作用,使开关即时复位。

微动开关 13 是即时开关,不具有延时功能。

空气阻尼式通电延时时间继电器有 JS7-A、JJSK 2 等型号;延时范围有 0.4~60 s 和 0.4~180 s 两种,但准确度不高。

图 3.77 是各种时间继电器的图形和文字符号。

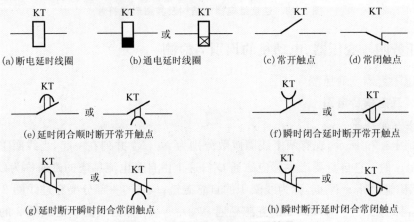

(a)断电延时线圈   (b)通电延时线圈   (c)常开触点   (d)常闭触点

(e)延时闭合顺时断开常开触点   (f)瞬时闭合延时断开常开触点

(g)延时断开瞬时闭合常闭触点   (h)瞬时断开延时闭合常闭触点

图 3.77   时间继电器的图形和符号

5. 速度继电器

速度继电器能够向控制电路输出速度信号以控制主电路接触器的断开或闭合,主要用于电动机的反接制动。图 3.78 所示为速度继电器的结构及图形和符号。速度继电器的主要组成部分是固定在转轴 10 上的永久磁铁 11 和容许转动一定角度的外环 9,外环的内圆周表面嵌有鼠笼式绕组 8 。使用时将速度继电器的常开触点(如 4、5)串联在电动机的控制回路中,其转轴与电动机的转轴相连。电动机运行时永久磁铁和电动机的转子同步旋转,并带动外环及其上的杠杆 7 旋转一个角度,杠杆两侧的顶块推动触点使其断开或闭合。当电动机的转速低于 100 转/分时,外环及杠杆复位,触点遂恢复常态。

常用的速度继电器有 JY1 和 JFZO 两种型号。

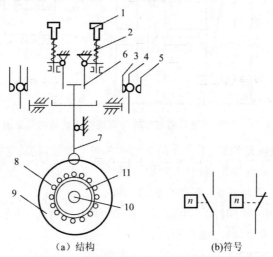

(a) 结构　　　　　　　　　(b) 符号

图 3.78　速度继电器的结构及其图形和符号

任务四　变压器、电动机的识别与检测

知识点一　变压器

1. 互感耦合电路

1) 互感现象

如图 3.79 所示,现有两个线圈匝数分别为 N_1、N_2 并列在一起,当线圈①中通入电流 i_1 时,它自身要产生感应磁通 Φ_{11},这个由自身电流感应的磁通称为线圈 1 的自感磁通,$\Psi_{11} = N_1\Phi_{11}$ 称为线圈 1 的自感磁链。Φ_{11} 的一部分要穿过线圈 2 成为 Φ_{21},Φ_{21} 称为线圈 1 对线圈 2 的互感磁通,$\Psi_{21} = N_2\Phi_{21}$ 称为线圈 1 对线圈 2 的互感磁链。

当 i_1 变化时,Φ_{11} 和 Φ_{21} 也会随之变化。由法拉第定律可知,变化的 Φ_{11} 会在线

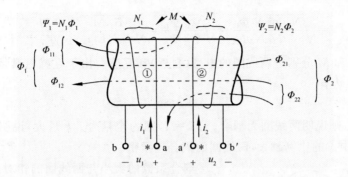

图 3.79 互感现象

圈 1 两端产生感应电压 u_{11}，称为线圈 1 的自感电压；变化的 Φ_{21} 也会在线圈 2 两端产生感应电压 u_{21}，称为线圈 1 对线圈 2 的互感电压。这种由一个线圈中电流的变化而在另一个线圈中产生感应电压的现象称为互感现象。各线圈之间磁通互相交链的关系称为磁耦合。

2）互感系数

上述两线圈存在着磁耦合现象，由于线圈附近无铁磁物质，即线圈 2 中的磁通 Φ_{21} 是由线圈 1 中的电流 i_1 产生的，且 Φ_{21} 和 i_1 成正比。当匝数一定时，Ψ_{21} 也与电流 i_1 成正比。当电流的参考方向与它产生的磁通方向满足右手螺旋关系时，这种比例关系可描述为

$$\Psi_{21} = M \times i_1 \qquad (3.39)$$

其中，比例系数 M 为线圈 1 和线圈 2 的互感系数，简称互感。

同理，若电流 i_2 从线圈 2 流入，则在线圈 1 中产生互感磁通 Φ_{12}，则

$$\Psi_{12} = M \times i_2 \qquad (3.40)$$

两线圈间的互感系数 M 是线圈的固有参数。M 的值反映了一个线圈在另一个线圈中产生磁通的能力。

互感的 SI 单位和电感（自感）一样，也是亨（H）。

互感系数的大小取决于两线圈的形状、尺寸、匝数、相对位置，以及线圈附近介质的导磁系数，而与其中通过的电流无关。

3）耦合系数

互感线圈是通过磁场彼此联系的，即所谓磁耦合。其耦合的紧密程度用耦合系数 k 来衡量。如果其中一个线圈的电流产生的磁通穿过另一线圈的部分越多，即互感磁通越多，说明两线圈之间的磁耦合越紧密。因此，耦合系数可用互感磁通与自感磁通的比来定义，即

$$k = \sqrt{\frac{\Phi_{21}}{\Phi_{11}}\frac{\Phi_{12}}{\Phi_{22}}} \qquad (3.41)$$

由式(3.41)可得

$$k=\sqrt{\frac{N_2\Phi_{21}}{N_1\Phi_{11}}\frac{N_1\Phi_{12}}{N_2\Phi_{22}}}=\sqrt{\frac{\Psi_{21}}{\Psi_{11}}\frac{\Psi_{12}}{\Psi_{22}}}=\sqrt{\frac{Mi_1}{L_1i_1}\frac{Mi_2}{L_2i_2}}=\frac{M}{\sqrt{L_1L_2}} \tag{3.42}$$

其中,L_1、L_2 和 M 分别是两线圈的电感(自感)和互感。由于互感磁通是自感磁通的一部分,显然有

$$1 \geqslant k \geqslant 0$$

若 $k=0$,则说明两线圈无耦合;若 $k=1$,则为全耦合。k 越大,说明互感磁通在自感磁通中占的比例越大,两线圈的耦合越紧密。

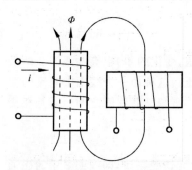

图 3.80　轴线互相垂直的两个线圈

耦合系数的大小与两线圈的相对位置有关。如果两线圈彼此靠近且互相平行,或紧密绕在一起,则 k 值有可能接近 1;反之,如果它们相距很远,或轴线互相垂直,如图 3.80 所示,则 k 值将很小,甚至可能为零。因此,通过调整两线圈的相对位置,可以改变耦合系数的大小,当 L_1、L_2 一定时,也就相应地改变了互感 M 的大小。

4)互感电压

根据电磁感应定律,当互感电压与互感电动势的参考方向一致时,即互感电压与产生它的磁通也满足右手螺旋关系时,有

$$\begin{cases} u_{21}=-e_{21}=\dfrac{d\Psi_{21}}{dt}=M\dfrac{di_1}{dt} \\[2mm] u_{12}=-e_{12}=\dfrac{d\Psi_{12}}{dt}=M\dfrac{di_2}{dt} \end{cases} \tag{3.43}$$

若 i_1、i_2 均为正弦量,则不难推出互感电压的相量式为

$$\begin{cases} \dot{U}_{21}=j\omega M\dot{I}_1 \\[2mm] \dot{U}_{12}=j\omega M\dot{I}_2 \end{cases} \tag{3.44}$$

5)耦合电感的 VCR

耦合电感元件简称耦合电感,也是一种理想双口元件,它是实际互感线圈的理想化。如果忽略互感线圈的电阻等次要因素,就可以用耦合电感作为互感线圈的模型,如图 3.81 所示。

当耦合电感的两个线圈都有电流通过时,每个线圈的磁通均为自感磁通与互感磁通的叠加,如图 3.79 所示。因此,每个线圈的感应电压也应包含两个分量,即自感分量和互感分量。设 L_1、L_2 和 M 分别是耦合电感的自感和互感,选择电压、电流的参考方向都和磁通成右手螺旋关系,两线圈的电压分别为

$$u_1=\frac{d\Psi_1}{dt}=\frac{d}{dt}(\Psi_{11}+\Psi_{12})=\frac{d}{dt}(L_1i_1+Mi_2)=L_1\frac{di_1}{dt}+M\frac{di_2}{dt}=u_{11}+u_{12}$$

$$u_2=\frac{d\Psi_2}{dt}=\frac{d}{dt}(\Psi_{21}+\Psi_{22})=\frac{d}{dt}(Mi_1+L_2i_2)=M\frac{di_1}{dt}+L_2\frac{di_2}{dt}=u_{21}+u_{22}$$

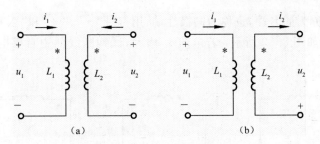

图 3.81 耦合电感的图形符号

其中，$\Psi_{11}=N_1\Phi_{11}$、$\Psi_{12}=N_1\Phi_{12}$ 和 $\Psi_{22}=N_2\Phi_{22}$、$\Psi_{21}=N_2\Phi_{21}$ 分别为穿过两线圈的自感磁链及互感磁链；$u_{11}=L_1\dfrac{di_1}{dt}$，$u_{12}=M\dfrac{di_2}{dt}$ 和 $u_{22}=L_2\dfrac{di_2}{dt}$、$u_{21}=M\dfrac{di_1}{dt}$ 分别是 u_1、u_2 的自感分量和互感分量。可见，当电压、电流的参考方向都和磁通成右手螺旋关系时，耦合电感的电压、电流满足以下约束关系：

$$\begin{cases} u_1=L_1\dfrac{di_1}{dt}+M\dfrac{di_2}{dt} \\ u_2=M\dfrac{di_1}{dt}+L_2\dfrac{di_2}{dt} \end{cases} \tag{3.45}$$

式(3.45)就是耦合电感的 VCR。正弦交流情况下相应的相量形式为

$$\begin{cases} \dot{U}_1=j\omega L_1\dot{I}_1+j\omega M\dot{I}_2 \\ \dot{U}_2=j\omega M\dot{I}_1+j\omega L_2\dot{I}_2 \end{cases} \tag{3.46}$$

如果有参考方向和上述的相反，则式(3.45)和式(3.46)中相应的变量前应取负号。其 VCR 的微分形式和相量形式分别变为

$$\begin{cases} u_1=L_1\dfrac{di_1}{dt}-M\dfrac{di_2}{dt} \\ u_2=-M\dfrac{di_1}{dt}+L_2\dfrac{di_2}{dt} \end{cases} \tag{3.47}$$

$$\begin{cases} \dot{U}_1=j\omega L_1\dot{I}_1-j\omega M\dot{I}_2 \\ \dot{U}_2=-j\omega M\dot{I}_1+j\omega L_2\dot{I}_2 \end{cases} \tag{3.48}$$

6）互感线圈的同名端

（1）同名端的概念及意义。

在电子电路中，对于两个以上磁耦合的线圈，常常要知道互感电压的极性，例如，在 LC 正弦波振荡器中，必须使互感线圈的极性正确连接，才能发生震荡。然而，互感电压的极性与电流（或磁通）的参考方向及线圈的绕向有关。在实际情况下，线圈往往是密封的，看不到绕向的，并且在电路图中绘出线圈的绕向也很不方便。因此应采用同名端标记来解决这一问题。

同名端的定义：若两线圈流入电流，所产生的磁通方向相同，互相加强，则两线

圈电流流入端称为同名端,也称为同极性端,用符号"·"、"＊"和"△"标记。

例 3.19　如图 3.82 所示,若电流 i_1 增大,试判断线圈中自感电压或互感电压的实际极性。

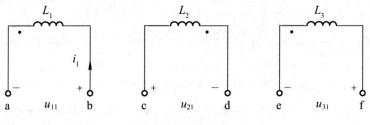

图 3.82　例 3.19 图

解　对于线圈 L_1,将自感电压 u_{11} 与 i_1 取为关联参考方向,即 b 正、a 负,则有

$$u_{11} = L_1 \frac{\mathrm{d}i_1}{\mathrm{d}t}$$

又因为 i_1 变大,则

$$\frac{\mathrm{d}i_1}{\mathrm{d}t} > 0, \quad u_{L_1} > 0$$

故 u_{11} 的实际方向与参考方向相同,即 b 正、a 负;又由同名端标记可知,互感电压 u_{21} 实际极性为 c 正、d 负;互感电压 u_{31} 实际极性为 f 正、e 负。

(2) 同名端的判断方法。

已知同名端后,感应电压实际极性的判断会容易得多,互感线圈的表示方法也可简化。但如何判定互感线圈的同名端呢?下面介绍两种方法。

第一种:无法确定两个互感线圈被封装或绕向。

如图 3.83 所示,在线圈一相绕组端接一直流电源,另一相绕组端接一检流计,S 突然闭合,则线圈 1 中电流增大,可以判断线圈 1 中自感电压实际极性为 a 正、b 负。

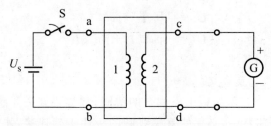

图 3.83　实验法判断同名端

第二种:能确定线圈绕向。

当线圈绕向确定时,可根据同名端的一个重要特性来确定同名端,即当两互感线圈中分别有电流 i_1 和 i_2 流入时,若 i_1、i_2 的流入端是同名端,则两电流产生的磁

通一定是相互增强的。

如图 3.84 所示,假设有一电流从线圈 1 的 a 端流入,又有一电流从线圈 2 的 d 端流入,用右手螺旋关系可判定,这两股电流产生的磁通方向均向右,故 a 与 d 为同名端。同样方法可判断图 3.84 的同名端为 a、c 或 b、d。

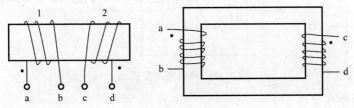

图 3.84 同名端判定

(3) 同名端的应用。

由互感现象可知,当某线圈中有电流的变化时,该电流在自身线圈会产生自感电压,同时也会在与之有磁耦合的其他线圈上产生互感电压。在确定线圈的同名端后,应正确选择各电流与其产生的各感应电压的参考方向,如图 3.85 所示。

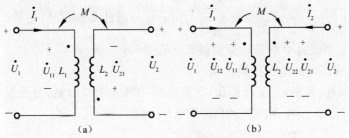

图 3.85 同名端的应用

2. 变压器

变压器是通过磁耦合把交流电能或电信号从一个电路向另一个电路传输的元器件。在电力系统中用变压器可以提高输电电压以减小输电电流,从而降低损耗;在电子技术中用变压器可实现阻抗匹配,使负载获得最大功率。

变压器由无气隙的闭合铁芯和绕在铁芯上的 2 个或 2 个以上相互绝缘的线圈构成,图 3.86 为两线圈变压器的示意图。其中,接电源的线圈称为初级线圈或原绕组,匝数为 N_1;接负载的线圈称为次级线圈或副绕组,匝数为 N_2。

若不计损耗和漏磁,变压器工作时初、次级绕组间存在以下电磁关系:

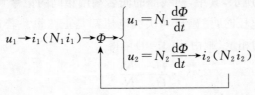

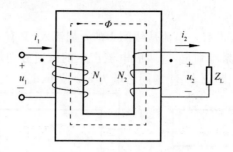

图 3.86 两线圈的变压器

1) 理想变压器

理想变压器是一种理想双口元器件,它是实际变压器的理想化。满足以下条件的变压器就是理想变压器。

(1) 无损耗,变压器工作时,其本身不消耗功率,既无铁损,也无铜损;

(2) 无漏磁,变压器线圈中的电流所产生的磁通全部经铁芯闭合,即全部是主磁通;

(3) 铁芯所用材料的磁导率 $\mu \to \infty$,因而铁芯磁路的磁阻 $R_M = \dfrac{l}{\mu} \dfrac{l}{S} \to 0$,在铁芯中建立一定主磁通 Φ 所需的磁动势 $F = R_M \Phi \to 0$。

2) 理想变压器的电压变换关系

因为无损耗、无漏磁,变压器初、次级电压中既无铜损分量,也无漏磁分量,所以,在图 3.87 所示参考方向下,初、次级电压分别为

$$u_1 = N_1 \frac{\mathrm{d}\Phi}{\mathrm{d}t}, \quad u_2 = N_2 \frac{\mathrm{d}\Phi}{\mathrm{d}t}$$

由以上两式可得

$$\frac{u_1}{u_2} = \frac{N_1}{N_2} = n \qquad (3.48)$$

其中,

$$n = \frac{N_1}{N_2}$$

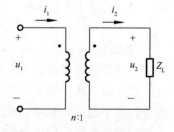

图 3.87 理想变压器的图形符号

为变压器初、次级绕组的匝数比,称为变换系数或变比,它是理想变压器唯一的参数。理想变压器的图形符号如图 3.87 所示,其中,两线圈的同名端用相同的记号"·"标出。

当初级接正弦电压时,主磁通和次级电压都是正弦量。若 $\dot{U}_1$、$\dot{U}_2$ 分别为初、次级电压 u_1 和 u_2 的相量,则由式(3.49)可得

$$\frac{\dot{U}_1}{\dot{U}_2} = \frac{N_1}{N_2} = n \qquad (3.50)$$

式(3.50)说明,理想变压器的初、次级电压与初、次级匝数成正比;在图示参考方向

下,初、次级电压同相。这就是理想变压器的电压变换关系。由此可见,同名端的真实极性总是相同的。

若理想变压器有多个次级绕组,则可以证明:其初级与各次级的电压分别满足上述电压变换关系。

3) 理想变压器的电流变换关系

当次级接有负载时,若选择初级电流与电压的参考方向对变压器关联,次级电流与电压对负载关联,初、次级电压的参考方向仍设为对同名端一致,如图 3.86 所示,则根据安培环路定律有

$$N_1 i_1 - N_2 i_2 = 0$$

即

$$\frac{i_1}{i_2} = \frac{N_2}{N_1} = \frac{1}{n} \tag{3.51}$$

若 $\dot{I}_1$、$\dot{I}_2$ 分别为 i_1 和 i_2 的等效正弦波的相量,则由式(3.51)可得

$$\frac{\dot{I}_1}{\dot{I}_2} = \frac{N_2}{N_1} = \frac{1}{n} \tag{3.52}$$

式(3.52)说明,理想变压器的初、次级电流与初、次级匝数成反比。在图示参考方向下,初、次级电流也同相。这就是理想变压器的电流变换关系。

若理想变压器有多个次级绕组,则可以证明,初级电流应含有和次级绕组数量相等的分量,其中每个分量和对应的次级电流分别满足上述电流变换关系。

4) 理想变压器的阻抗变换关系

从初级 a、b 两端看理想变压器,其输入阻抗为

$$Z_i = \frac{\dot{U}_1}{\dot{I}_1} = \frac{n\dot{U}_2}{\dfrac{\dot{I}_2}{n}} = n^2 Z_L \tag{3.53}$$

式(3.53)说明,次级接有负载阻抗 Z_L 的理想变压器,对电源来说,可等效为一个 n^2 倍于 Z_L 的输入阻抗。若用 Z_1 表示输入阻抗 Z_i,Z_2 表示负载阻抗 Z_L,并分别称为初级阻抗和次级阻抗,则式(3.53)可表示成

$$\frac{Z_1}{Z_2} = \frac{N_1^2}{N_2^2} = n^2 \tag{3.54}$$

即理想变压器的初、次级阻抗与初、次级匝数的平方成正比。显然,初、次级复阻抗的阻抗角相等。这就是理想变压器的阻抗变换关系。

若理想变压器有多个次级绕组,可以证明,初级输入端可等效为数量与次级绕组相等的支路并联,其中每个并联支路的阻抗与对应的次级负载阻抗分别满足上述阻抗变换关系。

5) 理想变压器的功率平衡关系

若 φ_1、φ_2 分别为输入阻抗和负载阻抗的阻抗角,由于初、次级电压同相,电流

也同相,故有 $\varphi_1 = \varphi_2$。由以上电压、电流和阻抗的变换关系不难得到理想变压器初级输入的有功功率为

$$P_1 = U_1 I_1 \cos\varphi_1 = nU_2 \cdot \frac{I_2}{n}\cos\varphi_2 = P_2 \qquad (3.55)$$

其中,$P_2 = U_2 I_2 \cos\varphi_2$ 就是负载的有功功率。所以式(3.55)表明,理想变压器输入、输出的有功功率相等,即变压器本身不消耗功率,这与理想变压器的定义是相符的。

理想变压器初级的无功功率和视在功率分别为

$$Q_1 = U_1 I_2 \sin\varphi_1 = U_2 I_2 \sin\varphi_2 = Q_2 \qquad (3.56)$$

$$S_1 = U_1 I_2 = U_2 I_2 = S_2 \qquad (3.57)$$

也分别等于次级的无功功率和视在功率。

理想变压器初、次级的有功功率、无功功率和视在功率都分别相等,这就是理想变压器的功率平衡关系。这个结论同样适合于有多个次级绕组的理想变压器。

由于实际变压器损耗很小,漏磁也很少,而且 μ 相当高,如果不是要求特别精确,用理想变压器作为模型可以使分析大大简化。

例 3.20 某晶体管收音机的输出端通过一输出变压器与负载(扬声器)相连,如图 3.88 所示。已知输出变压器初级匝数 $N_1 = 240$,次级 1、3 两端间的匝数 $N_2 = 80$,原在 1、3 两端接一 8 Ω 扬声器,阻抗是匹配的。现换一只 4 Ω 扬声器接于 1、2 两端,阻抗匹配时,1、2 两端间的匝数是多少?

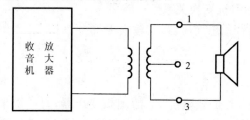

图 3.88 例 3.20 图

解 设 1、2 两端间的匝数为 N_2'。当负载为 $R_L = 8$ Ω 时,有

$$Z_i = n^2 R_L = \left(\frac{240}{80}\right)^2 \times 8 \text{ Ω} = 72 \text{ Ω}$$

当负载改为 $R_L' = 4$ Ω 时,由题意知

$$\left(\frac{N_1}{N_2'}\right)^2 \times R_L' = 72$$

即

$$\frac{240}{N_2'} = \sqrt{\frac{72}{4}} \approx 4.2$$

所以 $N_2' = 240/4.2 = 57$。

例 3.21 图 3.89(a)所示电路中,已知 $\dot{U}_1 = 110\angle 0°$ V,变换系数 $n = 10$,求次级电流 $\dot{I}_2$。

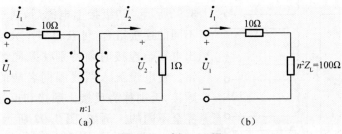

图 3.89 例 3.21 图

解 将次级阻抗变换到初级,画出等效电路如图 3.89(b)所示,可得

$$\dot{I}_1 = \frac{\dot{U}_1}{10 + 100} = \frac{110\angle 0°}{110} \text{ A} = 1\angle 0° \text{ A}$$

进而求得

$$\dot{I}_2 = n\dot{I}_1 = 10 \times 1\angle 0° \text{ A}$$

6)实际变压器的电路模型

实际变压器是有损耗、有漏磁通的,铁磁材料的磁导率也不是无穷大,图 3.90 是实际变压器的示意图。

考虑铁损及磁导率为有限值,初级电流中应含有相应的铁损分量和激磁分量,可在理想变压器的初级侧并联铁损电阻 R_C 和激

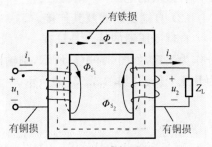

图 3.90 实际变压器的示意图

磁电感 L 来体现;若计算铜损和漏磁通感应的电压,则输入、输出电压中会相应增加电阻电压和漏磁电压,在初级和次级回路中应分别串入线圈电阻 R_1、R_2 和漏磁电感 L_{s_1}、L_{s_2},于是得到实际变压器的电路模型,如图 3.91 所示。其中所有等效参数皆可通过实验测定。

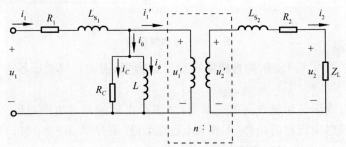

图 3.91 实际变压器的电路模型

7)几种常用变压器简介

(1)小功率电源变压器及其连接。

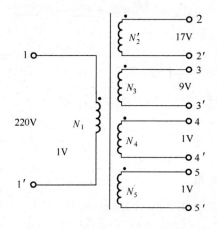

图 3.92　次级有多个绕组的变压器

小功率电源变压器广泛应用于电子技术中,它的特点是次级有多个绕组,如图 3.92 所示。初级接上电源后,通过次级绕组不同的连接组合,可获得多个大小不同的输出电压。连接时须特别注意同名端不要接错。使电流流入两线圈同名端的连接称为顺接,否则称为反接。顺接和反接的结果是完全不同的。例如,图 3.92 所示的变压器,当初级接额定正弦电压时,通过次级 1 V 和 3 V 两个绕组或单独输出或串联输出,可得到 1 V、2 V、3 V、4 V 共 4 种不同的输出电压。这个变压器可以输出 1~30 V 共 30 种不同有效值的电压。

(2) 自耦变压器及其连接。

自耦变压器的特点是只有一个线圈。若把整个线圈作为初级,而把它的一部分作为次级,如图 3.93(a)所示,则输出电压低于输入电压,为降压变压器;反之则为升压变压器,如图 3.93(b)所示。

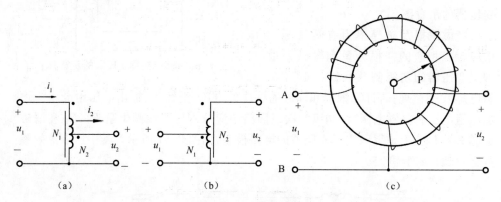

图 3.93　自耦变压器

下面以图 3.93(a)所示的自耦降压变压器为例,说明自耦变压器电压、电流的变换关系。

由于次级线圈是初级线圈的一部分,故图示电压的参考方向对同名端是一致的。当满足理想变压器的条件(无损耗、无漏磁,且磁导率 $\mu \to \infty$)时,自耦变压器初、次级电压间的关系与理想变压器相同,仍然是

$$\frac{\dot{U}_1}{\dot{U}_2} = \frac{N_1}{N_2}$$

按图 3.93 中所设电流的参考方向,即初级电流、电压对变压器关联,次级电

流、电压对负载关联,则磁路的总磁动势为

$$\dot{I}_1(N_1-N_2)+(\dot{I}_1-\dot{I}_2)N_2=0$$

所以,初、次级电流间的关系为

$$\frac{\dot{I}_1}{\dot{I}_2}=\frac{N_2}{N_1}$$

这与理想变压器相同。

常用的小型自耦调压器就是自耦变压器的一种。它的构造如图 3.93(c)所示,线圈 AB 绕在一个空心圆柱形铁芯上,A、B 两端接交流电源 u_1,移动滑动触头 P 的位置,即可调节输出电压 u_2 的大小。使用时须注意:其输入、输出的公共端应与电源的零线连接,以确保安全。

小型自耦调压器结构简单,用料节省,价格便宜,且输出电压可均匀调节,被广泛用于生产及实验室中。

(3)互感器及其连接。

互感器是专供测量仪表、控制设备及保护设备用的一种特殊变压器。交流电压表、电流表由于受量限等因素的限制,一般不能直接用于测量高电压、大电流。电压互感器可把高电压降为低电压进行测量;而电流互感器则可把大电流变成小电流进行测量。互感器在电力系统中被广泛采用,图 3.94 为其接线示意图。

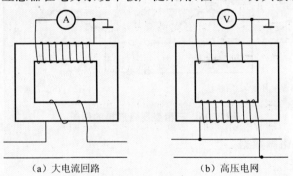

(a)大电流回路   (b)高压电网

图 3.94 互感器

电流互感器的原绕组匝数很少,使用时原绕组串联于被测大电流回路中;副绕组匝数很多,电流表与副绕组串联成闭合回路,如图 3.94(a)所示。由于原绕组与被测大电流回路串联,初级电流 $\dot{I}_1$ 不由次级电流 $\dot{I}_2$ 决定,所以次级电路一旦开路,即 $\dot{I}_2=0$,与初级磁动势方向相反的次级磁动势也立即为零,铁芯中的磁通则仅由初级磁动势产生。失去次级磁动势的平衡(去磁)作用,铁芯中的磁通将增加很多。这一方面使铁损大增,铁芯发热;另一方面在副绕组两端将产生高压。严重时可能导致设备烧毁,甚至危及人身安全。因此,电流互感器工作时严禁次级开路!

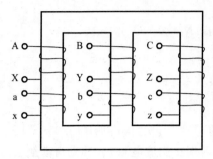

图 3.95 三相变压器

电压互感器的工作原理跟普通变压器的空载情况相似。使用电压互感器时把匝数多的高压绕组跨接在被测高压线路上,匝数少的低压绕组则与电压表连接,如图 3.94(b)所示。安装于高压线路中的电压互感器,铁芯和次级绕组的一端须可靠接地,以防高压绕组绝缘破损造成设备损坏及人员伤亡。

(4)三相变压器及其连接。

三相电压的变换应采用三相变压器。图 3.95 是三相变压器的示意图,各相高压绕组的首、末端分别用 A、B、C 和 X、Y、Z 表示;而低压绕组的首、末端则分别用 a、b、c 和 x、y、z 表示。从图 3.95 中可看到,各相两个绕组的首端(或末端)也就是它们的同名端。三相变压器的初、次级绕组应分别连接成 Y 形或 △ 运行。图 3.96 是三相变压器连接的两个例子,对应的初、次级电压变换关系也标示于图中。

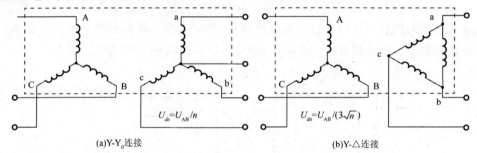

(a)Y-Y_0连接　　$U_{ab}=U_{AB}/n$　　(b)Y-△连接　　$U_{ab}=U_{AB}/(3\sqrt{n})$

图 3.96 三相变压器连接的例子

8)变压器的铭牌数据

(1)额定电压。

初级额定电压 U_{1N} 是跟据绝缘强度和允许发热条件规定的正常工作电压值;次级额定电压 U_{2N} 是当初级电压达到额定值时的次级空载电压值。对于三相变压器,额定电压是指线电压。

(2)额定电流。

额定电流 I_{1N}、I_{2N} 是根据发热条件规定的满载电流值。对于三相变压器,额定电流是指线电流。

(3)额定容量。

额定容量 S_N 是变压器的额定视在功率,即电压、电流都达到额定值时变压器允许传递的最大功率。对于单相变压器,$S_N = U_{2N} I_{2N}$;对于三相变压器,$S_N = \sqrt{3} U_{2N} I_{2N}$。

(4)额定温升。

额定升温是指变压器在额定条件下运行时其温度允许高于环境温度的数值，它取决于变压器的绝缘等级。设计时一般规定以 40 ℃作为环境温度。

自学与拓展一　耦合电感的串联和并联

1. 耦合电感的串联

耦合电感串联有两种接法。如果把耦合电感的异名端相连，则串联后电流从两线圈的同名端流入，为顺接，如图 3.97(a)所示；若把同名端相连，则串联后电流从两线圈的异名端流入，为反接，如图 3.97(b)所示。无论何种接法，耦合电感串联，都可以等效为图 3.97(c)所示两个彼此无互感的电感元件串联，称为串联去耦等效电路。当然，接法不同，等效参数也是不同的。

1) 顺接

耦合电感顺接串联时，如果选择电压、电流的参考方向如图 3.97(a)所示，则两线圈的 VCR 为

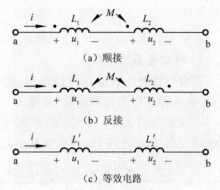

图 3.97　耦合电感的串联

$$\begin{cases} u_1 = L_1 \dfrac{\mathrm{d}i}{\mathrm{d}t} + M \dfrac{\mathrm{d}i}{\mathrm{d}t} = (L_1 + M)\dfrac{\mathrm{d}i}{\mathrm{d}t} \\ u_2 = M \dfrac{\mathrm{d}i}{\mathrm{d}t} + L_2 \dfrac{\mathrm{d}i}{\mathrm{d}t} = (L_2 + M)\dfrac{\mathrm{d}i}{\mathrm{d}t} \end{cases}$$
$$(3.58)$$

对于图 3.97(c)所示的去耦等效电路，两电感的 VCR 为

$$\begin{cases} u_1 = L_1' \dfrac{\mathrm{d}i}{\mathrm{d}t} \\ u_2 = L_2' \dfrac{\mathrm{d}i}{\mathrm{d}t} \end{cases}$$
$$(3.59)$$

若两电路等效，则式(3.58)和式(3.59)两组 VCR 中对应项的系数应相等，所以，串联去耦等效电路两元器件的参数分别为

$$\begin{cases} L_1' = L_1 + M \\ L_2' = L_2 + M \end{cases}$$
$$(3.60a)$$

而串联单口的等效电感为

$$L_{顺} = L_1' + L_2' = L_1 + L_2 + 2M$$
$$(3.60b)$$

2) 反接

耦合电感反接串联时，如果选择电压、电流的参考方向如图 3.97(b)所示，则耦合电感的 VCR 中，电压的互感分量前应取负号。等效电路各元器件的参数相应变为

$$\begin{cases} L_1' = L_1 - M \\ L_2' = L_2 - M \end{cases}$$
$$(3.61a)$$

串联单口的等效电感则为

$$L_反 = L_1' + L_2' = L_1 + L_2 - 2M \qquad (3.61b)$$

3）测定耦合电感的同名端和互感系数

由于耦合电感串联两种接法的等效电感不相等，因而在同样的电压下电流也不相等：顺接时等效电感大而电流小；反接时等效电感小而电流大。根据这个道理，通过实验不难测定耦合电感的同名端。

此外，由式（3.60b）和式（3.61b）可得

$$L_顺 - L_反 = L_1 + L_2 + 2M - (L_1 + L_2 - 2M) = 4M$$

所以

$$M = (L_顺 - L_反)/4 \qquad (3.62)$$

在测定同名端的同时，分别测得 $L_顺$ 和 $L_反$，即可算得两线圈的互感系数。

2. 耦合电感的并联

耦合电感的并联也有两种接法，同名端相连称为同侧并联，如图 3.98（a）所示；异名端相连称为异侧并联，如图 3.98（b）所示。无论何种接法，耦合电感并联，都可以等效为图 3.98（c）所示两个彼此无互感的电感元件并联，称为并联去耦等效电路。当然，接法不同，等效参数也是不同的。

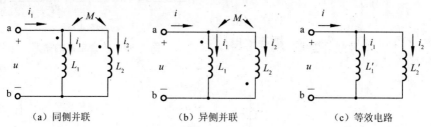

(a) 同侧并联　　　　　　　(b) 异侧并联　　　　　　　(c) 等效电路

图 3.98　耦合电感的并联

1）同侧并联

同侧并联时，如果选择电压、电流的参考方向如图 3.98（a）所示，则耦合电感的 VCR 为

$$\begin{cases} u = L_1 \dfrac{\mathrm{d}i_1}{\mathrm{d}t} + M \dfrac{\mathrm{d}i_2}{\mathrm{d}t} \\ u = M \dfrac{\mathrm{d}i_1}{\mathrm{d}t} + L_2 \dfrac{\mathrm{d}i_2}{\mathrm{d}t} \end{cases} \qquad (3.63)$$

由式（3.63）可得

$$\begin{cases} (L_2 - M)u = (L_1 L_2 - M^2)\dfrac{\mathrm{d}i_1}{\mathrm{d}t} \\ (L_1 - M)u = (L_1 L_2 - M^2)\dfrac{\mathrm{d}i_2}{\mathrm{d}t} \end{cases}$$

即

$$
\begin{cases}
u = \dfrac{L_1 L_2 - M^2}{L_2 - M} \dfrac{\mathrm{d}i_1}{\mathrm{d}t} \\[4mm]
u = \dfrac{L_1 L_2 - M^2}{L_1 - M} \dfrac{\mathrm{d}i_2}{\mathrm{d}t}
\end{cases}
\tag{3.64}
$$

式(3.64)即耦合电感作同侧并联时每个线圈的 VCR。

对于图 3.98(c)所示的去耦等效电路,两电感的 VCR 为

$$
\begin{cases}
u = L_1' \dfrac{\mathrm{d}i_1}{\mathrm{d}t} \\[4mm]
u = L_2' \dfrac{\mathrm{d}i_2}{\mathrm{d}t}
\end{cases}
\tag{3.65}
$$

若两电路等效,则式(3.63)和式(3.64)两组 VCR 中对应项的系数应相等,故得等效电路两个元器件的参数分别为

$$
\begin{cases}
L_1' = \dfrac{L_1 L_2 - M^2}{L_2 - M} \\[4mm]
L_2' = \dfrac{L_1 L_2 - M^2}{L_1 - M}
\end{cases}
\tag{3.66a}
$$

进一步不难得到并联单口的等效电感为

$$
L_{\text{同}} = \frac{L_1 L_2 - M^2}{L_1 + L_2 - 2M}
\tag{3.66b}
$$

2) 异侧并联

耦合电感作异侧并联时,如果选择电压、电流的参考方向如图 3.98(b)所示,则电压的互感分量前均应取负号。因而等效电路中两个元器件的参数相应变为

$$
\begin{cases}
L_1' = \dfrac{L_1 L_2 - M^2}{L_2 + M} \\[4mm]
L_2' = \dfrac{L_1 L_2 - M^2}{L_1 + M}
\end{cases}
\tag{3.67a}
$$

并联单口的等效电感则为

$$
L_{\text{异}} = \frac{L_1 L_2 - M^2}{L_1 + L_2 + 2M}
\tag{3.67b}
$$

应当指出,串联和并联等效参数虽然都是在预先假定的参考方向下导出的,但等效参数本身仅取决于原电路的参数和接法,而与电压、电流的参考方向无关。

例 3.22 变压器的初级由两个完全相同且彼此有互感的线圈组成,若其互感为 M,每个线圈的电感为 L,交流额定电压均为 110 V,试分析在交流电源电压分别为 220 V 和 110 V 两种情况下,初级两个线圈应分别如何连接? 如果接错会产生什么后果?

解 当电源电压为 220 V 时,两线圈应当串联,从而使每个线圈的电压等于额

定电压 110 V。顺接串联时每个线圈的等效电感为

$$L' = L + M > L$$

即串联后每个线圈的等效电感比单独使用它们时大,因而比单独使用安全。反接串联时每个线圈的等效电感为

$$L' = L - M < L$$

即串联后每个线圈的等效电感比单独使用它们时小。极端情况:当两线圈的耦合系数 $k = 1$ 时,有

$$L' = L - M = L - k\sqrt{LL} = L - L = 0$$

即每个线圈都相当于短路。可见,当电源电压为 220 V 时,两线圈应当顺接串联,如果是反接串联,则有烧毁线圈的危险。

电源电压为 110 V 时,两线圈应当并联,从而使每个线圈的电压等于额定电压 110 V。同侧并联时每个线圈的等效电感为

$$L' = \frac{L^2 - M^2}{L - M} = L + M > L$$

即并联后每个线圈的等效电感比单独使用它们时大,因而比单独使用安全。异侧并联时每个线圈的等效电感为

$$L' = \frac{L^2 - M^2}{L + M} = L - M < L$$

即并联后每个线圈的等效电感比单独使用它们时小。极端情况:当两线圈的耦合系数 $k = 1$ 时,有

$$L' = L - M = L - k\sqrt{LL} = L - L = 0$$

即每个线圈都相当于短路。可见,当电源电压为 110 V 时,两线圈应当接成同侧并联,如果接成异侧并联,则有烧毁线圈的危险。

3. 耦合电感的 T 形去耦等效电路

如果耦合电感的两个线圈有一个公共端,如图 3.99(a)和图 3.99(b)所示:两个线圈都有一端连接到 c,则耦合电感可用图 3.99(c)所示的 T 形网络来等效。该 T 形网络由三个彼此无互感的电感元件组成,称为 T 形去耦等效电路。

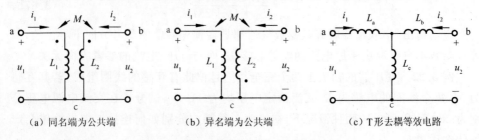

(a) 同名端为公共端   (b) 异名端为公共端   (c) T 形去耦等效电路

图 3.99 耦合电感的 T 形去耦等效电路

在图示的参考方向下,图 3.99(c)所示 T 形网络的 VCR 为

$$
\begin{cases}
u_1 = L_a \dfrac{\mathrm{d}i_1}{\mathrm{d}t} + L_c \dfrac{\mathrm{d}(i_1+i_2)}{\mathrm{d}t} = (L_a+L_c)\dfrac{\mathrm{d}i_1}{\mathrm{d}t} + L_c \dfrac{\mathrm{d}i_2}{\mathrm{d}t} \\[2mm]
u_1 = L_b \dfrac{\mathrm{d}i_1}{\mathrm{d}t} + L_c \dfrac{\mathrm{d}(i_1+i_2)}{\mathrm{d}t} = L_c \dfrac{\mathrm{d}i_1}{\mathrm{d}t} + (L_b+L_c)\dfrac{\mathrm{d}i_2}{\mathrm{d}t}
\end{cases} \tag{3.68}
$$

而图 3.99(a)所示原电路的 VCR 为

$$
\begin{cases}
u_1 = L_1 \dfrac{\mathrm{d}i_1}{\mathrm{d}t} + M \dfrac{\mathrm{d}i_2}{\mathrm{d}t} \\[2mm]
u_2 = M \dfrac{\mathrm{d}i_1}{\mathrm{d}t} + L_2 \dfrac{\mathrm{d}i_2}{\mathrm{d}t}
\end{cases} \tag{3.69}
$$

若该 T 形网络与图 3.99(a)的原电路等效,则两组 VCR 对应项的系数应相等。比较式(3.68)和式(3.69)可得

$$
L_c = M, \quad L_a + L_c = L_1, \quad L_b + L_c = L_2
$$

所以图 3.99(a)所示耦合电感的 T 形去耦等效参数为

$$
\begin{cases}
L_c = M \\
L_a = L_1 - M \\
L_b = L_2 - M
\end{cases} \tag{3.70}
$$

以上是同名端为公共端的情况。如果异名端为公共端,如图 3.99(b)所示,则在图 3.99(b)所示的参考方向下,其 VCR 中电压的互感分量前也应取负号,等效参数相应变为

$$
\begin{cases}
L_c = -M \\
L_a = L_1 + M \\
L_b = L_2 + M
\end{cases} \tag{3.71}
$$

等效参数只是分析电路的工具,并不都有具体的物理意义。所以,T 形去耦等效参数出现负值是容许的。

例 3.23　图 3.100(a)所示电路中,$L_1 = 6$ H,$L_2 = 4$ H,$M = 4$ H,开关 S 断开及合上时 a、b 两端的等效电感分别为多少亨利? 若 a、b 两端接 220 V 工频电压,求两种情况下电流 i 的有效值。

解　原电路的 T 形去耦等效电路如图 3.100(b)所示。

(1) 当 S 断开时,有

$$
L_{ab} = L_1 + L_2 + 2M = (6 + 4 + 2 \times 4) \text{ H} = 18 \text{ H}
$$

当 S 合上时,有

$$
L_{ab} = L_1 + M + \frac{(L_2+M)(-M)}{L_2+M-M} = \left[6 + 4 + \frac{(4+4)(-4)}{4+4-4} \right] \text{ H} = 2 \text{ H}
$$

(2) 当 S 断开时,有

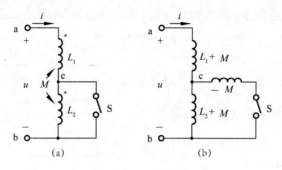

图 3.100 例 3.23 图

$$I=\frac{U}{\omega L_{ab}}=\frac{220}{2\times 3.14\times 50\times 18}\ \text{A}=38.9\ \text{mA}$$

当 S 合上时,有

$$I=\frac{U}{\omega L_{ab}}=\frac{220}{2\times 3.14\times 50\times 2}\ \text{A}=350\ \text{mA}$$

自学与拓展二 空心变压器

设 R_1、R_2 和 L_1、L_2 分别是空心变压器初、次级线圈的电阻和电感,M 为两线

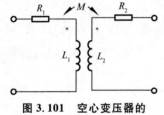

图 3.101 空心变压器的
电路模型

圈的互感,空心变压器可用图 3.101 所示含耦合电感的模型来表示。显然,在空心变压器的电路模型中,耦合电感的是没有公共端的。

当初级和次级分别接上电源和负载以后,如果用理想导线把耦合电感初级和次级的一端连接起来,则根据 KCL,这根导线中不会有电流通过,因而对电路原来的工作状态没有影响。但耦合电感却因为初级和次级有了公共端,所以,可用上述 T 形去耦等效电路来代替,从而使空心变压器电路的分析得以简化。

例 3.24 电路如图 3.102(a)所示,已知空心变压器初级接频率 $\omega=1000$ rad/s 的正弦电压 $\dot{U}_S=10\angle 0°$ V,次级接负载阻抗 $Z_L=0.6-\text{j}2$ Ω,试求空心变压器的初级和次级电流 $\dot{I}_1$、$\dot{I}_2$,以及负载可能获得的最大功率。

解 将耦合电感的 b、d 两端相连,并用 T 形去耦等效电路代替原电路中的耦合电感,得到图 3.102(b)所示的等效模型,从等效模型中不难求得

$$\dot{I}_1=\frac{10\angle 0°}{2+\text{j}3+\dfrac{\text{j}1(0.4+0.6-\text{j}2+\text{j}1)}{\text{j}1+0.4+0.6-\text{j}2+\text{j}1}}\ \text{A}=\frac{10\angle 0°}{2+\text{j}3+\dfrac{\text{j}1(1-\text{j}1)}{\text{j}1+1-\text{j}1}}\ \frac{10\angle 0°}{3+\text{j}4}\ \text{A}$$

$$=2\angle -53.1°\ \text{A}$$

$$\dot{I}_2=\frac{\text{j}1}{\text{j}1+1-\text{j}1}\ \dot{I}_1=2\angle 36.9°\ \text{A}$$

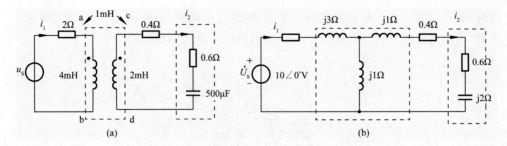

图 3.102　例 3.24 图

将负载移去,求得负载端开路电压为

$$\dot{U}_{oc}=\frac{j1}{2+j3+j1}\times 10\angle 0°\ V=2+j1\ V=\sqrt{5}\angle 26.6°\ V$$

输出复阻抗为

$$Z_o=\left[0.4+j1+\frac{j1(2+j3)}{j1+2+j3}\right]\Omega=0.5+j1.8\ \Omega$$

当负载复阻抗 $Z_s=0.5-j1.8\Omega$ 时,可获得最大功率,即

$$P=\frac{U_{oc}^2}{4\times R_o}=\frac{(\sqrt{5})^2}{4\times 0.5}\ W=2.5\ W$$

思考与练习

(1) 理想变压器具有怎样的电压、电流、阻抗变换关系和功率平衡关系?

(2) 绕制一台 220 V/110 V 的变压器,是否可以将初级线圈绕 2 匝,次级线圈绕 1 匝,为什么?

知识点二　电动机

电动机是生产、传输、分配及应用电能的主要设备,是生产过程电气化、自动化的重要部件。电动机是利用电磁感应原理工作的机械,它用途广泛、种类很多。常用的分类方式主要有两种:一种分类方法是按功能分,可分为发电动机、电动机、控制电动机和变速器等;另一种分类方法是按照电动机的结构、转速或运动方式分,可分为变速器、旋转电动机和直线电动机等。

电动机按其供电形式可分为直流电动机和交流电动机两大类。便携式的电动机常采用干电池或蓄电池作为电源,所以其中采用的大都是直流电动机。另外,对调速要求较高的机械,如电气机车等,多数还是采用直流电动机。

1. 直流电动机

1) 工作原理

图 3.103 为直流电动机模型,N 和 S 为一对固定的直流磁极,abcd 为一个可以转动的线圈。在实际电动机中,线圈的匝数很多,通常称为电枢绕组。绕组的两端分别连到两个互相绝缘的半圆金属片上。该金属片称为换向片,电动机转子与

绕组 abcd 同轴旋转。A 和 B 为两个电刷,固定在电刷架(未画出)上。电刷由弹簧压紧,与换向片保持良好的接触。电刷的引出线接直流电源的两极。

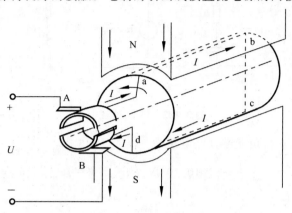

图 3.103 直流电动机模型

电流从电源的正极流出,经电刷 A 和换向片进入绕组 abcd,再经另一换向片和电刷 B 到电源的负极。电流的流向如图 3.103 中箭头所示,在 ab 段是从 a 到 b,cd 段是从 c 到 d。根据左手定则,可以确定 ab 段导体在磁场中的受力方向是向左,cd 段导体的受力方向是向右,于是绕组在磁场力的作用下作逆时针方向旋转。

随着绕组的转动,ab 段与 cd 段的位置发生变化,ab 段向下转入 S 极,cd 段向上转入 N 极。此时在上面的是 dc 段,在下面的是 ba 段,电流从电源正极流出,经电刷 A 和换向片进入 dc 段,电流方向为从 d 到 c,然后再从 b 到 a,经另一换向片和电刷 B,回到电源负极。由于换向片的作用,虽然 ab 段和 cd 段的位置相互转换,但是导体中电流的方向跟着转换,保证电枢绕组按原来的方向连续运转。

2) 分类

直流电动机的转动需要磁场。根据磁场的建立方式,直流电动机可以分为永磁式和励磁式两类。在永磁式电动机中用的是永久磁铁;在励磁式电动机中,磁场是由电流在励磁绕组中产生的,永磁式电动机的符号如图 3.104(a)所示。

励磁式电动机根据励磁绕组的接法又可分为并励式、串励式和复励式三种。

(1) 并励式电动机。

在并励式电动机中,励磁绕组与电枢绕组并联,如图 3.104(b)所示。为了减少励磁绕组中的损耗,励磁电流越小越好,故绕组的匝数较多,导线较细。

如果把励磁绕组与电枢绕组分开,各自用独立的电源供电,就成为他励式电动机,如图 3.104(c)所示。

(2) 串励式电动机。

在串励式电动机中,励磁绕组是和电枢绕组串联的,如图 3.104(d)所示。为了减小励磁绕组上的电压降,励磁绕组的匝数较少,导线较粗。

（3）复励式电动机。

在复励式电动机中，有两个励磁绕组，一个与电枢并联，称为并联绕组；另一个与电枢串联，称为串联绕组，如图 3.104(e)所示。

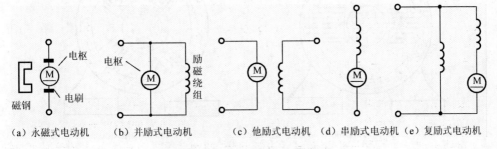

（a）永磁式电动机　（b）并励式电动机　（c）他励式电动机　（d）串励式电动机　（e）复励式电动机

图 3.104　不同种类的直流电动机

3）结构

（1）励磁式直流电动机的结构。

电动机的静止部分称为定子。励磁式直流电动机的定子由磁极、励磁绕组、机座、电刷装置等组成。电动机的转动部分称为转子。直流电动机的转子又称为电枢，由电枢铁芯、电枢绕组、换向器等组成。

① 磁极和励磁绕组。

磁极是用薄钢片叠合后，用铆钉铆合而成的，如图 3.105 所示。磁极的极掌部分比极身略宽，制成弧形，以改善磁通在气隙中的分布情况。极身上安放励磁绕组，由极掌挡住，不使其滑出。

励磁绕组是用绝缘导线绕制在框架上，并经浸漆处理后安装在磁极上，如图 3.106 所示。

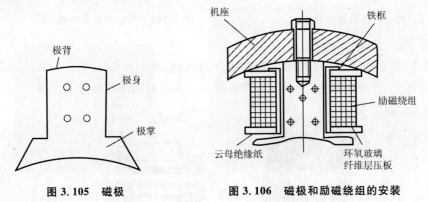

图 3.105　磁极　　　　　**图 3.106　磁极和励磁绕组的安装**

② 机座。

机座的作用是用于固定磁极、电刷架、端盖等部件。机座既是电动机的外壳，又是磁路的一部分，如图 3.107 所示。机座通常用铸铁或钢板制成。

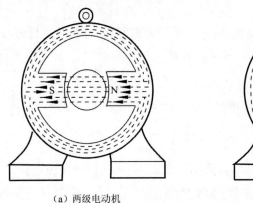

　　　　　（a）两级电动机　　　　　　　　　　　　（b）四级电动机

图 3.107　磁极和磁路

　　电枢是电动机的转动部分。电枢铁芯是由硅钢片冲压而成的,冲片形状如图 3.108 所示。电枢铁芯和绕组的形状如图 3.109 所示。为了充分利用材料,电枢铁芯的表面冲有很多凹槽,槽内放置电枢绕组。绕组按一定的规则与换向片连接,绕组本身自成一个闭合回路。

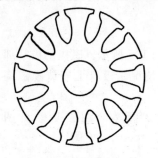

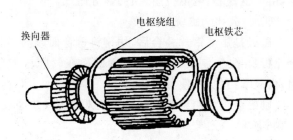

图 3.108　电枢铁芯冲片　　　　　　**图 3.109　电枢铁芯和绕组**

　　③ 换向器和电刷装置。

　　换向器是由许多互相绝缘的铜片组合而成的,其形状如图 3.110 所示。在实际电动机中,有很多绕组,所以换向片也很多。片与片之间用云母片绝缘。

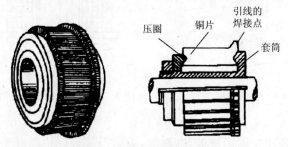

图 3.110　换向器的形状

电刷由石墨制成,安装在刷架上,利用弹簧将它紧压在换向器上。电刷的一端与换向器保持良好的接触,另一端用引线接出,与外电路接通。

(2) 永磁式直流电动机的结构。

① 磁极。

永磁式直流电动机的主磁场是由永久磁铁产生的。永久磁铁一般由铁氧体制成,成环形或瓦形,如图 3.111 所示。图 3.111(a)和图 3.111(b)是瓦形,图 3.111(c)是环形。根据磁路走向,一种方式是不通过外壳,如图 3.111(a)所示,此种外壳用不导磁的铝合金制成;另一种方式是磁路通过用导磁材料制成的外壳,如图 3.111(b)和图 3.111(c)所示。

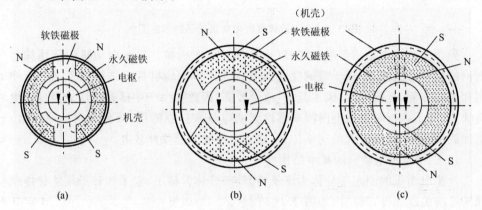

图 3.111 永磁式直流电动机的磁路

② 转子。

转子就是电枢。和励磁式电动机一样,永磁式电动机的转子也是由电枢铁芯、电枢绕组和换向器等组成的。所不同的是,因为永磁式电动机一般都比较小,转子的槽数不多,常做成三槽或五槽的形式,槽内绕 3 个或 5 个线圈。图 3.112 所示为三槽式直流电动机转子的示意图,3 个线圈的一端连在一起,另一端焊在相应的换向片上。其中图 3.112(a)为磁场中的转子,图 3.112(b)为线圈的接法示意图。

换向片的数目与线圈数目相等,是互相绝缘的铜片,镶嵌在绝缘机座上,机座固定在不锈钢转轴上。

③ 电刷。

电动机的电刷通常是用石墨制成的。如果电动机很小,可不用刷架,而是把电刷镶嵌在磷铜片上,利用铜片的弹性使电刷与换向器保持良好的接触。铜片的另一端固定在接线端子上。

2. 三相异步电动机

交流旋转电动机主要分为异步电动机和同步电动机两大类,从原理上讲所有旋转电动机均是可逆的,它既可以作为发电机运行,又可以作为电动机运行。

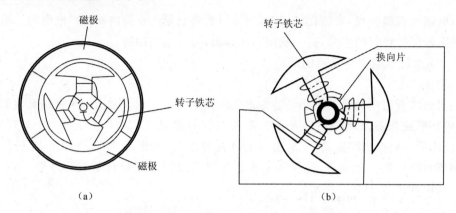

（a）   （b）

图 3.112   三槽式直流电动机转子的示意图

异步电动机主要用于电动机,以拖动各种生产机械。异步电动机的转速除与电网的频率有关外,还随负载的变化而变化。异步电动机具有结构简单,制造、使用和维护方便,运行可靠,成本低廉,效率较高,因此在生产中得到广泛应用。但也有缺点,一是运行时要从电网吸取感性无功电流来建立磁场,降低电网功率因数,增加线路损耗,限制电网的功率传送;二是启动和调速性能较差。

1)三相异步电动机的基本结构

异步电动机的固定部分称为定子,转动部分称为转子,定子和转子是能量传递和转换的关键部件,其结构如图 3.113 所示。

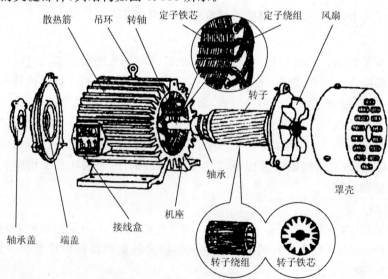

图 3.113   笼形异步电动机的结构

（1）定子。

定子主要由定子铁芯、定子绕组和机座三部分组成。

定子铁芯是电动机磁路的组成部分,为了减小铁芯损耗,定子铁芯一般由表面涂有绝缘漆、厚 0.5 mm 的硅钢片叠压而成。定子铁芯内圆周表面有槽孔,用于嵌置定子绕组,如图 3.114 所示。

定子绕组是定子中的电路部分。中、小型电动机一般采用高强度漆包线绕制。三相异步电动机的对称绕组共有 6 个出线端,每组绕组的首端 U_1、V_1、W_1 和末端 U_2、V_2、W_2 通常接到机座的接线盒上。根据电源电压和电动机绕组的电压额定值,把三相绕组接成星形连接,如图 3.115(a)所示,或接成△形连接,如图 3.115(b)所示。

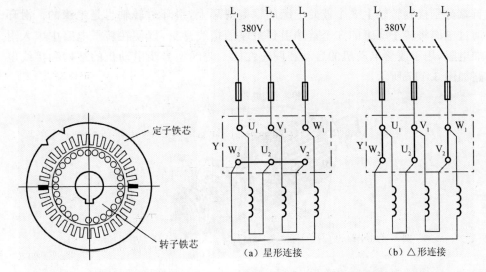

图 3.114　定子和转子的铁芯片　　图 3.115　定子绕组的星形和△形连接

（2）转子。

转子是电动机的旋转部分,由转子铁芯、转子绕组、风扇及转轴组成。

转子铁芯是由厚 0.5 mm 的硅钢片叠压而成的圆柱体,其外圆周表面有槽孔,以便嵌置转子绕组,如图 3.116(a)所示。

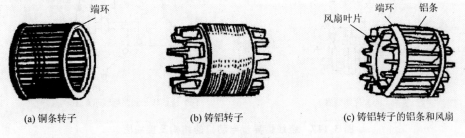

(a)铜条转子　　　　(b)铸铝转子　　　　(c)铸铝转子的铝条和风扇

图 3.116　笼形转子

异步电动机的转子绕组,根据构造形式分成笼形转子和绕线转子两种。

① 笼形转子。

笼形转子是在转子铁芯内压进铜条,铜条两端分别焊在两个铜环(端环)上,如图 3.116(a)所示。为了节省铜材,现在中、小型电动机一般都采用铸铝转子,如图3.116(b)和图 3.116(c)所示。把熔化的铝浇铸在转子铁芯槽内,将冷却用的风叶和转子构成一体,简化了制造工艺。

② 绕线转子。

绕线转子的铁芯与笼形转子的铁芯相似,不同的是在绕线转子的槽内嵌置对称的三相绕组。三相绕组接成星形连接,即三个绕组的末端连在一起,三个绕组的首端分别接到转轴上 3 个彼此绝缘的铜制滑环上,滑环对转轴也是绝缘的。滑环通过电刷将转子绕组的 3 个首端引到机座的接线盒里,以便在转子电路中串入附加电阻,用于改善电动机的启动和调速性能。绕线型异步电动机的结构和接线电路如图 3.117 所示。

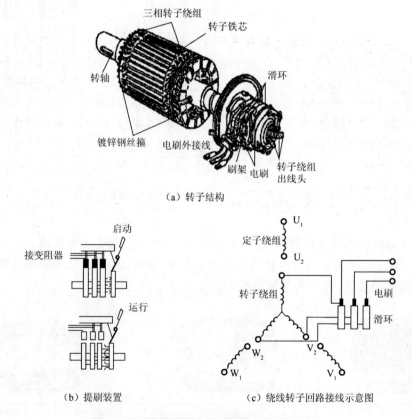

(a) 转子结构

(b) 提刷装置

(c) 绕线转子回路接线示意图

图 3.117　绕线型异步电动机的结构及接线图

2)三相异步电动机的工作原理

三相异步电动机是由旋转磁场切割转子导体,在其中产生转子电流,然后旋转磁场又与转子电流相互作用,产生电磁转矩而使转子旋转。所以旋转磁场的产生是转子转动的先决条件。

(1) 旋转磁场。

① 旋转磁场的产生。

图 3.118 为三相异步电动机定子绕组的示意图和接线图。三相对称绕组 U_1-U_2、V_1-V_2、W_1-W_2 在空间相互差 120°。若将 U_2、V_2、W_2 接在一起,U_1、V_1、W_1 分别接三相电源(Y 形接法),便有对称的三相交变电流流入相应的定子绕组,即

$$i_1 = I_m \sin(\omega t)$$
$$i_2 = I_m \sin(\omega t - 120°)$$
$$i_3 = I_m \sin(\omega t + 120°)$$

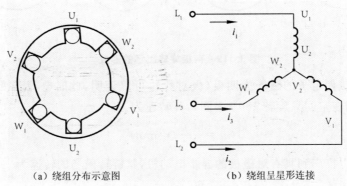

(a) 绕组分布示意图　　　　　(b) 绕组呈星形连接

图 3.118　三相异步电动机定子绕组

三相绕组各自流入电流后将分别产生自己的交变磁场,3 个交变磁场在定子空间汇合成如图 3.119 所示的一个两极磁场。为了便于分析,设三相对称电流按正弦规律变化,假定电流从绕组首端流入为正,末端流入为负。电流的流入端用符号⊗表示,流出端用符号⊙表示。在图 3.119 中,对 $\omega t=0$、$\omega t=120°$、$\omega t=240°$、$\omega t=360°$四个时刻进行分析。

由上述分析可以看出,对于图 3.119 所示的定子绕组,流入三相交流电后将产生旋转磁场,且电流变化一个周期时,合成磁场在空间旋转 360°。

旋转磁场的磁极对数 p 与定子绕组的安排有关。通过适当的安排,也可以制成两对、三对或更多磁极对数的旋转磁场。

② 旋转磁场的转速。

根据上面的分析,电流在时间上变化一个周期,二极磁场在空间旋转一圈。若电流的频率为每秒变化周期,旋转磁场的转速为转/秒。若以表示旋转磁场的每分钟转速,则可得

$$n_0 = 60f \ (\text{r/min})$$

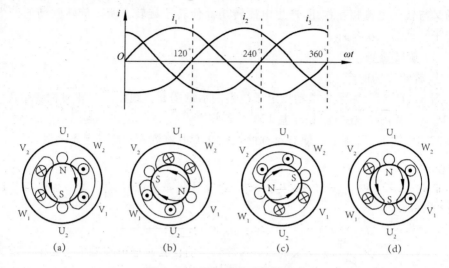

图 3.119　两极旋转磁场的形成

如果设法使定子的磁场为四极(极对数),可以证明,此时电流若变化一个周期,合成磁场在空间只旋转 180°(半圈),其转速为

$$n_0 = \frac{60f}{p}\ (\mathrm{r/min})$$

由此可以推广到具有对磁极的异步电动机,其旋转磁场的转速为

$$n_0 = \frac{60f}{2}\ (\mathrm{r/min})$$

所以旋转磁场的转速(也称为同步转速)取决于电源频率和电动机的磁极对数。我国的电源频率为 50 Hz,因此不同磁极对数所对应的旋转磁场转速如表 3.3 所示。

表 3.3　不同磁极对数所对应的旋转磁场转速

P	1	2	3	4	5	6
$n_0/(\mathrm{r/min})$	3000	1500	1000	750	600	500

③ 旋转磁场的方向。

从图 3.119 可以看出,当三相电流的相序为 L_1-L_2-L_3 时,旋转磁场的方向是从绕组首端 U_1 转到 V_1,然后转到 W_1,即旋转方向与电流的相序是一致的。如果把三根电源线任意对调两根(如对调 L_2、L_3),此时 W_1-W_2 绕组流入 L_2 相电流,V_1-V_2 绕组流入 L_3 相电流,读者自己可以作图证明,旋转磁场改变了原来的方向,即从绕组首端 U_1 转到 W_1,然后转到 V_1。

(2) 转子电流。

如图 3.120 所示,设转子不动,磁场以同步转速顺时针方向旋转,转子与磁场之间有相对运动,即相当于磁场不动,转子导体以逆时针方向切割磁场的磁力线,其结果就在导体中产生了感应电动势。感应电动势的方向用右手定则判定。图 3.120 中,转子上面导体中产生的感应电动势的方向是穿出纸面向外的,而下面导体中产生的感应电动势是穿入纸面向内的。

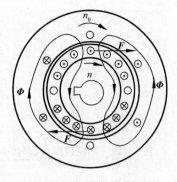

图 3.120 异步电动机的工作原理

由于转子导体的两端由端环连通,形成闭合的转子电路,因而感应电动势将在转子电路中产生电流。如果忽略转子电路感抗,认为转子电流与感应电动势同相,那么图 3.120 中所标电动势的方向(⊙表示穿出,⊗表示穿入)也就是电流的方向。

(3) 转子转动原理。

转子导体中产生电流以后,这些导体在磁场中将产生电磁力。电磁力的方向可用左手定则判定。图 3.120 中,上面导体中电磁力 **F** 的方向朝右,下面导体中电磁力 **F** 的方向朝左,于是转轴就产生一个旋转力矩,称为电磁转矩。电磁转矩将使转子沿着旋转磁场的方向旋转。

综上分析可知,三相异步电动机的工作原理如下。

① 三相对称绕组中通入三相对称电流产生圆形旋转磁场;

② 转子导体切割旋转磁场产生感应电动势和电流;

③ 转子载流导体在磁场中受到电磁力的作用,从而形成电磁转矩,驱使转子转动。

异步电动机的旋转方向始终与旋转磁场的旋转方向一致,而旋转磁场的方向又取决于异步电动机的三相电流相序。因此三相异步电动机的转向与电流的相序一致。要改变转向,只需改变电流的相序即可,即任意对调电动机定子绕组三根相线中的两根电源线,就可使电动机反转。

(4) 转差率。

通常,我们把同步转速与转子转速的差值与同步转速的比值称为异步电动机的转差率,即

$$S=\frac{n_0-n}{n_0} \quad 或 \quad S=\frac{n_0-n}{n_0}\times100\%$$

转差率是异步电动机的一个基本物理量,它反映异步电动机的各种运行情况。异步电动机启动瞬间,$n=0$,$S=1$,转差率最大;空载运行时,转子转速最高,转差率 S 最小;额定负载运行时,转子转速较空载要低,故转差率较空载时大。一般情况下,额定转差率 $S_N=0.01\sim0.06$,即异步电动机的转速很接近同步电动机的转速。

3) 三相异步电动机定子绕组首、末端的测定

定子绕组的正确连接是三相异步电动机正常运转的前提,在投入运行之前应

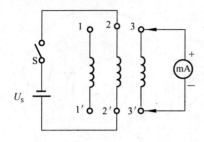

图 3.121 测定绕组首、末端

通过试验对定子绕组的首、末端进行一次确认。图 3.121 是测定绕组首、末端的试验线路。按图中所接线路,如果开关 S 合上瞬间电流表指针正向偏转,则"2"端和"3"端同为首端(或同为末端)。

这里用于测定定子绕组首、末端的方法和测定变压器绕组同名端的方法是一样的,只是对于变压器来说,上述操作的结果说明"3"端和"2′"是同名端(同为"＋"或同为"－");而对于三相异步电动机来说,却是"3"端和"2"端同为首端(或同为末端)。之所以有如此不同的结论,是由于三相异步电动机定子绕组空间位置上的特点。当任意一个绕组的电流发生变化时,与该绕组的首端瞬时极性相同的并非是另两相绕组的首端,而恰恰是它们的末端。所以,三相异步电动机的首、末端和变压器的首、末端是不能混为一谈的。

4)异步电动机的铭牌数据

(1)额定电压:使电动机正常运行的电源电压,对于三相异步电动机,额定电压是指线电压。

(2)额定功率:在额定电压下运行时转轴上容许输出的最大机械功率。它小于输入的电功率。

(3)额定电流:在额定电压下输出额定功率时的定子电流。对于三相交流电动机,额定电流是指线电流。

(4)额定转速:在额定状态下运行时电动机的转速。

此外,还有额定频率、额定功率因数和接线方式等。

自学与拓展 单相异步电动机

单相异步电动机的定子绕组是单相的,转子多半也是鼠笼式的。绕组接通单相电源后,由于单相电流的磁场是脉动磁场,而非旋转磁场,所以不能自行启动。但脉动磁场可以分解为两个幅值相等、方向相反的旋转磁场,一旦某种外力使转子向某个方向转动了,则两个旋转磁场都会在转子导体中感应电流并产生电磁转矩,只是反向转矩远小于正向转矩,其不足以使转子停转,从而转子能够在原来的方向上继续转下去。因此,要使单相异步电动机转起来,关键在于要给它一个启动转矩,也就是在启动时要设法产生一个旋转磁场。按启动方法,单相异步电动机分为裂相式和罩极式两大类。

1. 裂相式

裂相式单相异步电动机的定子铁芯内除上述的工作绕组外,还另外安装了一个在空间位置上与工作绕组相差 90°的辅助绕组。启动时辅助绕组与一个电容串联后,再接单相电源。由于电容的补偿作用,两个绕组的电流形成接近 90°的相位差(裂相式)。这两个电流的磁场合成得到一个旋转磁场,从而使转子转起来。启动电动机后,可借助于离心开关将启动回路自动断开。也有辅助绕组参与运行的电容运行电动机,由于运行时需要的电容小,启动后仍要借助于离心开关切除部分电容。

除电容式外,还有电阻式。启动时将辅助绕组与一个电阻串联,也可以达到裂相的效果。

裂相式电动机的功率从几十到数百瓦不等,其中电容式电动机可用于需要较大启动转矩的空调、电冰箱等;而电阻式电动机则多用于小型机床、医疗器械等。

2. 罩极式

罩极式单相异步电动机的定子一般做成凸极式,并在每个凸极内嵌入一个短路环,把磁极的一部分套住(罩极式)。当装在磁极上的工作绕组接通单相电源时,绕组电流产生的磁通随电流交变,在短路环内产生感应电动势及感应电流,感应电流的磁通使罩极内、外的磁通形成一定的相位差,从而在气隙内建立起旋转磁场,使电动机启动。显然,罩极式的名称取自它的结构,但工作原理仍然是"裂相"。

罩极式单相异步电动机结构简单,容易制造;但启动转矩小,运行性能(效率、功率因数、过载能力等)较差。其额定功率一般不超过 10 W,多用于小型风扇、电吹风或小功率电动模型等。

思考与练习

(1) 三相异步电动机的定子绕组有何特点?当绕组接通三相电源时,定子电流产生一个怎样的磁场?

(2) 什么是同步转速?它和哪些因素有关?三相异步电动机是怎样转动起来的?

(3) 如何测定定子绕组的首、末端?

第三部分　项目工作页

项目工作页如表 3.4 和表 3.5 所示。

表 3.4　小组成员分工列表和预期工作时间计划表 3

任务名称		承担成员	计划用时	实际用时
常用电源的识别与检测	直流电源的识别与检测			
	交流电源的识别与检测			
	三相电源的识别与检测			
	信号源的识别与检测			

续表

任 务 名 称		承担成员	计划用时	实际用时
常用电子元器件 的识别与检测	电阻的识别与检测			
	电感的识别与检测			
	电容的识别与检测			
常用低压电器的 识别与检测	常用开关的识别与检测			
	熔断器的识别与检测			
	低压断路器的识别与检测			
	接触器的识别与检测			
	继电器的识别与检测			
变压器、电动机 的识别与检测	变压器的识别与检测			
	电动机的识别与检测			

注:项目任务分工,由小组同学根据任务轻重、人员多少,共同协商确认。

表 3.5　任务(N)工作记录和任务评价 3

任 务 名 称			
资 讯	方 式	教材	
		参考资料	
		网络地址	
		其他	
	要点		
	现场信息		
计 划	所需工具		
	作业流程		
	注意事项		

		工作内容	计划时间	负责人
计 划	工作 进程			

续表

任务名称		
决策	老师审批意见	
	小组任务 实施决定	
工作过程		
检查		签名：
存在问题及 解决方法		签名：
任务 评价	自评	
	互评	（老师）签名：

注：① 根据工作分工，每项任务都由承担成员撰写项目工作页，并在小组讨论修改后向老师提出；② 教学主管部门可通过项目工作页内容的检查，了解学生的学习情况和老师的工作态度，以便于进一步改进教学不足，提高教学质量。

第四部分 自我练习

想一想

1. 怎样理解电压源的"电压为恒定值或电压为一定的时间函数，与通过它的电流无关"？将电压源短路会使它的电压变为 0 吗？为什么实际电源不允许短路？

2. 三相三线制 Y 形负载为什么必须对称？三相四线制对中线有什么要求？为什么？

3. 电阻元件电压、电流的实际方向有何特点？什么是线性电阻元件？

4. 什么是额定值？使用实际电阻器时应注意什么问题？

5. 影响线圈电感的因素有哪些？使用线圈除了要了解线圈电感的大小，还需要什么数据？

6. 电容并联和串联的基本特点是什么？如何确定电容并联和串联时的耐压？

算一算

1. 已知电源的外特性曲线如图 3.122 所示，试求该电源的电路模型。

2. 有两只电阻，其额定值分别为 20 Ω、10 W 和 50 Ω、10 W，试求它们允许通过的电流各为多少？若将两者串联起来，两端最高允许加多大电压？

3. 在关联参考方向下，已知加于电感元件两端的电压为 $u_L = 100\sin(100t + 30°)$ V，通过的电流为 $i_L = 10\sin(100t + \psi_i)$ A，试求电感的参数 L 及电流的初相 ψ_i。

4. 电路如图 3.123 所示，$R_1 = 6$ Ω，$R_2 = 6$ Ω，$R_3 = 6$ Ω，$C = 0.4$ F，$I_S = 2$ A，电路已经稳定。求电容元件的电压及储能。

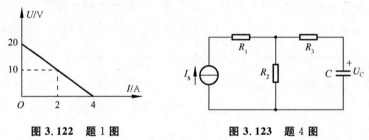

图 3.122　题 1 图　　　　图 3.123　题 4 图

5. 已知具有互感耦合的线圈如图 3.124 所示。

(1) 标出它们的同名端；

(2) 试判断开关闭合时或开关断开瞬间，电压表的偏转方向。

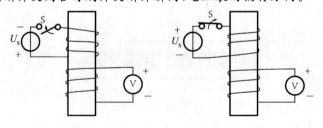

图 3.124　题 5 图

项目四

基本电路的分析与检测

【项目描述】

在大量的电子电气系统中利用各种电路可以完成不同的任务,通过对不同电路进行分析,可以掌握电路的特性,了解它们的应用。对基本电路进行分析与检测是电工人员要求具备的非常重要的能力。

【学习情境】

(1)惠斯通电桥电路如图 4.1 所示。

(2)日光灯电路如图 4.2 所示。

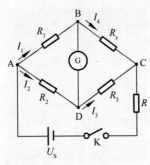

图 4.1　惠斯通电桥电路

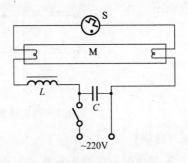

图 4.2　日光灯电路

(3)分压器电路如图 4.3 所示。

(4)电子闪光灯电路如图 4.4 所示。

(5)收音机调谐回路如图 4.5 所示。

(6)电动机接线电路如图 4.6 所示。

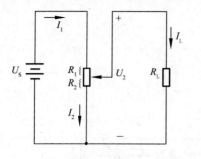

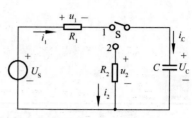

图 4.3　分压器电路　　　　图 4.4　电子闪光灯电路

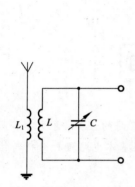

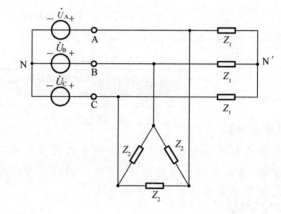

图 4.5　收音机调谐回路　　　　图 4.6　电动机接线电路

（7）两瓦特表测量三相功率的电路如图 4.7 所示。

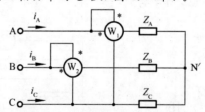

图 4.7　两瓦特表测量三相功率的电路

【学习目标】

（1）掌握叠加定理的内容及使用条件；

（2）掌握戴维宁定理的内容；

（3）掌握换路定律的内容；

（4）掌握动态电路过渡过程的基本知识；

（5）掌握串、并联谐振电路的特征及相关知识；

（6）掌握三相电路的构成及特点；

（7）掌握功率、功率因数的相关知识。

【能力目标】

(1) 能够利用基尔霍夫定律分析电路；

(2) 能够利用叠加定理分析电路；

(3) 能够利用戴维宁定理分析电路；

(4) 能够利用换路定律分析电路；

(5) 能够利用一阶电路的三要素法分析电路；

(6) 能够利用电路的基本分析方法分析三相电路；

(7) 能够对电路的供电效率与供电品质进行分析；

(8) 能够利用电工仪表对不同类型的基本电路进行检测；

(9) 能够掌握文明实训、环境保护的相关规定及内容。

第二部分　项目学习指导

任务一　直流电路的分析与检测

知识点一　用基尔霍夫定律分析直流电路

1. 支路电流法

支路电流法是分析电路最基本的方法，这种方法是以支路电流为未知量，直接应用 KCL 和 KVL 分别对节点和回路列出所需的节点电流方程及回路电压方程，然后联立求解，得出各支路的电流值。

下面以图 4.8 所示的电路为例，说明支路电流法的求解过程。

图 4.8 中的电路共有 2 条支路、2 个节点和 3 个回路。已知各电源的电压值和各电阻的电阻值，求解 3 个未知支路的电流 I_1、I_2、I_3，需要列 3 个独立方程联立求解。所谓独立方程是指该方程不能通过已经列出的方程线性变换而来。

列方程时，首先，必须在电路图上选定各支路电流的参考方向，并标明在电路图上。根据 KCL，列出节点 a 和 b 的 KCL 方程为

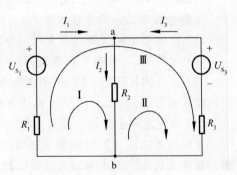

图 4.8 支路电流法图例

$$-I_1 + I_2 - I_3 = 0 \tag{4.1}$$

$$I_1 - I_2 + I_3 = 0 \tag{4.2}$$

显然，式(4.1)和式(4.2)实际相同，所以只有 1 个方程是独立的。可见 2 个节点只能列出 1 个独立的电流方程。

可以证明:若电路中有 n 个节点,则应用 KCL 只能列出 $(n-1)$ 个独立节点电流方程。

其次,选定回路绕行方向,一般选顺时针方向,并标明在电路图上。根据 KVL,列出各回路的电压方程如下。

回路 Ⅰ $\qquad\qquad I_1R_1-U_{S_1}+I_2R_2=0$ $\qquad\qquad$ (4.3)

回路 Ⅱ $\qquad\qquad -I_2R_2+U_{S_3}-I_3R_3=0$ $\qquad\qquad$ (4.4)

回路 Ⅲ $\qquad\qquad I_1R_1-U_{S_1}+U_{S_3}-I_3R_3$ $\qquad\qquad$ (4.5)

从式(4.3)、式(4.4)和式(4.5)可以看出,这 3 个方程中,任何 1 个方程都可以从其他 2 个方程中导出,所以只有 2 个方程是独立的。这正好是求解 3 个未知电流所需的其余方程的数目。

同样可以证明,对于有 m 个网孔的平面电路,必含有 m 个独立的回路,且 $m=b-(n-1)$。网孔是最容易选择的独立回路。

总之,对于具有 b 条支路、n 个节点、m 个网孔的电路,应用 KCL 可以列出 $(n-1)$ 个独立节点的电流方程,应用 KVL 可以列出 m 个网孔电压方程,而独立方程总数为 $(n-1)+m$,恰好等于支路数 b,所以方程组有唯一解。联立式(4.1)、式(4.3)和式(4.4),有

$$\begin{cases} -I_1+I_2-I_3=0 \\ I_1R_1-U_{S_1}+I_2R_2=0 \\ -I_2R_2+U_{S_3}-I_3R_3=0 \end{cases}$$

解方程组就可以求得 I_1、I_2、I_3。

支路电流法的一般步骤如下。

(1) 选定支路电流的参考方向,标明在电路图上,b 条支路共有 b 个未知变量。

(2) 根据 KCL 列出节点方程,对 n 个节点可列出 $(n-1)$ 个独立方程。

(3) 选定网孔绕行方向,标明在电路图上,根据 KVL 列出网孔方程,网孔数等于独立回路数,可列出 m 个独立电压方程。

(4) 联立求解上述 b 个独立方程,求得各支路电流。

支路电流法以支路电流为未知量,同时利用 KCL 和 KVL 列出方程并联立求解。这种方法须联立求解的方程的个数与支路数相等,当支路很多时,求解十分不易,故很少使用。

另外,在用支路电流法分析含有理想电流源的电路时,对含有电流源的回路,应将电流源的端电压列入回路电流方程。此时,电路增加一个变量,应该补充一个相应的辅助方程,该方程可由电流源所在支路的电流为已知来引出。第二种处理方法是,由于理想电流源所在支路的电流为已知,在选择回路时也可以避开理想电流源支路。

例 4.1 图 4.9(a)所示电路,用支路电流法求各支路电流。

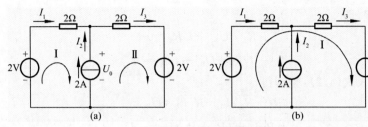

图 4.9　例 4.1 图

解　方法一:选定并标出支路电流,电流源端电压为 U_0,并选定网孔绕向,如图 4.9(a)所示。

列 KCL 方程,得 $\qquad\qquad -I_1-I_2+I_3=0$

列 KVL 方程,得 $\qquad\qquad -2+2I+U_0=0$

$$-U_0+2I_3+2=0$$

补充一个辅助方程 $\qquad\qquad I_2=2\ \text{A}$

联立方程组,得　$I_1=-1\ \text{A}$,　$I_2=2\ \text{A}$,　$I_3=1\ \text{A}$,　$U_0=4\ \text{V}$

方法二:选定并标出支路电流,选定回路绕向,如图 4.9(b)所示。

列 KCL 方程,得 $\qquad\qquad -I_1-I_2+I_3=0$

避开电流源支路,列 KVL 方程,得 $\qquad -2+2I_1+2I_3+2=0$

补充一个辅助方程 $\qquad\qquad I_2=2\ \text{A}$

联立方程组,得 $\qquad I_1=-1\ \text{A}$,　$I_2=2\ \text{A}$,　$I_3=1\ \text{A}$。

2. 网孔电流法

网孔电流法也是分析电路的基本方法。这种方法是以假想的网孔电流为未知量,应用 KVL 列出网孔方程,联立方程求得各网孔电流,再根据网孔电流与支路电流的关系式,求得各支路电流。

以图 4.10 为例来说明网孔电流法。

为了求得各支路电流,先选择一组独立回路,这里选择的是 2 个网孔。假想每个网孔中,都有一个网孔电流沿着网孔的边界流动,如 I_{11} 和 I_{12}。需要指出的是,I_{11} 和 I_{12} 是假想的电流,电路中实际存在的电流仍是支路电流 I_1、I_2、I_3。从图 4.10 中可以看出,2 个网孔电流与 3 个支路电流之间存在以下关系式:

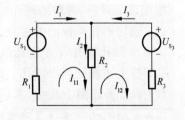

图 4.10　网孔电流法

$$\begin{cases} I_1=I_{11} \\ I_2=I_{11}-I_{12} \\ I_3=-I_{12} \end{cases} \qquad (4.6)$$

如图 4.10 所示电路,选取网孔绕行方向与网孔电流参考方向一致,根据 KVL

可列网孔方程,即

$$\begin{cases} I_1 R_1 - U_{S_1} + I_2 R_2 = 0 \\ -I_2 R_2 + U_{S_3} - I_3 R_3 = 0 \end{cases} \tag{4.7}$$

将式(4.1)代入式(4.2),整理得

$$\begin{cases} (R_1 + R_2) I_{l1} - R_2 I_{l2} = U_{S_1} \\ -R_2 I_{l1} + (R_2 + R_3) I_{l2} = -U_{S_3} \end{cases} \tag{4.8}$$

写成一般形式为

$$\begin{cases} R_{11} I_{l1} + R_{12} I_{l2} = U_{S_{11}} \\ R_{21} I_{l1} + R_{22} I_{l2} = U_{S_{22}} \end{cases} \tag{4.9}$$

式(4.9)是具有 2 个网孔电路的网孔电流方程的一般形式,其有如下规律。

(1) R_{11}、R_{22} 分别称为网孔 1、2 的自电阻,其值等于各网孔中所有支路的电阻之和,它们总取正值,$R_{11} = R_1 + R_2$,$R_{22} = R_2 + R_3$。

(2) R_{12}、R_{21} 称为网孔 1、2 之间的互电阻,$R_{12} = -R_2$,$R_{21} = -R_2$,可以看出,$R_{12} = R_{21}$,其绝对值等于这 2 个网孔的公共支路的电阻。当 2 个网孔电流流过公共支路的参考方向相同时,互电阻取正号,否则取负号。

(3) $U_{S_{11}}$、$U_{S_{22}}$ 分别称为网孔 1、2 中所有电压源的代数和,即 $U_{S_{11}} = U_{S_1}$,$U_{S_{22}} = -U_{S_3}$。当电压源电压的参考方向与网孔电流方向一致时取负号,否则取正号。

式(4.9)可推广到具有 m 个网孔电路的网孔电流方程的一般形式,即

$$\begin{cases} R_{11} I_{l1} + R_{12} I_{l2} + \cdots + R_{1m} I_{lm} = U_{S_{11}} \\ R_{21} I_{l1} + R_{22} I_{l2} + \cdots + R_{2m} I_{lm} = U_{S_{22}} \\ \qquad\qquad\qquad\qquad\qquad\quad \vdots \\ R_{m1} I_{l1} + R_{m2} I_{l2} + \cdots + R_{mn} I_{lm} = U_{S_{mm}} \end{cases}$$

根据以上分析,可归纳网孔电流法的一般步骤如下。

(1) 选定网孔电流的参考方向,标明在电路图上,并以此方向作为网孔的绕行方向。m 个网孔就有 m 个网孔电流。

(2) 按上述规则列出网孔电流方程。

(3) 联立并求解方程组,求得网孔电流。

(4) 根据网孔电流与支路电流的关系式,求得各支路电流或其他需求的电量。

例 4.2 图 4.10 所示电路,已知 $U_{S_1} = 8 \text{ V}$,$R_1 = 2 \text{ Ω}$,$R_2 = 3 \text{ Ω}$,$R_3 = 6 \text{ Ω}$,$U_{S_3} = 12 \text{ V}$,用网孔电流法求各支路电流。

解 设网孔电流 I_{l1} 和 I_{l2} 如图 4.10 所示,列网孔电流方程组为

$$\begin{cases} (R_1 + R_2) I_{l1} - R_2 I_{l2} = U_{S_1} \\ -R_2 I_{l1} + (R_2 + R_3) I_{l2} = -U_{S_3} \end{cases}$$

代入数据,可得

$$\begin{cases} 5I_{l1}-3I_{l2}=8 \\ -3I_{l1}+9I_{l2}=-12 \end{cases}$$

解得　　　　　　　　　　　$I_{l1}=1\text{ A},\quad I_{l2}=-1\text{ A}$

因此,各支路电流为　　　　　　$I_1=I_{l1}=1\text{ A}$

$$I_2=I_{l1}-I_{l2}=2\text{ A}$$

$$I_3=-I_{l2}=1\text{ A}$$

例 4.3　图 4.11 所示电路,用网孔电流法求各支路电流。

解　电路中含有电流源,选取网孔电流 I_{l1}、
I_{l2},如图 4.11 所示。I_{l2} 为唯一流过含电流源的
网孔电流,且参考方向与电流源电流方向相反,
所以 $I_{l2}=-1\text{ A}$。

列左边网孔方程为 $(4+6)I_{l1}-6I_{l2}=10$ 并
将 I_{l2} 代入其中,整理得

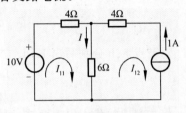

图 4.11　例 4.3 图

$$I_{l1}=\frac{10+6I_{l2}}{10}=0.4\text{ A}$$

$$I=I_{l1}-I_{l2}=1.4\text{ A}$$

3. 节点电位法

如果在电路中任选一个节点作为参考点,即设这个节点的电位为零,其他每个
节点与参考节点之间的电压称为该节点的节点电位。每条支路都是接在两个节点
之间,它的支路电压就是与其相关的两个节点电位之差,知道了各支路电压,应用
欧姆定律就可求出各支路电流。

节点电位法是以节点电位为未知量,将各支路电流用节点电位表示,应用
KCL 列出独立节点的电流方程,联立方程求得各节点电位,再根据节点电位与各
支路电流关系式,求得各支路电流。

图 4.12 所示电路有 3 个节点,选择 0 点为参考节点,则其余 2 个为独立节点,
设独立节点的电位为 V_a、V_b。各支路电流在图示参考方向下与节点电位存在以下
关系式:

$$\begin{cases} I_1=\dfrac{V_a}{R_1}=G_1V_a \\[2mm] I_2=\dfrac{V_a-V_b-U_{S_2}}{R_2}=G_2(V_a-V_b-U_{S_2}) \\[2mm] I_3=\dfrac{V_a-V_b}{R_3}=G_3(V_a-V_b) \\[2mm] I_4=\dfrac{V_b}{R_4}=G_4V_b \\[2mm] I_5=\dfrac{V_b-U_{S_5}}{R_5}=G_5(V_b-U_{S_5}) \end{cases} \qquad (4.10)$$

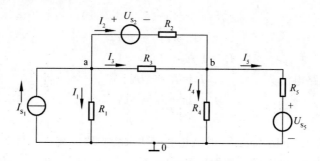

图 4.12　节点电位法图例

对节点 a、b 分别写出 KCL 方程,即

$$-I_{S_1}+I_1+I_2+I_3=0$$
$$-I_2-I_3+I_4+I_5=0$$

将式(4.10)代入以上两式,可得

$$-I_{S_1}+G_1V+G_2(V_a-V_b-U_{S_2})+G_3(V_a-V_b)=0$$
$$-G_2(V_a-V_b-U_{S_2})-G_3(V_a-V_b)+G_4V_b+G_5(V_b-U_{S_5})=0$$

整理得

$$\begin{cases} (G_1+G_2+G_3)V_a-(G_2+G_3)V_b=I_{S_1}+G_2U_{S_2} \\ -(G_2+G_3)V_a+(G_2+G_3+G_4+G_5)V_b=-G_2U_{S_2}+G_5U_{S_5} \end{cases} \quad (4.11)$$

式(4.11)可概括为如下形式:

$$\begin{cases} G_{aa}V_a+G_{ab}V_b=I_{S_{aa}} \\ G_{ba}V_a+G_{bb}V_b=I_{S_{bb}} \end{cases} \quad (4.12)$$

式(4.12)是具有 3 个节点的节点电位方程的一般形式,有如下规律。

(1) G_{aa}、G_{bb} 分别称为节点 a、b 的自导,$G_{aa}=G_1+G_2+G_3$,$G_{bb}=G_2+G_3+G_4+G_5$,其数值等于各节点所连接的各支路电导之和,它们总取正值。

(2) G_{ab}、G_{ba} 称为节点 a、b 的互导,$G_{ab}=G_{ba}=-(G_2+G_3)$,其数值等于两节点间的各支路电导之和,它们总取负值。

(3) $I_{S_{aa}}$、$I_{S_{bb}}$ 分别称为流入节点 a、b 的等效电流源的代数和,若是电压源与电阻串联的支路,则看成是已变换了的电流源与电导相并联的支路。当电流源的电流方向指向相应节点时取正号,反之取负号。

式(4.12)可推广到具有 n 个节点的电路,应该有 $(n-1)$ 个独立方程,节点电位方程的一般形式为

$$\begin{cases} G_{11}V_1+G_{12}V_2+\cdots+G_{1(n-1)}V_{n-1}=I_{S_{11}} \\ G_{21}V_1+G_{22}V_2+\cdots+G_{2(n-1)}V_{n-1}=I_{S_{22}} \\ \qquad\qquad\qquad\vdots \\ G_{(n-1)1}V_1+G_{(n-1)2}V_2+\cdots+G_{(n-1)(n-1)}V_{n-1}=I_{S_{(n-1)(n-1)}} \end{cases}$$

根据以上分析,可归纳节点电位法的一般步骤如下。

(1) 选定其中一个节点为参考点(零电位点),用"⊥"符号表示,并以其余节点的节点电位作为方程变量。

(2) 按上述规则列出节点电位方程。

(3) 联立并求解方程组,求出各节点电位。

(4) 根据节点电位与支路电流的关系式,求各支路电流或其他需求的电量。

例 4.4 图 4.13 所示电路,用节点电位法求各支路电流。

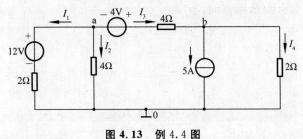

图 4.13 例 4.4 图

解 该电路有 3 个节点,以 0 点为参考节点,独立节点 a、b 的电位分别设为 V_a、V_b,列节点电位方程为

$$\begin{cases} \left(\dfrac{1}{2}+\dfrac{1}{4}+\dfrac{1}{4}\right)V_a - \dfrac{1}{4}V_b = \dfrac{12}{2} - \dfrac{4}{4} \\ -\dfrac{1}{4}V_a + \left(\dfrac{1}{4}+\dfrac{1}{2}\right)V_b = \dfrac{4}{4} - 5 \end{cases}$$

解方程组得

$$V_a = 4 \text{ V}, \quad V_b = -4 \text{ V}$$

根据图 4.13 中标出的各支路电流的参考方向,可得

$$I_1 = \frac{V_a - 12}{2} = -4 \text{ A}$$

$$I_2 = \frac{V_a}{4} = 1 \text{ A}$$

$$I_3 = \frac{V_a - V_b + 4}{4} = 3 \text{ A}$$

$$I_4 = \frac{V_b}{2} = -2 \text{ A}$$

例 4.5 图 4.14 所示电路,用节点电位法求各支路电流。

解 根据节点电位法,以 0 点为参考点,只有一个独立节点 a,则有

$$V_a = \frac{\dfrac{100}{20} - \dfrac{40}{20} + 5}{\dfrac{1}{20} + \dfrac{1}{20} + \dfrac{1}{10}} \text{ V} = 40 \text{ V}$$

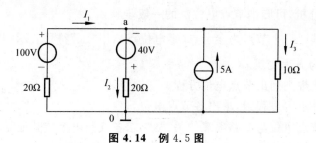

图 4.14 例 4.5 图

根据各支路电流的参考方向,有

$$I_1 = \frac{100 - V_a}{20} = 3 \text{ A}$$

$$I_2 = \frac{V_a + 40}{20} = 4 \text{ A}$$

$$I_3 = \frac{V_a}{10} = 4 \text{ A}$$

对于图 4.14 所示电路,因为只有一个独立节点 a,其节点电位方程写成一般式为

$$V_a = \frac{\sum_{i=1}^{n}(U_{S_i} G_i + I_{S_i})}{\sum_{i=1}^{n} G_i} \tag{4.13}$$

式(4.13)称为弥尔曼定理,分子为流入节点 a 的等效电流源之和,分母为节点 a 所连接各支路的电导之和。

思考与练习

(1) 网孔电流能否用电流表测出?为什么?

(2) 节点电位方程中,方程两边的各项分别表示什么意义?其正、负号如何确定?

(3) 图 4.15 所示电路,试用支路电流法求各支路电流。

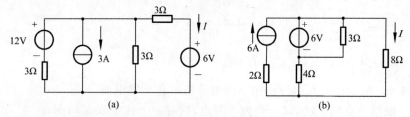

(a)   (b)

图 4.15 电路图 4

(4) 图 4.16 所示电路,试用网孔电流法求电流 I_1 和 I_2。

(5) 试用节点电位法分析图 4.17。

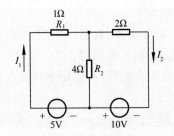

图 4.16 电路图 5

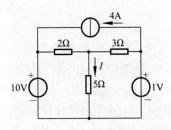

图 4.17 电路图 6

知识点二 用叠加定理分析直流电路

叠加定理是分析线性电路的一个重要定理,可叙述如下:在任何线性电路中,有几个独立电源共同作用时,每一个支路中所产生的响应电流或电压,等于各个独立电源单独作用时在该支路中所产生的响应电流或电压的代数和。

下面以图 4.18 所示电路验证线性电路的叠加性。

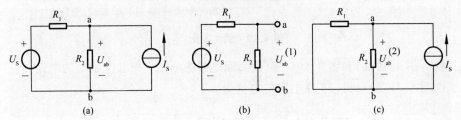

图 4.18 叠加定理图例

图 4.18(a)为电压源 U_S 与电流源 I_S 共同作用的电路,由弥尔曼定理得

$$U_{ab} = \frac{\dfrac{U_S}{R_1} + I_S}{\dfrac{1}{R_1} + \dfrac{1}{R_2}} = \frac{R_2}{R_1 + R_2} U_S + \frac{R_1 R_2}{R_1 + R_2} I_S \tag{4.14}$$

图 4.18(b)为电压源 U_S 单独作用的电路,计算可得

$$U_{ab}^{(1)} = \frac{R_2}{R_1 + R_2} U_S \tag{4.15}$$

图 4.18(c)为电流源 I_S 单独作用的电路,计算可得

$$U_{ab}^{(2)} = \frac{R_1 R_2}{R_1 + R_2} I_S \tag{4.16}$$

比较式(4.14)、式(4.15)和式(4.16)可以发现,U_{ab} 由 $U_{ab}^{(1)}$、$U_{ab}^{(2)}$ 两项叠加而成,电路中其他各处的电压和电流也具有相同的性质,这就是电路的叠加性。

应用叠加定理时要注意以下几点。

(1)叠加定理仅适用于线性电路,不适用于非线性电路。

(2)当其中一个独立电源单独作用时,应将其他电源除去,但必须保留其内阻。除去电源的规则是:电压源短路,电流源开路。

(3) 叠加时要注意电流和电压的参考方向。若分电流(或电压)与原电路中待求的电流(或电压)的参考方向一致,则取正号;若相反,则取负号。

(4) 叠加定理只能用于分析、计算电路中的电压和电流,不能用于计算电路的功率,因为功率与电流、电压之间不存在线性关系。

例 4.6　用叠加定理计算图 4.19(a)所示电路中 12 Ω 电阻的电流和电压,并验证叠加定理不适用于功率计算。

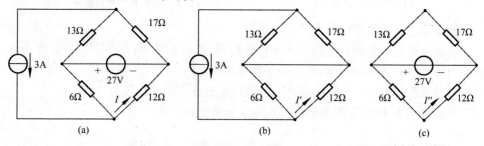

图 4.19　例 4.6 图

解　图 4.19(b)和图 4.19(c)分别为原电路中的两个单独激励时的电路。

由图 4.19(b)可得,12 Ω 电阻的电流为

$$I'=\frac{6}{6+12}\times 3 \text{ A}=1 \text{ A}$$

该支路的电压为

$$U'=12I'=12 \text{ V}$$

功率为

$$P'=U'I'=12 \text{ W}$$

由图 4.19(c)可得,该支路的电流为

$$I''=\frac{27}{6+12} \text{ A}=1.5 \text{ A}$$

12 Ω 电阻的电压为

$$U''=12I''=18 \text{ V}$$

功率为

$$P''=U''I''=27 \text{ W}$$

由叠加定理,原电路中 12 Ω 电阻的电流和电压分别为

$$I=I'+I''=2.5 \text{ A}$$

$$U=U'+U''=30 \text{ V}$$

原电路中 12 Ω 电阻消耗的功率为

$$P=UI=75 \text{ W}$$

而 $P' + P'' = 39$ W，显然 $P \neq P' + P''$，即叠加定理不适用于功率的计算。

思考与练习

（1）图 4.20 所示电路，试用叠加定理求电压 U。

（2）图 4.21 所示电路，试用叠加定理求电流 I 和电压 U。

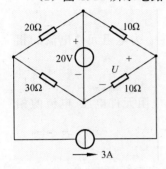
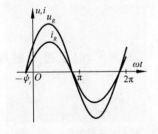

图 4.20 电路图 7 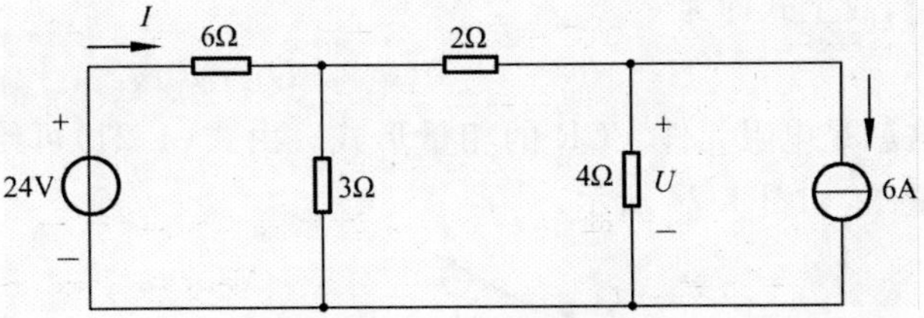   图 4.21 电路图 8

任务二 交流电路的分析与检测

知识点一 三种基本电路元件伏安关系的相量表示

1. 电阻元件 VCR 的相量形式

设电阻元件 R 的电压、电流参考方向关联，如图 4.22 所示，且通过 R 的电流为

$$i_R = I_{Rm} \sin(\omega t + \psi_{i_R})$$

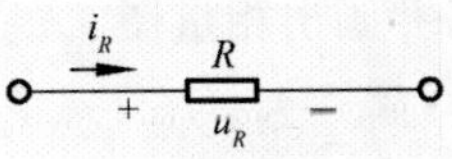

则 R 的两端电压为

图 4.22 电阻元件

$$u_R = Ri_R = RI_{Rm} \sin(\omega t + \psi_{i_R}) \tag{4.17}$$

与电流 i_R 为同频率的正弦量，u_R 和 i_R 的波形如图 4.23 所示。

把 u_R 表示成正弦量的一般形式为

$$u_R = U_{Rm} \sin(\omega t + \psi_{u_R}) \tag{4.18}$$

比较式（4.17）和式（4.18），可得电压与电流振幅（或有效值）间的关系及相位间的关系。

电压、电流振幅（或有效值）间的关系为

$$U_{Rm} = RI_{Rm}$$

图 4.23 电阻元件电压、电流的波形图

或者

$$U_R = RI_R \tag{4.19}$$

式（4.19）在形式上与欧姆定律相同，但意义不完全一样。欧姆定律是电阻元件的电压与电流在大小和方向两个方面的约束关系，应用时应根据电压、电流的参考方向是否关联，确定公式中的正、负号；而式（4.19）仅为电压、电流有效值（或振幅）间的关系，与参考方向无关，不存在正、负号的问题。

电压、电流相位间的关系为

$$\psi_{u_R} = \psi_{i_R} \tag{4.20}$$

式(4.20)表明,在关联方向下电阻两端的电压与通过它的电流同相。

由式(4.19)和式(4.20)不难得到下面两个复数间的关系

$$U_R \angle \psi_{u_R} = R I_R \angle \psi_{i_R}$$

其中,$U_R \angle \psi_{u_R} = \dot{U}_R$ 为电阻元件电压的相量;$I_R \angle \psi_{i_R} = \dot{I}_R$ 为电阻元件电流的相量,故上式即为

$$\dot{U}_R = R \dot{I}_R \tag{4.21}$$

这就是电阻元件 VCR 的相量形式。由式(4.21)可绘出电阻元件电压、电流的相量图,如图 4.24 所示。

图 4.24　电阻元件电压、电流的相量图 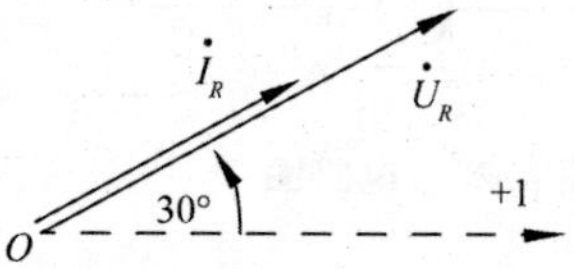　　　图 4.25　例 4.7 图

例 4.7　设电阻元件电压、电流的参考方向关联,如图 4.22 所示。已知电阻 $R = 100\ \Omega$,通过电阻的电流 $i_R = 1.414\sin(\omega t + 30°)$ A。求电阻元件的电压 U_R 及 u_R,并画出相量图。

解　　　　　　$i_R \rightarrow \dot{I}_R = 1 \angle 30°$ A

$$\dot{U}_R = R \dot{I}_R = 100 \times 1 \angle 30°\ V = 100 \angle 30°\ V$$

所以

$$U_R = 100\ V$$

$$u_R = 141.4\sin(\omega t + 30°)\ V$$

电压、电流的相量图如图 4.25 所示。

2. 电感元件 VCR 的相量形式

设电感元件 L 的电压、电流参考方向关联,如图 4.26 所示,且通过 L 的电流为

$$i_L = I_{Lm}\sin(\omega t + \psi_{i_L})$$

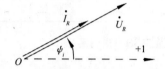

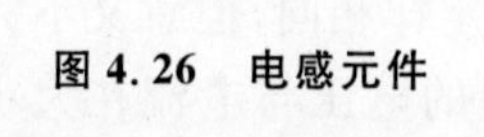

图 4.26　电感元件

则 L 两端的电压为

$$u_L = L\frac{di_L}{dt} = L\frac{d}{dt}\left[I_{Lm}\sin(\omega t + \psi_{i_L})\right]$$

$$= \omega L I_{Lm}\sin(\omega t + \psi_{i_L} + 90°) \tag{4.22}$$

显然,电压 u_L 是与电流 i_L 同频率的正弦量,u_L 和 i_L 的波形如图 4.27 所示。把 u_L 表示成正弦量的一般形式为

$$u_L = U_{Lm}\sin(\omega t + \psi_{u_L}) \tag{4.23}$$

比较式(4.22)和式(4.23),可得电压与电流振幅(或有效值)间的关系及相位间的关系。

电压、电流振幅(或有效值)间的关系为

$$U_{Lm} = \omega L I_{Lm}$$

或者

$$U_L = \omega L I_L \qquad (4.24)$$

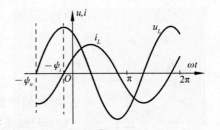

图 4.27　电感元件电压、电流的波形图

电感元件电压与电流有效值的比,反映了电感元件对电流的限制作用,称为电感元件的感抗,用 X_L 表示,即

$$X_L = \frac{U_L}{I_L} = \frac{U_{Lm}}{I_{Lm}} \qquad (4.25)$$

显然,感抗的单位为欧姆(Ω)。

由式(4.24)和式(4.25)不难得到感抗与频率及参数的关系为

$$X_L = \omega L \qquad (4.26)$$

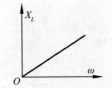

图 4.28　感抗的频率特性

对于给定的电感元件,参数 L 一定,式(4.26)即为感抗随频率的变化关系,称为感抗的频率特性,其曲线为过原点的直线,如图 4.28 所示。

电压、电流相位间的关系为

$$\psi_{u_L} = \psi_{i_L} + 90° \qquad (4.27)$$

即在关联参考方向下电感元件的电压超前于电流90°。

由式(4.26)和式(4.27)不难得到下面两个复数间的关系

$$U_L \angle \psi_{u_L} = \omega L I_L \angle (\psi_{i_L} + 90°) = \omega L I_L \angle \psi_{i_L} \cdot 1 \angle 90°$$
$$= j\omega L I_L \angle \psi_{i_L}$$

其中,$U_L \angle \psi_{u_L} = \dot{U}_L$、$I_L \angle \psi_{i_L} = \dot{I}_L$ 分别是电感元件电压、电流的相量,故上式即为

$$\dot{U}_L = j\omega L \dot{I}_L = j X_L \dot{I}_L \qquad (4.28)$$

这就是电感元件 VCR 的相量形式。由式(4.28)可绘出电感元件电压、电流的相量图,如图 4.29 所示。

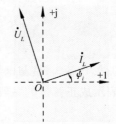

图 4.29　电感元件电压、电流的相量图

例 4.8　电感线圈的电感 $L = 0.0127 H$(电阻可忽略不计),接工频 $f = 50$ Hz 的交流电源,已知电源电压 $U = 220$ V。

(1) 求电感线圈的感抗 X_L、通过线圈的电流 I_L。

(2) 设电压的初相 $\psi_{u_L} = 30°$,且电压、电流的参考方向关联,画出电压、电流的相量图。

(3) 若频率 $f = 5000$ Hz,线圈的感抗又是多少?

解　(1)　$X_L = 2\pi f L = 2 \times 3.14 \times 50 \times 0.0127$ Ω $= 4$ Ω

$$I_L = \frac{U_L}{X_L} = \frac{U}{X_L} = \frac{220}{4} A = 55 A$$

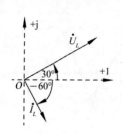

图 4.30 例 4.8 图

$$(2) \quad \psi_{i_L} = \psi_{u_L} - 90° = 30° - 90° = -60°$$

即

$$\dot{U}_L = 220∠30° \text{ V}$$

$$\dot{I}_L = 55∠-60° \text{ A}$$

电压、电流的相量图如图 4.30 所示。

（3）若频率 $f = 5000$ Hz，则感抗为

$$X_L = 2 × 3.14 × 5000 × 0.0127 \text{ Ω} = 400 \text{ Ω}$$

例 4.9 电感元件的电感 $L = 20$ mH，其两端接 220 V 正弦电压时，通过它的电流为 1 mA。求电感元件的感抗及电源的频率。

解 感抗为

$$X_L = \frac{U_L}{I_L} = \frac{220}{1 × 10^{-3}} \text{ Ω} = 220 \text{ kΩ}$$

电源频率为

$$f = \frac{X_L}{2\pi L} = \frac{220 × 10^3}{2\pi × 20 × 10^{-3}} \text{ MHz} = 1.75 \text{ MHz}$$

3. 电容元件 VCR 的相量形式

设电容元件 C 的电压、电流参考方向关联，如图 4.31 所示，且 C 两端的电压为

$$u_C = U_{Cm}\sin(\omega t + \psi_{u_C})$$

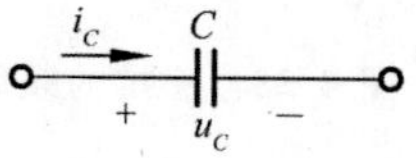

则通过 C 的电流为

图 4.31 电容元件

$$i_C = C\frac{\mathrm{d}u_C}{\mathrm{d}t} = C\frac{\mathrm{d}}{\mathrm{d}t}[U_{Cm}\sin(\omega t + \psi_{u_C})]$$

$$= \omega C U_{Cm}\sin(\omega t + \psi_{u_C} + 90°) \tag{4.29}$$

显然，电流 i_C 是与电压 u_C 同频率的正弦量，i_C 和 u_C 的波形如图 4.32 所示。把 i_C 表示成正弦量的一般形式为

$$i_C = I_{Cm}\sin(\omega t + \psi_{i_C}) \tag{4.30}$$

比较式（4.29）和式（4.30），可得电压与电流振幅（或有效值）间的关系及相位间的关系。

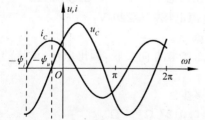

图 4.32 电容元件电压、电流的波形图

电压、电流振幅（或有效值）间的关系为

$$I_{Cm} = \omega C U_{Cm}$$

或

$$I_C = \omega C U_C \tag{4.31}$$

电容元件的电压与电流有效值的比，反映了电容元件对电流的限制作用，称为电容元件的容抗，用 X_C 表示，即

$$X_C = \frac{U_C}{I_C} = \frac{U_{Cm}}{I_{Cm}} \qquad (4.32)$$

显然,与感抗一样,容抗的单位也是欧姆(Ω)。

由式(4.31)和式(4.32)不难得到,容抗与频率及参数的关系为

$$X_C = \frac{1}{\omega C} = \frac{1}{2\pi f C} \qquad (4.33)$$

对于给定的电容元件(参数 C 一定),上式则为容抗随频率的变化关系,称为容抗的频率特性,其曲线是双曲线中位于第一象限的部分,如图 4.33 所示。

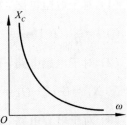

图 4.33 容抗的频率特性

电压、电流相位间的关系为

$$\psi_{i_C} = \psi_{u_C} + 90° \qquad (4.34)$$

即在关联参考方向下电容元件的电流超前于电压 90°。

由式(4.31)和式(4.34)可得到下面两个复数间的关系:

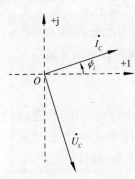

图 4.34 电容元件电压、电流的相量图

$$\begin{aligned} I_C \angle \psi_{i_C} &= \omega C U_C \angle (\psi_{u_C} + 90°) \\ &= \omega C U_C \angle \psi_{u_C} \cdot 1 \angle 90° \\ &= j\omega C U_C \angle \psi_{u_C} \end{aligned}$$

其中,$I_C \angle \psi_{i_C} = \dot{I}_C$、$U_C \angle \psi_{u_C} = \dot{U}_C$ 分别为电容元件电流、电压的相量,故上式即为

$$\dot{I}_C = j\omega C \dot{U}_C \qquad (4.35)$$

或

$$\dot{U}_C = -j\frac{1}{\omega C} \dot{I}_C = -jX_C \dot{I}_C \qquad (4.36)$$

式(4.35)和式(4.36)就是电容元件 VCR 的相量形式。由式(4.35)可绘出电容元件电压、电流的相量图,如图 4.34 所示。

例 4.10 电容元件的电容 $C = 100\ \mu\text{F}$,接工频 $f = 50\ \text{Hz}$ 的交流电源,已知电源电压 $\dot{U} = 220\angle -30°\ \text{V}$,求电容元件的容抗 X_C 和通过电容的电流 i_C,画出电压、电流的相量图。

解 电容的容抗为

$$X_C = \frac{1}{2\pi f C} = \frac{1}{2 \times 3.14 \times 50 \times 100 \times 10^{-6}}\ \Omega = 31.8\ \Omega$$

电容的电流为

$$\begin{aligned} \dot{I}_C &= \frac{\dot{U}_C}{-jX_C} = \frac{\dot{U}}{-jX_C} = \frac{220\angle -30°}{31.8\angle -90°}\ \text{A} \\ &= 6.9\angle 60°\ \text{A} \end{aligned}$$

电压、电流的相量图如图 4.35 所示。

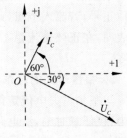

图 4.35 例 4.10 图

思考与练习

(1) 对于电阻电路，下列各式是否正确，若不正确，请改正。

① $i=\dfrac{U}{R}$；② $I=\dfrac{U_m}{R}$；③ $\dot{I}_m=\dfrac{\dot{U}}{R}$；④ $P=I^2R$。

(2) 对于电感电路，下列各式是否成立，若不成立，请说明原因。

① $X_L=\dfrac{u}{i}$；② $\dot{U}_L=L\dfrac{\mathrm{d}i}{\mathrm{d}t}$；③ $i=\dfrac{u}{\omega L}$；④ $I=\mathrm{j}\dfrac{\dot{U}}{\omega L}$；⑤ $P=I^2X_L$。

(3) 对于电容电路，下列各式是否成立，若不成立，请说明原因。

① $u=iX_C$；② $\dot{I}=\dot{U}\omega C$；③ $\dot{I}=\dfrac{\dot{U}}{-\mathrm{j}X_C}$；④ $\dot{I}=\mathrm{j}U\omega C$。

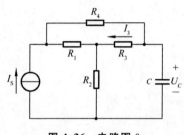

图 4.36　电路图 9

(4) 把一个 0.1 H 的电感元件接到频率为 50 Hz、电压有效值为 10 V 的正弦电压源上，问电流是多少？ 如果保持电压不变，而频率调节为 5000 Hz，此时电流为多少？

(5) 电路如图 4.36 所示，$R_1=4\ \Omega$，$R_2=R_3=R_4=2\ \Omega$，$C=0.2\ \mathrm{F}$，直流电流源 $I_S=2\ \mathrm{A}$，电路已经稳定。求电容元件的电压及储能。

知识点二　基尔霍夫定律的相量形式

1. 相量形式的基尔霍夫电流定律

基尔霍夫电流定律的实质是电流的连续性原理。在交流电路中，任意瞬间电流总是连续的，因此，基尔霍夫定律也适用于交流电路的任意瞬间，即任意瞬间流过电路的一个节点(闭合面)的各电流瞬时值的代数和等于零，其数学表达式为

$$\sum_k i_k=0 \tag{4.37}$$

式(4.37)通常称为基尔霍夫电流定律的瞬时值形式。可以将其用振幅相量或有效值相量表示为以下形式：

$$\sum_k \dot{I}_k=0 \tag{4.38}$$

电流前的正、负号是由其参考方向决定的。若支路电流的参考方向流出节点，则取正号；若流入节点，则取负号。式(4.38)即为基尔霍夫电流定律的相量形式。它表明，在正弦交流稳态电路中，任意时刻，电路的任意节点处，电流相量的代数和为零。

2. 相量形式的基尔霍夫电压定律

与基尔霍夫电流定律一样，在正弦交流稳态电路中，基尔霍夫电压定律可以表述为：在任意时刻，沿电路的任意闭合回路一周，电压的代数和为零。其数学表达式为

$$\sum_k u_k = 0$$

其 KVL 的相量形式为

$$\sum_k \dot{U}_k = 0 \qquad\qquad (4.39)$$

要特别说明的是,对正弦稳态电路,在任意时刻,电路的任意节点处,电流的有效值(或幅值)的代数和并不一定会等于零;在任意闭合回路中,电压的有效值(或幅值)的代数和并不一定会等于零,即

$$\sum_k I_k \neq 0$$

$$\sum_k U_k \neq 0$$

例 4.11 如图 4.37 所示电路中,已知电流表 A_1、A_2、A_3 的读数都是 10 A,求电路中电流表 A 的读数。

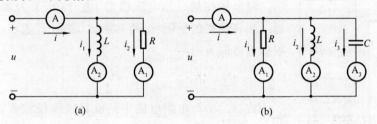

(a)　　　　　(b)

图 4.37　例 4.11 图

解 设端电压 $\dot{U} = U\angle 0° $ V。

(1) 选定电流的参考方向如图 4.37(a)所示,则有

$$\dot{I}_1 = 10\angle -90° \text{ A}\quad (\text{滞后于电压 } 90°)$$

$$\dot{I}_2 = 10\angle 0° \text{ A}\quad (\text{与电压同向})$$

由 KCL,有 $\dot{I} = \dot{I}_1 + \dot{I}_2 = (10\angle -90° + 10\angle 0°)$ A $= (10 - 10\mathrm{j})$ A $= 10\sqrt{2}\angle -45°$ A,所以,电流表 A 的读数为 14.14 A。

(2) 选定电流参考方向如图 4.37(b)所示,则有

$$\dot{I}_1 = 10\angle 0° \text{ A}\quad (\text{与电压同向})$$

$$\dot{I}_2 = 10\angle -90° \text{ A}\quad (\text{滞后于电压 } 90°)$$

$$\dot{I}_3 = 10\angle 90° \text{ A}\quad (\text{超前于电压 } 90°)$$

由 KCL,有 $\dot{I} = \dot{I}_1 + \dot{I}_2 + \dot{I}_3 = (10\angle -90° + 10\angle 0° + 10\angle 90°)$ A $= (10 - 10\mathrm{j} + 10\mathrm{j})$ A $= 10\angle ° $ A,所以,电流表 A 的读数为 10 A。

思考与练习

(1) 电路如图 4.38 所示,已知:$i_1 = 20\sin(\omega t)$ A,$i_2 = 20\sin(\omega t + 90°)$ A。试求:① $\dot{I}_1$、$\dot{I}_2$、$\dot{I}_3$;② 各电流表的读数;③ 绘电流相量图。

(2) 图 4.39 所示电路中,已知电压表 V_1、V_2 的读数为 50 V,求电路中电压表

V 的读数。

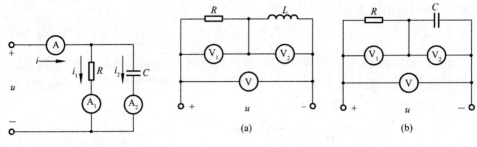

图 4.38 电路图 10   图 4.39 电路图 11

知识点三 欧姆定律的相量形式

在正弦电流电路中,任意线性无源二端口网络的相量模型可以用图 4.40 表

图 4.40 线性无源二端口
网络相量模型

示。将电压相量 $\dot{U}$ 和电流相量 $\dot{I}$ 之比,定义为该线性无源二端口网络的复阻抗,简称阻抗,并用 Z 表示,则在关联参考方向下有

$$Z=\frac{\dot{U}}{\dot{I}} \qquad (4.40)$$

式(4.40)与电阻电路中的欧姆定律很相似,只是此处电压、电流均用相量来表示,它被称为欧姆定律的相量形式。阻抗单位为欧姆(Ω)。

由式(4.40)可得

$$Z=\frac{\dot{U}}{\dot{I}}=\frac{U\mathrm{e}^{\mathrm{j}\psi_u}}{I\mathrm{e}^{\mathrm{j}\psi_i}}=\frac{U}{I}\mathrm{e}^{\mathrm{j}(\psi_u-\psi_i)}=|Z|\mathrm{e}^{\mathrm{j}\psi} \qquad (4.41)$$

式(4.41)中,$|Z|$ 称为阻抗的模,它等于电压有效值与电流有效值之比;ψ 称为阻抗角,它等于电压与电流相位角之差。

如图 4.41(a)所示为一个 RLC 串联电路,正弦电流 i 对应的相量为 $\dot{I}=I\angle\psi_i$。电路中 R、L、C 元件两端的电压分别为 u_R、u_L、u_C,相应的相量为 $\dot{U}_R$、$\dot{U}_L$、$\dot{U}_C$,三个元件的伏安特性分别为

$$\dot{U}_R=R\dot{I}$$
$$\dot{U}_L=\mathrm{j}X_L\dot{I}$$
$$\dot{U}_C=-\mathrm{j}X_C\dot{I}$$

由 KVL,端口总电压为

$$\dot{U}=\dot{U}_R+\dot{U}_L+\dot{U}_C$$

整理得

$$\dot{U}=[R+\mathrm{j}(X_L-X_C)]\dot{I}=Z\dot{I}$$

则

$$Z = R + j(X_L - X_C) = R + jX$$

$$|Z| = \sqrt{R^2 + X^2}$$

$$\psi = \arctan\frac{X}{R}$$

其中，$X = X_L - X_C$ 称为电抗。

阻抗与电路中的元器件参数和正弦量的频率有关，在不同的正弦频率下，阻抗有不同的性质。

（1）当 $X_L > X_C$ 时，$X > 0$，$\psi > 0$，电压超前于电流，电路呈电感性。此时 $U_L > U_C$，其相量图如图 4.41(b)所示。

（2）当 $X_L < X_C$ 时，$X < 0$，$\psi < 0$，电压滞后于电流，电路呈电容性。此时 $U_L < U_C$，其相量如图 4.41(c)所示。

（3）当 $X_L = X_C$ 时，$X = 0$，$\psi = 0$，电压电流同相位，电路呈电阻性。此时 $U_L = U_C$，其相量如图 4.41(d)所示。

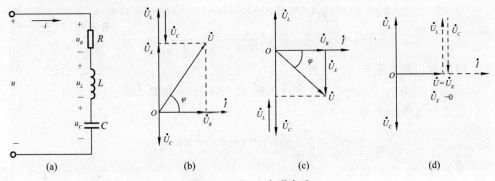

图 4.41 RLC 串联电路

自学与拓展 任意线性无源串联单口的复阻抗

任意个（无源）二端元器件或复阻抗串联时，串联单口的等效复阻抗为

$$Z = \frac{\dot{U}}{\dot{I}} = \frac{\dot{U}_1 + \dot{U}_2 + \dot{U}_3 + \cdots}{\dot{I}} = \frac{\dot{U}_1}{\dot{I}} + \frac{\dot{U}_2}{\dot{I}} + \frac{\dot{U}_3}{\dot{I}} + \cdots$$

$$= Z_1 + Z_2 + Z_3 + \cdots$$

即串联单口的等效复阻抗等于串联的各复阻抗之和。若串联的各复阻抗分别为

$$Z_1 = R_1 + jX_1, \quad Z_2 = R_2 + jX_2, \quad Z_3 = R_3 + jX_3, \cdots$$

则等效复阻抗为

$$Z = Z_1 + Z_2 + Z_3 + \cdots = (R_1 + jX_1) + (R_2 + jX_2) + (R_3 + jX_3) + \cdots$$

$$= (R_1 + R_2 + R_3 + \cdots) + j(X_1 + X_2 + X_3 + \cdots) = R + jX$$

其实部 $R = R_1 + R_2 + R_3 + \cdots$ 和虚部 $X = X_1 + X_2 + X_3 + \cdots$ 分别称为该单口的等效

电阻和等效电抗。在电路图中,等效复阻抗 Z 可以表示成 R 与 jX 两部分串联,如图 4.42 所示。

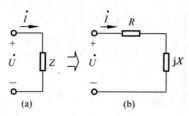

图 4.42   复阻抗表示成电阻和电抗串联

例 4.12 R、L、C 串联电路接正弦电压 $u=100\sqrt{2}\sin(1000t)$ V,已知 $R=15$ Ω,$L=60$ mH,$C=25$ μF,求电路中的电流 i 和各元器件的电压 u_R、u_L 和 u_C。

解 $u \rightarrow \dot{U}=100\angle 0°$ V

各元器件的复阻抗分别为

$$Z_R=R=15\ \Omega$$

$$Z_L=jX_L=j\omega L=j\times 1000\times 60\times 10^{-3}\ \Omega=j60\ \Omega$$

$$Z_C=-jX_C=-j\frac{1}{\omega C}=-j\frac{1}{1000\times 25\times 10^{-6}}\ \Omega=-j40\ \Omega$$

串联单口的复阻抗为

$$Z=Z_R+Z_L+Z_C=(15+j60-j40)\ \Omega=(15+j20)\ \Omega=25\angle 53.1°\ \Omega$$

电路中电流相量为

$$\dot{I}=\frac{\dot{U}}{Z}=\frac{100\angle 0°}{25\angle 53.1°}\ A=4\angle -53.1°\ A$$

各元器件电压相量为

$$\dot{U}_R=Z_R\dot{I}=15\times 4\angle -53.1°\ V=60\angle -53.1°\ V$$

$$\dot{U}_L=Z_L\dot{I}=j60\times 4\angle -53.1°\ V=240\angle 36.9°\ V$$

$$\dot{U}_C=Z_C\dot{I}=-j40\times 4\angle -53.1°\ V=160\angle -143.1°\ V$$

由以上计算结果绘出各电流、电压的相量图,如图 4.43 所示。

各电流电压的瞬时值表达式分别为

$$i=4\sqrt{2}\sin(1000t-53.1°)\ A$$

$$u_R=60\sqrt{2}\sin(1000t-53.1°)\ V$$

$$u_L=240\sqrt{2}\sin(1000t+36.9°)\ V$$

$$u_C=160\sqrt{2}\sin(1000t-143.1°)\ V$$

思考与练习

(1) 电阻电容串联电路,其中 $R=8\ \Omega$,$C=167$ μF,电源电压 $u=100\sqrt{2}(1000t$

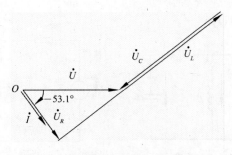

图 4.43　例 4.12 图

$+30°$),试求电流 I,并绘出相量图。

(2) 在 RLC 串联电路中,已知 $R=10\ \Omega,X_L=5\ \Omega,X_C=15\ \Omega$,电源电压 $u=200\sin(\omega t+30°)$ V,试求:① 此电路的复阻抗 Z,并说明电路的性质;② 电流 $\dot{I}$ 和 $\dot{U}_R$、$\dot{U}_L$ 及 $\dot{U}_C$;③ 绘出电压、电流相量图。

知识点四　用相量法分析正弦交流电路

根据前面的叙述,只要把正弦交流电路用相量模型表示,就可像分析计算直流电路那样,来分析计算正弦交流电路,这种方法称为相量法。其一般步骤如下。

(1) 作出相量模型图,将电路中的电压、电流都写成相量形式,每个元器件或无源二端网络都用复阻抗或复导纳表示。

(2) 应用常用的定律、定理、分析方法进行计算,得出正弦量的相量值。

(3) 根据需要,写出正弦量的解析式或计算其他量。

例 4.13　日光灯导通后,镇流器与灯管串联,其模型为电阻与电感串联,一个日光灯电路的电阻为 $R=300\ \Omega$、电感为 $L=1.66$ H,工频电源的电压为 220 V。试求:日光灯电流及其与电源电压的相位差、日光灯电压、镇流器电压。

解　镇流器的感抗为

$$X_L=\omega L=521.5\ \Omega$$

电路的复阻抗为

$$Z=R+\mathrm{j}X_L=601.6\angle 60.1°\ \Omega$$

所以,日光灯电压比日光灯电流超前 $60.1°$。

日光灯电流、电压及镇流器电压为

$$I=\frac{U}{|Z|}=0.3657\text{ A},\quad U_R=RI=109.7\text{ V},\quad U_R=X_LI=190.7\text{ V}$$

思考与练习

(1) 电路如图 4.44 所示,$R=3\ \Omega,X_L=4\ \Omega,X_C=8\ \Omega,\dot{I}_C=10\angle 0°$ A,求 $\dot{U}$、$\dot{I}_R$、$\dot{I}_L$ 及总电流 $\dot{I}$。

(2) 电路如图 4.45 所示,已知 $\dot{I}_S=2\angle 0°$ A,$Z_1=1+\mathrm{j}1\ \Omega,Z_2=6-\mathrm{j}8\ \Omega,Z_3=$

$10+j10\ \Omega$，求 $\dot{I}_1$、$\dot{I}_2$ 和 $\dot{U}$。

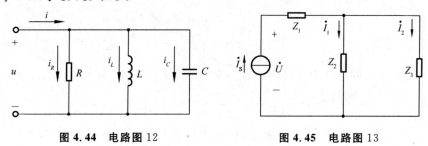

图 4.44　电路图 12　　　　　　　图 4.45　电路图 13

任务三　等效电路的构建与检测

知识点一　无源单口网络的等效化简

一个仅由电阻元件构成的线性无源单口，总可以等效化简为一个电阻，这个电阻称为该单口的等效电阻，也称为输入电阻。

1. 电阻的串联及其分压

串联各元器件通过的电流相同，这也是电阻串联的基本特点。对于图 4.46 (a)所示 3 个电阻串联的单口，当选择电压、电流的参考方向关联时，各电阻的电流为

$$I=\frac{U_1}{R_1}=\frac{U_2}{R_2}=\frac{U_3}{R_3} \tag{4.42}$$

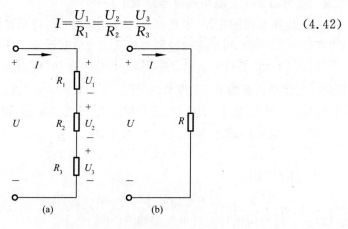

图 4.46　电阻的串联

根据 KVL，串联单口的端口电压等于串联各电阻的电压之和，即

$$U=U_1+U_2+U_3=R_1I+R_2I+R_3I$$

所以

$$U=(R_1+R_2+R_3)I \tag{4.43}$$

这就是图 4.46(a)所示电阻串联单口的 VCR。设串联单口的等效电阻为 R，如图 4.46(b)所示，则关联方向下其 VCR 为

$$U = RI \qquad\qquad (4.44)$$

比较式(4.43)和式(4.44)可得等效电阻

$$R = R_1 + R_2 + R_3 \qquad\qquad (4.45)$$

即电阻串联单口的等效电阻等于串联的各电阻之和。

由式(4.44)得

$$I = \frac{U}{R}$$

故各电阻的电压分别为

$$\begin{cases} U_1 = R_1 I = R_1 \times \dfrac{U}{R} = \dfrac{R_1}{R} U \\[2mm] U_2 = R_2 I = R_2 \times \dfrac{U}{R} = \dfrac{R_2}{R} U \\[2mm] U_3 = R_3 I = R_3 \times \dfrac{U}{R} = \dfrac{R_3}{R} U \end{cases} \qquad (4.46)$$

式(4.46)即电阻串联的分压公式,其中,$\dfrac{R_1}{R}$、$\dfrac{R_2}{R}$、$\dfrac{R_3}{R}$ 称为分压比。由分压公式不难看出

$$U_1 : U_2 : U_3 = R_1 : R_2 : R_3$$

即串联各电阻的电压与其电阻值成正比。

例 4.14　欲将量限为 5 V、内阻为 10 kΩ 的电压表改装成 5 V/25 V/100 V 多量限的电压表,求所需串联电阻的电阻值和额定功率。

解　电路如图 4.47 所示。设 25 V 量限需串联电阻 R_{x_1},100 V 量限需再加串联电阻 R_{x_2}。

对于 25 V 量限,由式(4.42)得

$$\frac{5}{10000} = \frac{25 - 5}{R_{x_1}}$$

解得

$$R_{x_1} = \frac{10000 \times (25 - 5)}{5}\ \Omega = 40\ \text{k}\Omega$$

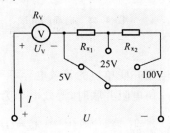

图 4.47　例 4.14 图

同理,对于 100 V 量限,有

$$\frac{5}{10000} = \frac{100 - 25}{R_{x_2}}$$

解得

$$R_{x_2} = \frac{10000 \times (100 - 25)}{5}\ \Omega = 150\ \text{k}\Omega$$

表针满偏转时电路通过的电流为

$$I = \frac{5}{10000} \text{ A} = 0.5 \text{ mA}$$

此时,电阻 R_{x_1} 和 R_{x_2} 的功率分别为

$$P_{x_1} = I^2 R_{x_1} = (0.5 \times 10^{-3})^2 \times 40 \times 10^3 \text{ W} = 10 \text{ mW}$$

$$P_{x_2} = I^2 R_{x_2} = (0.5 \times 10^{-3})^2 \times 150 \times 10^3 \text{ W} = 37.5 \text{ mW}$$

故 R_{x_1} 和 R_{x_2} 的额定功率分别不应小于 10 mW 和 37.5 mW。

2. 电阻的并联及其分流

并联各元器件的电压相同,这也是电阻并联的基本特点。对于图 4.48(a)所示 3 个电阻并联的单口,当选择电压、电流的参考方向关联时,各电阻的电压亦即端口电压,有

$$U = \frac{I_1}{G_1} = \frac{I_2}{G_2} = \frac{I_3}{G_3} \tag{4.47}$$

其中,G_1、G_2、G_3 分别为并联各电阻的电导。

根据 KCL,并联单口的端口电流为各支路电流之和,即

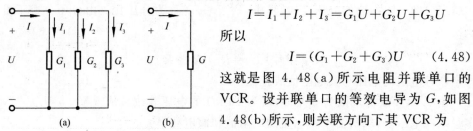

图 4.48　电阻的并联

$$I = I_1 + I_2 + I_3 = G_1 U + G_2 U + G_3 U$$

所以

$$I = (G_1 + G_2 + G_3)U \tag{4.48}$$

这就是图 4.48(a)所示电阻并联单口的 VCR。设并联单口的等效电导为 G,如图 4.48(b)所示,则关联方向下其 VCR 为

$$I = GU \tag{4.49}$$

比较式(4.48)和式(4.49),可得

$$G = G_1 + G_2 + G_3 \tag{4.50}$$

即电阻并联单口的等效电导等于并联各电阻的电导之和。

两电阻并联时,等效电导为

$$G = G_1 + G_2 = \frac{1}{R_1} + \frac{1}{R_2} = \frac{R_1 + R_2}{R_1 R_2}$$

故等效电阻为

$$R = \frac{R_1 R_2}{R_1 + R_2} \tag{4.51}$$

计算两个电阻并联的等效电阻常用式(4.51)。

由式(4.49)得

$$U = \frac{I}{G}$$

故各电阻的电流分别为

$$\begin{cases} I_1 = G_1 U = G_1 \times \dfrac{I}{G} = \dfrac{G_1}{G} I \\[2mm] I_2 = G_2 U = G_2 \times \dfrac{I}{G} = \dfrac{G_2}{G} I \\[2mm] I_3 = G_3 U = G_3 \times \dfrac{I}{G} = \dfrac{G_3}{G} I \end{cases} \tag{4.52}$$

式(4.52)即电阻并联的分流公式,其中, $\dfrac{G_1}{G}$、$\dfrac{G_2}{G}$、$\dfrac{G_3}{G}$ 称为分流比。从分流公式不难看出

$$I_1 : I_2 : I_3 = G_1 : G_2 : G_3$$

即并联各电阻的电流与其电导值成正比。

两电阻并联时,由式(4.52)可得

$$I_1 = \frac{R_2}{R_1 + R_2} I, \quad I_2 = \frac{R_1}{R_1 + R_2} I \tag{4.53}$$

两个电阻并联分流的计算常用式(4.53)。

例 4.15 将内阻为 1 kΩ、满偏电流 1 mA 的表头改装成量程为 500 mA 的电流表,应并联一个多大的电阻? 这个电阻的额定功率以多大为宜?

解 电路如图 4.49 所示。设待求电阻为 R_x,由式(4.47)得

$$(500-1) \times 10^{-3} \times R_x = 1 \times 10^{-3} \times 1000$$

解得

$$R_x = \frac{1000}{499} \ \Omega = 2.004 \ \Omega$$

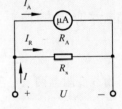

图 4.49 例 4.15 图

表针满偏转时电阻 R_x 通过的电流为

$$I_{R_x} = 500 - 1 \ \text{mA} = 499 \ \text{mA}$$

R_x 的功率为

$$P = I_{R_x}^2 R_x = (499 \times 10^{-3})^2 \times 2.004 \ \text{W} = 0.499 \ \text{W}$$

故选用额定功率为 0.5 W 的电阻即可。

3. 电阻的混联

所谓混联是指同时存在串联和并联的情况。掌握了电阻串、并联的规律,即可对电阻混联的电路进行分析。分析电阻混联电路的一般步骤如下。

(1) 通过对电阻串联和并联等效电阻的计算,求得混联单口的等效电阻。

(2) 应用欧姆定律,由已知的端口电压(或电流)计算端口电流(或电压)。

(3) 根据电阻串联的分压关系和并联的分流关系逐步求得各电阻的电压、电流。

例 4.16 用滑线变阻器接成的分压器,电路如图 4.50(a)所示。已知电源电

压 $U_s=9$ V,负载电阻 $R_L=30$ Ω,滑线变阻器的总电阻值为 60 Ω。试计算滑线变阻器的滑动触头滑至滑线变阻器中间位置、滑线变阻器下端、滑线变阻器上端时,输出电压 U_2 及滑线变阻器两段电阻中的电流 I_1 和 I_2。根据计算结果,滑线变阻器的额定电流以多大为宜?

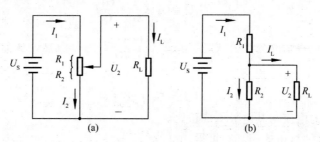

图 4.50 例 4.16 图

解 本例电路为 R_2 与 R_L 并联后再与 R_1 串联,如图 4.50 所示。

(1)当滑动触头滑至滑线变阻器中间位置时,滑线变阻器两段电阻 $R_1=R_2=30$ Ω,并联部分的等效电阻为

$$R_2'=\frac{R_2 R_L}{R_2+R_L}=\frac{30\times30}{30+30}\ \Omega=15\ \Omega$$

输出电压为

$$U_2=\frac{R_2'}{R_1+R_2'}U_s=\frac{15}{30+15}\times9\ \text{V}=3\ \text{V}$$

滑线变阻器两段电阻中的电流分别为

$$I_2=I_L=\frac{U_2}{R_L}=\frac{3}{30}\ \text{A}=0.1\ \text{A}$$

$$I_1=I_2+I_L=(0.1+0.1)\ \text{A}=0.2\ \text{A}$$

(2)当滑动触头滑至滑线变阻器下端时,$R_1=60$ Ω,$R_2=0$,负载电阻 R_L 被短路,并联部分的等效电阻为

$$R_2'=\frac{R_2 R_L}{R_2+R_L}=\frac{0\times30}{0+30}=0$$

输出电压为

$$U_2=\frac{R_2'}{R_1+R_2'}U_s=\frac{0}{60+0}\times9=0$$

负载电流为

$$I_L=\frac{U_2}{R_L}=0$$

滑线变阻器两段电阻中的电流分别为

$$I_1=\frac{U_s}{R_1+R_2'}=\frac{9}{60+0}\ \text{A}=0.15\ \text{A}$$

$$I_2 = I_1 - I_L = (0.15 - 0) \text{ A} = 0.15 \text{ A}$$

（3）当滑动触头滑至滑线变阻器上端时，$R_1 = 0$，$R_2 = 60 \ \Omega$，并联部分的等效电阻为

$$R_2' = \frac{R_2 R_L}{R_2 + R_L} = \frac{60 \times 30}{60 + 30} \ \Omega = 20 \ \Omega$$

输出电压为

$$U_2 = \frac{R_2'}{R_1 + R_2'} U_S = \frac{20}{0 + 20} \times 9 \text{ V} = 9 \text{ V}$$

负载电流为

$$I_L = \frac{U_2}{R_L} = \frac{9}{30} \text{ A} = 0.3 \text{ A}$$

变阻器两段电阻中的电流分别为

$$I_2 = \frac{U_2}{R_2} = \frac{9}{60} \text{ A} = 0.15 \text{ A}$$

$$I_1 = I_2 + I_L = (0.15 + 0.3) \text{ A} = 0.45 \text{ A}$$

当滑动触头接近上端时，滑线变阻器上段电阻中通过的电流接近 0.45 A，故变阻器的额定电流不得小于 0.45 A。否则，上端电阻丝有可能被烧断。

实际电路受各种因素的制约，电路中的节点往往不只是一个连接点，而是分散在不同地点但用导线连接起来的若干个连接点，如图 4.51(a)所示。遇到这种情况，电路中各元器件的连接关系不一定能一目了然，因而使计算难以下手。为弄清电路的结构，可以采取对节点逐一编号的方法。凡是用理想导线连接起来的各连接点属于同一个节点，编相同的号。若如此还不能看清电路的结构，则可进一步把电路图改画成习惯的形式，把编号相同的各连接点集中画成一个节点。各支路在电路图中的位置可任意调整，只要它两端连接点的编号没有变，其位置的调整就是允许的。经过改画的电路图，并没有改变原来的组成和结构，只是使电路中各元器件的连接关系能看得清楚，便于计算而已。

例 4.17 电路如图 4.51(a)所示，求 a、b 端的等效电阻 R_{ab}。

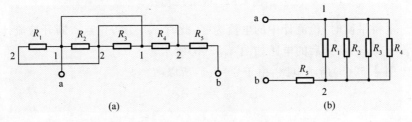

图 4.51 例 4.17 图

解 各节点编号如图 4.51(a)所示。从节点的编号可以看出，$R_1 \sim R_4$ 四个电阻均接于同一对节点 1 和 2 之间，显然它们都是并联的；R_5 则只有一端连接到节

点 2 上。整个电路是由 $R_1 \sim R_4$ 并联后再和 R_5 串联组成的混联单口。如果还感觉没有把握,则可以根据节点编号把电路图改画成图 4.51(b)。各元器件的连接关系弄清楚了,计算是很简单的。等效电阻为

$$R_{ab} = \frac{1}{G_1 + G_2 + G_3 + G_4} + R_5$$

其中,G_1、G_2、G_3、G_4 分别表示电阻 R_1、R_2、R_3、R_4 的电导。

有时借助于对等位点的处理也可以使电路的分析简化。所谓等位点是指电路中电位相等的点,两个等位点间的电压为零。等位点不一定直接相连,不直接相连的两个等位点,即使用导线或电阻把它们连接起来,导线或电阻中也不会有电流,因而不改变电路原来的工作状态;反之,若两个等位点之间接有电阻,则电阻中没有电流通过,把它断开,也不影响电路原来的工作状态。此外,电路中用理想导线连接的各点也都是等位点,如上面提到的节点,因为理想导线的电阻为零,即使其中有电流通过,也不会形成电压。有电流通过的理想导线是不能随便断开的,否则将改变电路原来的工作状态。

例 4.18 图 4.52(a)所示为测量电阻用的直流单臂电桥的原理电路。其中,R_1、R_2 和 R_3 为标准电阻,R_x 为被测电阻,这 4 个电阻组成电桥的 4 个臂。G 为检流计,电桥平衡时,检流计中的电流为零。试分析 4 个桥臂满足怎样的关系,电桥才处于平衡状态?如何确定被测电阻 R_x 的值?

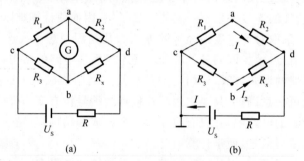

图 4.52 例 4.18 图

解 电桥平衡时,检流计中的电流为零,此时 a、b 为等位点。断开检流计支路对电路没有影响,断开后的电路如图 4.52(b)所示。

对于图 4.52(b)所示电路,由于 $\varphi_a = \varphi_b$,所以

$$\varphi_c - \varphi_a = \varphi_c - \varphi_b$$

即

$$R_1 I_1 = R_3 I_2 \tag{4.54}$$

同理

$$\varphi_a - \varphi_d = \varphi_b - \varphi_d$$

即

$$R_2 I_1 = R_x I_2 \tag{4.55}$$

由式(4.54)和式(4.55)得

$$\frac{R_1}{R_2} = \frac{R_3}{R_x}$$

这也就是电桥的平衡条件,由此容易求得被测电阻

$$R_x = \frac{R_2 R_3}{R_1}$$

思考与练习

(1) 图 4.53 所示电路,试求 a、b 两端电阻 R_{ab}。

(2) 图 4.54 为连续可调分压器,a、b 间输入电压 $U_I = 100$ V,求 c、d 间输出电压 U_O 的可调范围。

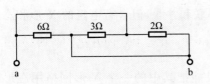

图 4.53 电路图 14

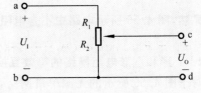

图 4.54 电路图 15

知识点二 Y 形和△形电阻网络的连接及等效互换

图 4.55(a)所示的电阻单口含有导线的立体交叉,为了计算等效电阻 R_{ab},先将节点编号,然后把电路改画成平面电路,如图 4.55(b)所示。

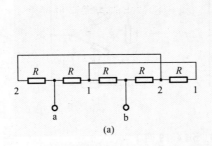

(a)

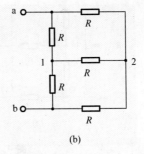

(b)

图 4.55 含有 Y 形和△形连接的电阻网络

从图 4.55(b)可看出,电路中所有的电阻,既没有串联的,也没有并联的,因而不能直接用电阻串、并联的公式计算其等效电阻。

因此,电阻的连接并非除了串联就是并联,还存在串、并联以外的连接方式。

1. 电阻的 Y 形连接和△形连接

图 4.56(a)所示电路中,R_1、R_2、R_3 三个电阻的一端连接在一起,但这一端与外电路不相连,如图 4.56(a)中的节点 O;它们的另一端则分别与外电路相连,如

图 4.56(a)中的 1、2 和 3。这种连接方式称为 Y 形连接,也称为 T 形连接。

图 4.56(b)所示电路中,R_{12}、R_{23}、R_{31} 三个电阻依次连接成一个闭合回路,然后三个连接点再分别与外电路相连,如图 4.56(b)中的 1、2 和 3。这种连接方式称为 △形连接,也称为 Π 形连接。

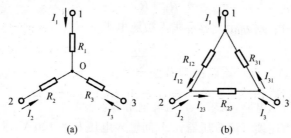

图 4.56   电阻的 Y 形连接和△形连接

显然,图 4.55 所示电路中不含电阻的串联和并联,但含有电阻的 Y 形和△形连接。

2. Y 形和△形电阻网络的等效互换

对于图 4.55 所示的无源单口网络,如果能把其中的一个 Y 形网络用△形网络等效代替,如图 4.57 所示,或者能把其中的一个△形网络用 Y 形网络等效代替,如图 4.58 所示,则原电路即变换成了电阻混联的单口,等效电阻也就可以用电阻串、并联的公式计算了。

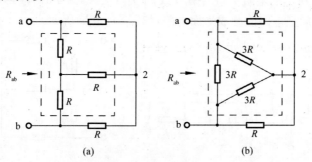

图 4.57   例 4.19 图 1

运用网络等效的条件可以证明,如果 Y 形网络和△形网络彼此等效,则两个网络的电阻之间有如下关系:

$$\begin{cases} R_{12} = \dfrac{R_1 R_2 + R_2 R_3 + R_3 R_1}{R_3} \\ R_{23} = \dfrac{R_1 R_2 + R_2 R_3 + R_3 R_1}{R_1} \\ R_{31} = \dfrac{R_1 R_2 + R_2 R_3 + R_3 R_1}{R_2} \end{cases} \quad (4.56)$$

$$\begin{cases} R_1 = \dfrac{R_{12}R_{31}}{R_{12}+R_{23}+R_{31}} \\[2mm] R_2 = \dfrac{R_{23}R_{12}}{R_{12}+R_{23}+R_{31}} \\[2mm] R_3 = \dfrac{R_{31}R_{23}}{R_{12}+R_{23}+R_{31}} \end{cases} \qquad (4.57)$$

式(4.56)和式(4.57)分别是已知 Y 形网络求等效△形网络和已知△形网络求等效 Y 形网络的公式。两组公式可概括成下面的汉字形式：

$$R_{mn} = \frac{\text{Y 形电阻两两乘积之和}}{\text{与 } R_{mn} \text{ 相对的端子所接电阻}}$$

$$R_k = \frac{k \text{ 端所接两电阻的乘积}}{\triangle \text{形三个电阻之和}}$$

用公式的汉字概括形式对照电路图进行计算，将使 Y 形与△形的变换更为便捷。

例 4.19 电阻单口如图 4.55 所示，求该网络的等效电阻。

解 （1）重绘原电路如图 4.57(a)所示。将图中虚线框内的 Y 形网络等效变换成△形网络，用式(4.56)计算得等效△形网络的三个电阻均为 $3R$，如图 4.57(b)所示。变换后的电路为一电阻混联单口，进一步算得其等效电阻为

$$R_{ab} = \frac{3R \times \left(\dfrac{3R^2}{3R+R} + \dfrac{3R^2}{3R+R} \right)}{3R + \dfrac{3R^2}{3R+R} + \dfrac{3R^2}{3R+R}} = \frac{3R \times 1.5R}{3R + 1.5R} = R$$

（2）重绘原电路如图 4.58(a)所示。将图中虚线框内的△形网络等效变换成 Y 形网络，用式(4.57)计算得等效 Y 形网络的三个电阻均为 $R/3$，如图 4.58(b)所示。变换后的电路为一电阻混联单口，进一步算得其等效电阻为

$$R_{ab} = \frac{R}{3} + \frac{1}{2} \times \frac{4R}{3} = R$$

显然，解法(2)比解法(1)更简便。可见，计算之前应该优选解题方案，避免盲目计算，欲速而不达。

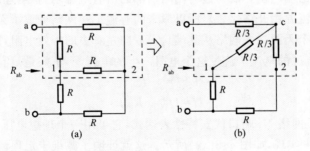

图 4.58 例 4.19 图 2

知识点三　含源单口网络的等效化简

1. 戴维宁定理的含义

一个有源二端网络,不论它的简繁程度如何,当与外电路相连时,它就会像电源一样向外电路供给电能,因此,这个有源二端网络可以变换成一个等效电源。一个电源可以用两种电路模型表示:一种是理想电压源和电阻串联的实际电压源模型;另一种是理想电流源和电阻并联的实际电流源模型。由两种等效电源模型得出戴维宁定理与诺顿定理。

任何一个线性有源二端网络,对外电路来说,都可以用一个理想电压源和电阻串联的电路模型来等效替代。理想电压源的电压等于线性有源二端网络的开路电路 U_{OC};电阻等于有源二端网络变成无源二端网络后的等效电阻 R_{eq},这就是戴维宁定理,该电路模型称为戴维宁等效电路。

2. 证明戴维宁定理

设一线性有源二端网络 N_S 与外部电路相连,如图 4.59(a)所示。设其输出端 a、b 的端电压为 U、电流为 I。首先,根据等效的概念,将外部电路用一个理想电流源代替,这个理想电流源的大小和方向与电流 I 相同,如图 4.59(b)所示。因为被替代处电路的工作条件并没有改变,所以替代后网络中各支路的电压和电流是不会受影响的。

其次,根据叠加定理,有源二端网络 N_S 的端口电压 U 可以看成是有源二端网络内部所有独立电源的作用及网络外部的理想电流源共同作用的结果,即由两个分量 $U^{(1)}$ 及 $U^{(2)}$ 组成(见图 4.59(c)和图 4.59(d)),即

$$U=U^{(1)}+U^{(2)}$$

其中,$U^{(1)}$ 为有源二端网络内部的所有独立电源作用而外部的电流源不作用($I_S=0$),也就是有源二端网络开路时的端电压 U_{OC},即

$$U^{(1)}=U_{OC}$$

$U^{(2)}$ 为有源二端网络内部的所有独立电源均不作用而由外部的理想电流源 I_S 作用时,二端网络的端电压。因为这时网络内部的所有电源均为零(理想电压源用短路代替,理想电流源用开路代替),所以原来的有源二端网络变成了无源二端网络。若用 R_{eq} 代表这个无源二端网络从其端口 a、b 向左看去的等效电阻,则其端口电压就等于理想电流源的电流 I 流过这个电阻产生的电压降,正好是 $U^{(2)}$ 的负值,即

$$U^{(2)}=-R_{eq}I$$

$$U=U_{OC}-R_{eq}I \tag{4.58}$$

式(4.58)是网络 N_S 端口伏安特性表达式,它可用一个理想电压源 U_{OC} 与电阻 R_{eq} 串联的模型来实现,如图 4.59(e)所示。这就证明了戴维宁定理。

在证明戴维宁定理的过程中应用了叠加定理,因此要求有源二端网络 N_S 必须是线性的。在分析一些复杂电路时,有时并不需要求出全部支路的电流或电压,

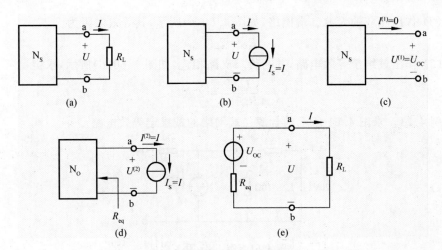

图 4.59 戴维宁定理证明过程

而只需求解其中某个支路的电流或某个元器件上的电压,或在电路其他参数不变的情况下,某支路的元器件参数改变时,应用戴维宁定理是比较简便的。

例 4.20 图 4.60(a)所示电路,应用戴维宁定理求电流 I。

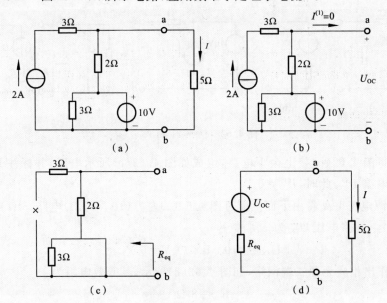

图 4.60 例 4.20 图

解 (1)根据戴维宁定理,将待求支路移开,形成有源二端网络,如图 4.60 (b)所示,可求开路电压 U_{OC}。因为此时 $I^{(1)}=0$,所以电流源电流 2 A 全部流过 2 Ω电阻,有

$$U_{OC}=(2\times2+10) \text{ V}=14 \text{ V}$$

(2) 作出相应的无源二端网络,如图 4.60(c)所示,其等效电阻为

$$R_{eq} = 2 \ \Omega$$

(3) 作出戴维宁等效电路,并与待求支路相连,如图 4.60(d)所示,求得

$$I = \frac{U_{OC}}{R_{eq} + 5} = 2 \text{ A}$$

例 4.21 求图 4.61 所示的含源二端网络的戴维宁等效电路。

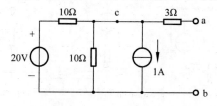

图 4.61 例 4.21 图 1

解 根据戴维宁定理,可分两步进行。

(1) 把 c 点左边(20 V、10 Ω)支路和 10 Ω 支路组成二端网络,如图 4.62(a)所示。用戴维宁等效电路置换,如图 4.62(b)所示。

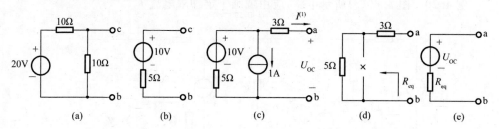

图 4.62 例 4.21 图 2

(2) 将图 4.62(b)接上余下电路,组成如图 4.62(c)所示电路,并标注开路电压 U_{OC} 及电流 $I^{(1)}$,此时,$I^{(1)} = 0$。

电流源电流 1 A 将由下而上流过图 4.62(c)左方(10 V、5 Ω)电路,3 Ω 电阻的电压降为零,开路电压 U_{OC} 为

$$U_{OC} = (10 - 5 \times 1) \text{ V} = 5 \text{ V}$$

(3) 作出相应无源二端网络,如图 4.62(d)所示,其等效电阻为

$$R_{eq} = 8 \ \Omega$$

(4) 作出戴维宁等效电路,如图 4.62(e)所示,该电路就是图 4.61 所示的含源二端网络的戴维宁等效电路。

3. 应用戴维宁定理求解电路的步骤

(1) 将待求支路从原电路中移开,求余下的有源二端网络 N_S 的开路电压 U_{OC}。

（2）将有源二端网络 N_S 变换为无源二端网络 N_0，即将理想电压源短路，理想电流源开路，内阻保留，求出该无源二端网络 N_0 的等效电阻 R_{eq}。

（3）将待求支路接入理想电压源 U_{OC} 与电阻 R_{eq} 串联的等效电压源，再求解所需的电流或电压。

4. 应用戴维宁定理时的注意事项

（1）戴维宁定理只适用于线性电路的分析，不适用于非线性电路的分析。

（2）一般情况下，应用戴维宁定理分析电路，要画出三个电路，即 U_{OC} 电路、R_{eq} 电路和戴维宁等效电路，并注意电路变量的标注。

思考与练习

（1）戴维宁定理指出，任意线性含源单口网络都可以等效化简为一个串联模型，是否也可以等效化简为并联模型呢？为什么？

（2）图 4.63 所示电路，试求它们的戴维宁等效电路。

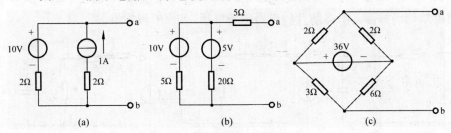

图 4.63 电路图 16

任务四 动态电路的分析与检测

知识点一 动态电路初始值的计算

在日常生活中，任何车辆启动时，车速总是从零开始逐渐上升，经过一段时间后，才能达到一定的运行状态。车辆启动或停止的过程，或者车辆加速或减速的过程，则是从一种稳定状态到另一种稳定状态的过渡过程。事物从一种稳定状态进入另一种新的稳定状态往往需要一定的时间，这段时间称为过渡过程。

电路从一种稳定状态到另一种稳定状态之间的过程，即是电路的过渡过程。电路的过渡过程一般历时很短，故也称为暂态过程；而电路的稳定状态则简称稳态。暂态过程虽然短暂，却是不容忽视的。

引起过渡过程的原因有：一是换路（如电路的接通、断开，电路接线的改变或是电路参数、电源的突然变化等）；二是具有储能元件。

含储能元件的电路换路后之所以会发生过渡过程，是由储能元件的能量不能跃变所决定的。实际电路中电容和电感的储能都只能连续变化，这是因为实际电路所提供的功率只能是有限值。

由于储能不能跃变,因此换路瞬间电容电压不能跃变,电感电流也不能跃变,这就是换路定律。

设瞬间发生换路,则换路定律可用数学式表示为

$$u_C(0_+) = u_C(0_-)$$
$$i_L(0_+) = i_L(0_-)$$

(4.59)

其中,0_- 表示 t 从负值趋于零的极限,即换路前的最后瞬间;0_+ 则表示 t 从正值趋于零的极限,即换路后的最初瞬间。此式在数学上表示函数 $u_C(t)$ 和 $i_L(t)$ 在 $t=0$ 的左极限和右极限相等,即它们在 $t=0$ 处连续。

电路的过渡过程是从换路后的最初瞬间即 $t=0_+$ 开始的,电路中各电压、电流在 $t=0_+$ 的瞬时值是过渡过程中各电压、电流的初始值。对过渡过程的分析,往往先计算电路中各电压、电流的初始值。

例 4.22 如图 4.64(a)所示电路中,$U_s=10$ V,$R_1=15$ Ω,$R_2=5$ Ω,开关 S 断开前电路处于稳态。求 S 断开后电路中各电压、电流的初始值。

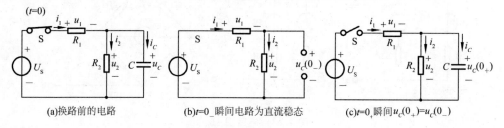

(a)换路前的电路　　(b)$t=0_-$瞬间电路为直流稳态　　(c)$t=0_+$瞬间 $u_C(0_+)=u_C(0_-)$

图 4.64　例 4.22 图

解 设开关 S 在瞬间断开,即 $t=0$ 时发生换路。换路前电路为直流稳态,电容 C 相当于开路,如图 4.64(b)所示。

$$u_C(0_-) = u_2(0_-) = \frac{R_2}{R_1+R_2}U_s = \frac{5}{15+5} \times 10 \text{ V} = 2.5 \text{ V}$$

换路后的电路如图 4.64(c)所示。根据换路定律,换路后的最初瞬间的电压为

$$u_C(0_+) = u_C(0_-) = 2.5 \text{ V}$$

电阻 R_2 与电容 C 并联,故 R_2 的电压、电流分别为

$$u_2(0_+) = u_C(0_+) = 2.5 \text{ V}$$

$$i_2(0_+) = \frac{u_2(0_+)}{R_2} = \frac{2.5}{5} \text{ A} = 0.5 \text{ A}$$

由于 S 已断开,根据 KCL 得

$$i_1(0_+) = 0$$

$$i_C(0_+) = i_1(0_+) - i_2(0_+) = (0-0.5) \text{ A} = -0.5 \text{ A}$$

从例 4.22 可归纳计算初始值的步骤如下。

（1）根据换路前的电路求 $t=0_-$ 瞬间的电容电压 $u_C(0_-)$ 或电感电流 $i_L(0_-)$。若换路前电路为直流稳态，则电容相当于开路、电感相当于短路。

（2）根据换路定律，换路后电容电压和电感电流的初始值分别等于它们在 $t=0_-$ 的瞬时值，即

$$u_C(0_+)=u_C(0_-)$$
$$i_L(0_+)=i_L(0_-)$$

电容电压、电感电流的初始值反映电路的初始储能状态，简称（电路的）初始状态。

（3）以初始状态（电容电压、电感交流的初始值）为已知条件，根据换路后（$t=0_+$）的电路来进一步计算其他电压、电流的初始值。

例 4.23　电路如图 4.65 所示，开关闭合前电路已达到稳态，求换路后的瞬间电感的电压和各支路的电流。

解　由于开关闭合前电路已达到稳态，电感对直流稳态相当于短路，所以有

$$i_L(0_-)=\frac{10}{6+4}\text{ A}=1\text{ A}$$

根据换路定律得

$$i_L(0_+)=i_L(0_-)=1\text{ A}$$

根据 KVL、KCL 得

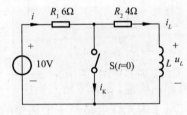

图 4.65　例 4.23 图

$$u_L(0_+)=-i_L(0_+)R_2=-4\text{ V}$$

$$i(0_+)=\frac{10}{R_1}=1.67\text{ A}$$

$$i_K(0_+)=i(0_+)-i_L(0_+)=(1.67-1)\text{ A}=0.67\text{ A}$$

思考与练习

（1）含储能元件的电路换路后为什么会发生过渡过程？什么是换路定律？它的数学表达式是怎样的？

（2）为了确定换路后的电压、电流的初始值，必须先算出所有这些电压、电流在换路前最后瞬间（$t=0_-$ 的瞬间）的值，对吗？为什么？应该怎么做？

（3）分别判断图 4.66 所示各电路，当开关 S 动作后，电路中是否产生过渡过程？并说明为什么？

知识点二　一阶电路的零输入响应

电容元件的电流与其电压的变化率成正比，电感元件的电压则与其电流的变化率成正比，因而储能元件也称为动态元件。由于动态元件的 VCR 是微分关系，所以，含动态元件的电路即动态电路的 KCL、KVL 方程都是微分方程。只含一个动态元件的电路只需用一阶微分方程来描述，故称为一阶电路。

一阶电路在没有输入激励的情况下，仅由电路的初始状态（初始时刻的储能）

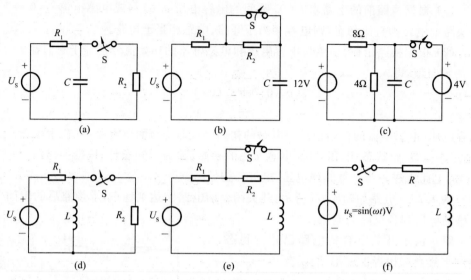

图 4.66　电路图 17

所引起的响应,称为零输入响应。

电子闪光灯电路是一个典型的 RC 电路,将它简化为如图 4.67(a)所示电路,换路前电容已被充电至电压 $u_C(0_-)=U_0$,存储的电场能量为 $W_C=\dfrac{1}{2}CU_0^2$。$t=0$ 瞬间将开关 S 从 a 换接到 b 后,电压源被断开,输入跃变为 0,电路进入电容 C 通过电阻 R 放电的过渡过程。

换路后的电路如图 4.67(b)所示,电容电压的初始值根据换路定律有 $U_C(0_+)=U_C(0_-)=U_0$,而电流 i 则从换路前的 0 跃变为 $i(0_+)=-\dfrac{U_0}{R}$。放电过程中,电容的电压逐渐降低,逐渐释放其存储的能量,放电电流逐渐减小,最终电压降为 0,其储能全部释放,放电电流也减小为 0,放电过程结束。

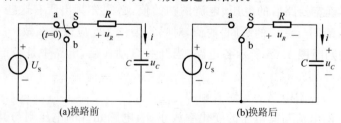

图 4.67　RC 电路

1. 电压、电流的变化规律

对于图 4.68(b)所示电路,由 KVL 得

$$u_C+Ri=0$$

将 $i = C\dfrac{\mathrm{d}u_C}{\mathrm{d}t}$ 代入上式得

$$RC\frac{\mathrm{d}u_C}{\mathrm{d}t} + u_C = 0$$

解为

$$u_C = U_0 \mathrm{e}^{-\frac{t}{RC}}$$

$$u_R = -u_C = -U_0 \mathrm{e}^{-\frac{t}{RC}} \tag{4.60}$$

$$i_R = \frac{u_R}{R} = -\frac{U_0}{R}\mathrm{e}^{-\frac{t}{RC}}$$

式(4.60)中的负号说明电阻电压 u_R 和放电电流 i 的实际方向与图示的参考方向相反。u_C、u_R 和 i 随时间变化的曲线如图 4.68 所示。从以上结果可见,电容通过电阻放电的过程中,u_C、$|u_R|$、$|i|$ 均随时间按指数函数的规律衰减。

2. 时间常数

令 $\tau = RC$,则 u_C、u_R、i 可分别表示为

$$u_C = U_0 \mathrm{e}^{-\frac{t}{\tau}}$$

$$u_R = -U_0 \mathrm{e}^{-\frac{t}{\tau}}$$

$$i = -\frac{U_0}{R}\mathrm{e}^{-\frac{t}{\tau}}$$

对于已知 R、C 参数的电路来说,$\tau = RC$ 是一个仅取决于电路参数的常数。τ 的单位为秒,因此称为时间常数。时间常数 τ 的大小决定放电过程中电压、电流衰减的快慢。以电容为例,u_C 随时间衰减的情况如图 4.69 所示。

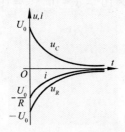
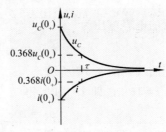

图4.68 u_C、u_R 和 i 随时间变化的曲线　　图4.69 u_C 随时间衰减曲线

图 4.69 表明,放电过程中,电容电压和放电电流衰减至初始值的 36.8% 所需的时间都等于时间常数 τ。这一时间越长,放电进行得越慢;反之,放电进行得越快。

从理论上说,当 $t \to \infty$ 时,电容电压才衰减为零;实际上当 $t = 5\tau$ 时,电容电压已衰减至初始值的 0.7%,足可以说明电路已经达到新的稳态。

RC 电路的零输入响应也可表示成一般形式,即

$$f(t) = f(0_+)\mathrm{e}^{-\frac{t}{\tau}} \tag{4.61}$$

其中，$f(t)$表示 RC 电路的任意零输入响应；$f(0_+)$则表示该响应的初始值。

3. 放电过程中的能量

如前所述，电路的初始储能为

$$\omega_C(0_+)=\frac{1}{2}CU_0^2$$

放电过程中电阻消耗的能量为

$$W_R=\int_0^\infty i^2Rdt=\int_0^\infty\frac{U_0^2}{R}dt=\frac{1}{2}CU_0^2$$

可见，整个放电过程中电阻消耗的能量就是电容的初始储能。

例 4.24 如图 4.67(a)所示电路中，开关 S 在位置 a 为时已久，已知 $U_s=10$ V，$R=5$ kΩ，$C=3$ μF，$t=0$ 瞬间，开关 S 从 a 换接至 b。

(1) 求换路后 $u_C(t)$ 的表达式，并绘出变化曲线；(2) 求换路后 15 ms 及 75 ms 时的电容电压值。

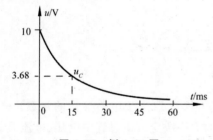

图 4.70 例 4.24 图

解 电压、电流的参考方向如图 4.67(b)所示。

(1) 换路前电路已达稳态，电容电压为

$$u_C(0_-)=U_s=10\text{ V}$$

根据换路定律，电容电压的初始值为

$$U_C(0_+)=U_C(0_-)=10\text{ V}$$

电路的时间常数为

$$\tau=RC=5\times10^3\times3\times10^{-6}\text{ s}=15\text{ ms}$$

换路后的电容电压为

$$u_C(t)=u_C(0_+)e^{-\frac{t}{\tau}}$$

其变化曲线如图 4.70 所示。

(2) 当 $t=15$ ms 即 $t=\tau$ 时，得

$$u_C=10e^{-1}\text{ V}=3.68\text{ V}$$

当 $t=75$ ms 即 $t=5\tau$ 时，得

$$u_C=10e^{-5}\text{ V}=0.07\text{ V}$$

例 4.25 某高压电路中有一个 40 μF 的电容器，断电前已充电至电压 $u_C(0_-)=3.5$ kV。断电后电容器经本身的漏电阻放电。若电容器的漏电阻 $R=100$ MΩ，1 h 后电容器的电压降至多少？若电路需要检修，应采取什么安全措施？

解 由题意知，电容电压的初始值为

$$u_C(0_+)=u_C(0_-)=3.5\times10^3\text{ V}$$

放电时间常数为

$$\tau=RC=100\times10^6\times40\times10^{-6}\text{ s}=4000\text{ s}$$

当 $t=1$ h$=60\times60$ s$=3600$ s 时,得

$$u_C=3.5\mathrm{e}^{-\frac{3600}{4000}}\times10^3\text{ V}=1423\text{ V}$$

可见,放电 1 h 后,电容器仍有很高的电压。为安全起见,须待电容器充分放电后才能进行线路检修。为缩短电容器的放电时间,可用一电阻值较小的电阻并联于电容器两端以加速放电过程。

自学与拓展 RL 电路的零输入响应

前面叙述了 RC 电路的零输入响应,下面来分析 RL 电路的零输入响应。

由于电感电流不能跃变,因此,换路后虽然输入跃变为零,但电流却以逐渐减小的方式继续存在。电感的储能随电流减小而逐渐释放,并为电阻所消耗。当电流减小到零时,释放全部电感存储的磁场能量,过渡过程结束。RL 电路的零输入响应,是指电感存储的磁场能量通过电阻 R 进行释放的物理过程。

图 4.71(a)所示电路中,开关 S 原置于位置 a,电路已达稳态,电流 $i_L=\dfrac{U_s}{R}=I_0$,电感元件存储的磁场能量为 $W_L=\dfrac{1}{2}LI_0^2$,$t=0$ 瞬间将开关 S 从 a 换接至 b 后,电压源被短路代替,输入跃变为零,电路进入过渡过程。过渡过程中的电压、电流即是电路的零输入响应。

图 4.71(b)所示为换路后的电路,其 KVL 方程为

$$u_R+u_L=0 \tag{4.62}$$

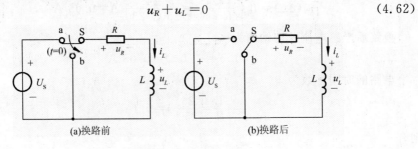

(a)换路前　　　　　　　　　(b)换路后

图 4.71 RL 电路

将 $u_R=i_LR$,$u_L=L\dfrac{\mathrm{d}i_L}{\mathrm{d}t}$ 代入式(4.62)后得

$$\frac{L}{R}\frac{\mathrm{d}i_L}{\mathrm{d}t}+i_L=0 \tag{4.63}$$

又由电路的初始状态,即(电感)交流的初始值为

$$i_L(0_+)=i_L(0_-)=I_0$$

则解为

$$i_L=I_0\mathrm{e}^{-\frac{R}{L}t}=I_0\mathrm{e}^{-\frac{t}{\tau}} \tag{4.64}$$

其中,$\tau=L/R$ 为 RL 电路的时间常数,其意义及单位与 RC 电路的时间常数相同。

电阻元件和电感元件的电压分别为

$$u_R = Ri_L = RI_0 \mathrm{e}^{-\frac{t}{\tau}}$$

$$u_L = -u_R = -RI_0 \mathrm{e}^{-\frac{t}{\tau}}$$

电压、电流随时间变化的曲线如图 4.72 所示。

显然，$f(t) = f(0_+)\mathrm{e}^{-\frac{t}{\tau}}$ 也同样适合于 RL 电路的零输入响应。

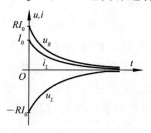

图 4.72　RL 电路中 R、L 的电压和电流随时间变化的曲线

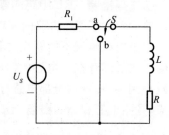

图 4.73　例 4.26 图

例 4.26　电路如图 4.73 所示，继电器线圈的电阻 $R = 250\ \Omega$，吸合时其电感 $L = 25\ \mathrm{H}$。已知电阻 $R_1 = 230\ \Omega$，电源电压 $U_\mathrm{s} = 24\ \mathrm{V}$。若继电器的释放电流为 4 mA，求开关 S 接至 b 端后多长时间继电器能够释放，使 S 回到 a 端。

解　换路前继电器的电流为

$$i_L(0_-) = I_0 = \frac{U_\mathrm{s}}{R + R_1} = \frac{24}{250 + 230}\ \mathrm{A} = 0.05\ \mathrm{A}$$

换路后电感电流的初始值为

$$i_L(0_+) = i_L(0_-) = 0.05\ \mathrm{A}$$

电路的时间常数为

$$\tau = \frac{L}{R} = \frac{25}{250}\ \mathrm{s} = 0.1\ \mathrm{s}$$

则有

$$i_L(t) = i_L(0_+)\mathrm{e}^{-\frac{t}{\tau}} = 0.05\mathrm{e}^{-\frac{t}{0.1}}\ \mathrm{A} = 0.05\mathrm{e}^{-10t}\ \mathrm{A}$$

继电器开始释放时，电流 i_L 等于释放电流，即

$$0.05\mathrm{e}^{-10t} = 4 \times 10^{-3}$$

得　　　　　　　　　　　　　　$$t = 0.25\ \mathrm{s}$$

即开关 S 接至 b 端后 0.25 s，继电器开始释放。

思考与练习

(1) 什么是一阶电路？什么是零输入响应？一阶电路的零输入响应应具有怎样的变化规律？

(2) 什么是时间常数？它与过渡过程有何关系？如何计算 RC 电路和 RL 电路的时间常数？如果与动态元件相连的不只是一个电阻，而是多个电阻连接而成

的单口,又如何确定时间常数?

(3) 一阶电路如图 4.74 所示,求开关 S 打开时电路的时间常数。

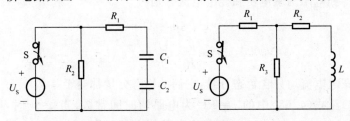

图 4.74 电路图 18

知识点三 一阶电路的零状态响应

如果换路前电路中的储能元件均未储能,即电路的初始状态为零,换路瞬间电路接通直流激励,则换路后由外施激励在电路中引起的响应称为零状态响应。

以 RC 电路为例分析零状态响应。

图 4.75(a)所示电路中,开关 S 原置于 b 端已久,电容已充分放电,电压 $u_C(0_-)=0$。$t=0$ 瞬间将开关 S 从 b 端换接至 a 端接通直流电压源 U_s,此后电路进入 U_s 通过电阻 R 向电容 C 充电的过渡过程。过渡过程中的电压、电流即为直流激励下 RC 电路的零状态响应。

图 4.75(b)所示换路后的电路,由 KVL 得

$$u_R+u_C=U_s$$

且 $i_C=C\dfrac{\mathrm{d}u_C}{\mathrm{d}t}$,将 $u_R=i_CR=RC\dfrac{\mathrm{d}u_C}{\mathrm{d}t}$代入上式得

$$RC\frac{\mathrm{d}u_C}{\mathrm{d}t}+u_C=U_s$$

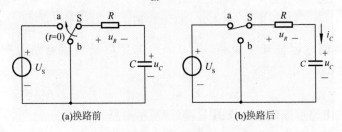

(a)换路前   (b)换路后

图 4.75 RC 电路

根据换路定律,换路后电路的初始状态为

$$u_C(0_+)=u_C(0_-)=0$$

故得充电过程中的电容电压为

$$u_C(t)=U_s-U_s\mathrm{e}^{-\frac{t}{\tau}}=U_s(1-\mathrm{e}^{-\frac{t}{\tau}}) \tag{4.65}$$

电容电压的零状态响应可表示为

$$u_C(t) = u_C(\infty)(1 - e^{-\frac{t}{\tau}}) \tag{4.66}$$

进一步不难得到电阻两端电压和充电电流分别为

$$u_R(t) = U_S - u_C = U_S e^{-\frac{t}{\tau}} \tag{4.67}$$

$$i_C(t) = \frac{u_R}{R} = \frac{U_S}{R} e^{-\frac{t}{\tau}} \tag{4.68}$$

电阻电压和充电电流均只含暂态分量,它们的稳态分量都等于零。

式(4.65)至式(4.68)中的 $\tau = RC$ 为电路的时间常数,当 $t = \tau$ 时,电容电压 $u_C(\tau) = U_S(1 - e^{-1}) = 0.632U_S$。可见 τ 在数值上等于电容电压充电至稳态值的 63.2% 所需的时间。和放电时一样,充电过程进行的快慢也取决于时间常数 τ,即取决于电阻 R 和电容 C 的乘积。

从理论上说,当 $t \to \infty$ 时,电容电压才升至稳态值,同时充电电流降至零,充电过程结束;实际上当 $t = 5\tau$ 时,$u_C(5\tau) = U_S(1 - 0.007) = 0.993U_S$,电容电压已充电至稳态值的 99.3%,可以认为充电过程到此基本结束。

例 4.27 图 4.76(a)所示电路中 $I_S = 1$ A,$R = 10$ Ω,$C = 10$ μF,换路前开关 S 是闭合的。$t = 0$ 瞬间 S 断开,求 S 断开后电容两端的电压 u_C、电流 i_C 和电阻的电压 u_R,并绘出电压、电流的变化曲线。

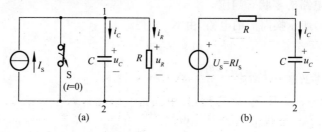

图 4.76 例 4.27 图 1

解 换路前电容被开关短路,$u_C(0_-) = 0$,所以换路后电路的初始状态为零,即

$$u_C(0_+) = u_C(0_-) = 0$$

换路后的电路可等效变换成图 4.76(b)所示电路。

电路的时间常数为

$$\tau = RC = 10 \times 10 \times 10^{-6} \text{ s} = 10^{-4} \text{ s}$$

电容电压为

$$u_C = u_C(\infty)(1 - e^{-\frac{t}{\tau}}) \text{ V} = 10(1 - e^{-10^4 t}) \text{ V}$$

电流为

$$i_C = \frac{U_S}{R} e^{-\frac{t}{\tau}} = \frac{10}{10} e^{-\frac{t}{10^{-4}}} \text{ A} = 1e^{-10^4 t} \text{ A}$$

原电路中电阻 R 与电容 C 并联,故电阻电压为

$$u_R = u_C = 10(1 - e^{-10^4 t})\ \text{V}$$

电压、电流的变化曲线如图 4.77 所示。

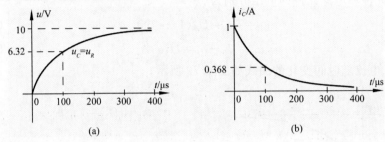

(a)   (b)

图 4.77 例 4.27 图 2

自学与拓展 RL 电路的零状态响应

图 4.78(a)所示电路中,开关 S 未闭合时,电流为零。$t=0$ 瞬间合上开关 S,RL 串联电路与直流电压源 U_S 接通后,电路进入过渡过程。过渡过程中的电压、电流即为直流激励下 RL 电路的零状态响应。

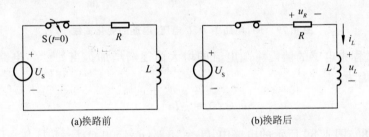

(a)换路前   (b)换路后

图 4.78 RL 电路

对图 4.78(b)所示换路后的电路,由 KVL 得

$$u_L + R i_L = U_S$$

将 $u_L = L \dfrac{\mathrm{d}i_L}{\mathrm{d}t}$ 代入上式得

$$i_L = \frac{U_S}{R}(1 - e^{-\frac{t}{\tau}})$$

其中,$\tau = L/R$ 为 RL 电路的时间常数,其意义及单位与 RC 电路的时间常数相同。τ 的大小也同样决定 RL 电路过渡过程的快慢。

与 RC 电路中电容电压的零状态响应一样,RL 电路中电感电流的零状态响应也由稳态分量和暂态分量组成。当 $t \to \infty$ 电路达到新的稳态时,电感电流的稳态值为

$$i_L(\infty) = \frac{U_S}{R}$$

电感电流的零状态响应也可表示为

$$i_L(t) = i_L(\infty)(1 - e^{-\frac{t}{\tau}}) \tag{4.69}$$

电阻元件和电感元件的电压分别为

$$u_R = Ri_L = U_S(1 - e^{-\frac{t}{\tau}}) \tag{4.70}$$

$$u_L = U_S - u_R = U_S e^{-\frac{t}{\tau}} \tag{4.71}$$

电压、电流随时间变化的曲线如图 4.79 所示。

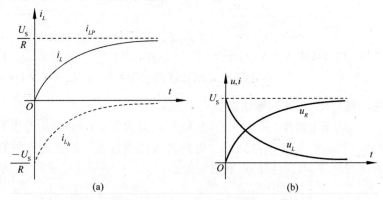

图 4.79 RL 电路中 R、L 电压、电流的变化曲线

过渡过程中电感的储能将随电流的增大而逐渐增加。当 $t \to \infty$，电路达到稳态时，其储能为

$$w_L(\infty) = \frac{1}{2} Li^2(\infty) \tag{4.72}$$

例 4.28 图 4.80 所示的电路中，$U_S = 18$ V，$R = 500$ Ω，$L = 5$ H。求开关 S 闭合后：(1) 稳态电流 $i_L(\infty)$ 及 i_L、u_L 的变化规律；(2) 电流增至 $i_L(\infty)$ 的 63.2% 所需的时间；(3) 电路存储磁场能量的最大值。

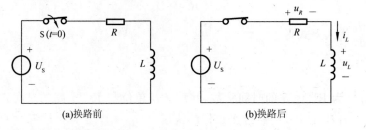

图 4.80 例 4.28 图

解 (1) 电路的时间常数为

$$\tau = \frac{L}{R} = \frac{5}{500} \text{ s} = 10^{-2} \text{ s}$$

电路达到稳态时电流为

$$i_L(\infty)=\frac{U_s}{R}=\frac{18}{500}\text{ A}=0.036\text{ A}=36\text{ mA}$$

$$i_L(t)=i_L(\infty)(1-e^{-\frac{t}{\tau}})=0.036(1-e^{-100t})\text{ A}$$

$$u_L=U_s e^{-\frac{t}{\tau}}=18e^{-100t}\text{ V}$$

（2）当 $i_L=0.632i_L(\infty)$ 时,有

$$36(1-e^{-100t})=36\times0.632$$

$$t=\tau=10^{-2}\text{ s}=10\text{ ms}$$

即换路后 10 ms 电流即增至稳态值的 63.2%。

（3）因为电路中的电流达到稳态时最大,所以电感存储的最大磁场能量为

$$W_{L\text{max}}=\frac{1}{2}Li^2(\infty)=\frac{1}{2}\times5\times0.036^2\text{ J}=0.003\text{ J}$$

思考与练习

（1）什么是零状态响应？一阶电路对恒定激励的所有零状态响应变化规律都一样吗？哪些零状态响应具有确定的变化规律？它们是怎样的规律？

（2）求一阶电路对恒定激励的零状态响应时应该先求哪些响应？随后又如何计算其他响应呢？

（3）一阶电路如图 4.81 所示,求开关 S 闭合时电路的时间常数。

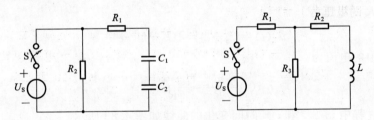

图 4.81　电路 19

知识点四　一阶电路的全响应

前面讨论了一阶电路的零输入响应和零状态响应,如果非零初始状态的电路在外加电源的作用下,电路的响应称为一阶电路全响应。

1. 用叠加定理分析一阶电路全响应

从电路中能量的来源可以推出,线性动态电路的全响应,必然是由储能元件初始储能产生的零输入响应,与外加电源产生的零状态响应的代数和。从响应与激励的关系看,这是叠加定理的一个应用。

图 4.82 所示电路中,开关 S 闭合前电容已充电至电压 $u_C(0_-)=U_0$。$t=0$ 瞬间合上开关后,电路的 KVL 方程为

$$RC\frac{\mathrm{d}u_C}{\mathrm{d}t}+u_C=U_s$$

电路的初始状态为

$$u_C(0_+) = u_C(0_-) = U_0$$

故得电容电压的全响应为

$$u_C(t) = U_S + (U_0 - U_S)e^{-\frac{t}{\tau}} \tag{4.73}$$

即 全响应＝稳态分量＋暂态分量

其中,稳态分量与外施激励有关,当激励为恒定量(直流)时,稳态分量也是恒定量;暂态分量总是时间的指数函数,其变化规律与激励无关。

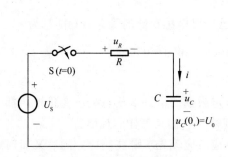

图 4.82 一阶电路全响应图例

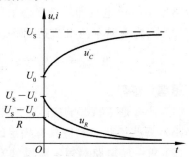

图 4.83 图例电路中的电压、电流
随时间的变化曲线

电阻 R 的电压为

$$u_R(t) = U_S - u_C = (U_S - U_0)e^{-\frac{t}{\tau}}$$

电路中的电流为

$$i(t) = \frac{u_R}{R} = \frac{U_S - U_0}{R}e^{-\frac{t}{\tau}}$$

过渡过程中 u_C、u_R 和 i 随时间变化的曲线如图 4.83 所示。

从图 4.83 可以看出,由于 $U_S > U_0 > 0$,所以,过渡过程中电容电压从初始值按指数规律上升至稳态值,即电容被进一步充电。

全响应表达式可改写成如下形式:

$$u_C(t) = U_0 e^{-\frac{t}{\tau}} + U_S(1 - e^{-\frac{t}{\tau}}) \tag{4.74}$$

不难发现,式(4.74)第一项是 RC 电路的零输入响应,而第二项是零状态响应,可见

全响应＝零输入响应＋零状态响应

这说明,一阶电路的全响应等于由电路的初始状态单独作用所引起的零输入响应和由外施激励单独作用所引起的零状态响应之和。这正是叠加定理的体现。

例 4.29 图 4.84 所示电路中,$U_S = 100$ V,$R_1 = R_2 = 4$ Ω,$L = 4$ H,电路源已处于稳态。$t = 0$ 瞬间开关 S 断开。(1)用叠加定理求 S 断开后电路中的电流 i_L;(2)求电感的电压 u_L;(3)绘出电流、电压的变化曲线。

解 (1) 求过渡过程中的电流 i_L。

① 求零输入响应的过程如下。

换路前电路已处于稳态,由换路前的电路得

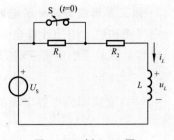

图 4.84 例 4.29 图 1

$$i_L(0_-) = \frac{U_S}{R_2} = \frac{100}{4} \text{ A} = 25 \text{ A}$$

换路后电路的初始状态为

$$i_L(0_+) = i_L(0_-) = 25 \text{ A}$$

换路后电路的时间常数为

$$\tau = \frac{L}{R_1 + R_2} = \frac{4}{8} \text{ s} = 0.5 \text{ s}$$

故得电路的零输入响应为

$$i'_L(t) = i_L(0_+) \mathrm{e}^{-\frac{t}{\tau}} = 25 \mathrm{e}^{-2t} \text{ A}$$

② 求零状态响应。

若初始状态为零,则换路后在外施激励作用下电流 i_L 从零按指数规律上升至稳态值,即

$$i_L(\infty) = \frac{U_S}{R_1 + R_2} = \frac{100}{4+4} \text{ A} = 12.5 \text{ A}$$

故得电路的零状态响应为

$$i''_L(t) = i_L(\infty)(1 - \mathrm{e}^{-\frac{t}{\tau}}) = 12.5(1 - \mathrm{e}^{-2t}) \text{ A}$$

③ 全响应为

$$i_L(t) = i'_L(t) + i''_L(t) = 12.5(1 + \mathrm{e}^{-2t}) \text{ A}$$

(2) 电感电压 u_L 为

$$u_L = U_S - (R_1 + R_2)i_L = [100 - (4+4) \times 12.5(1 + \mathrm{e}^{-2t})] \text{ V} = -100\mathrm{e}^{-2t} \text{ V}$$

或

$$u_L = L\frac{\mathrm{d}i_L}{\mathrm{d}t} = -100\mathrm{e}^{-2t} \text{ V}$$

(3) 电流、电压的变化曲线如图 4.85 所示。

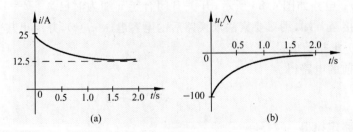

图 4.85 例 4.29 图 2

2. 用三要素法分析一阶电路

更简便和更常用的计算全响应的方法是一阶电路的三要素法。

电容电压的全响应等于稳态分量和暂态分量之和，即

$$u_C(t)=U_S+(U_0-U_S)e^{-\frac{t}{\tau}}$$

当 $t=0_+$ 时，上式即为电容电压的初始值，即

$$u_C(0_+)=U_S+(U_0-U_S)e^{-\frac{0}{\tau}}=U_0$$

当 $t\to\infty$ 时，电容电压的稳态值为

$$u_C(\infty)=U_S+(U_0-U_S)e^{-\frac{\infty}{\tau}}=U_S$$

以 $u_C(0_+)$、$u_C(\infty)$ 分别代替上式中的 U_0、U_S 得

$$u_C(t)=u_C(\infty)+[u_C(0_+)-u_C(\infty)]e^{-\frac{t}{\tau}}$$

可见，只要求出电容电压的初始值、稳态值和电路的时间常数，即可由上式写出电容电压的全响应。

初始值、稳态值和时间常数称为一阶电路的三要素。求出三要素，然后按上式写出全响应的方法称为三要素法。

不仅求电容电压可用三要素法，而且求一阶电路过渡过程中的其他响应都可用三要素法。若用 $f(t)$ 表示一阶电路的任意响应，$f(0_+)$、$f(\infty)$ 分别表示该响应的初始值和稳态值，则

$$f(t)=f(\infty)+[f(0_+)-f(\infty)]e^{-\frac{t}{\tau}} \tag{4.75}$$

即用三要素法求一阶电路过渡过程中任意响应的公式。

从式(4.75)可见，过渡过程中之所以存在暂态响应，是因为初始值与稳态值之间有差别。暂态响应的作用就是消灭这个差别，使其按指数规律衰减。一旦差别没有了，电路也就达到了新的稳态，响应即为稳态响应 $f(\infty)$。

应用三要素法时，一阶电路中与动态元件连接的可以是一个多元件的线性含源电阻单口，这时，$\tau=RC$，或 $\tau=L/R$ 中的 R 应理解为该含源电阻网络的等效电阻。

例 4.30 电路如图 4.86 所示，开关 S 闭合于 a 端为时已久。$t=0$ 瞬间将开关从 a 端换接至 b 端，用三要素法求换路后的电容电压 $u_C(t)$，并绘出其变化曲线。

解 (1) 求初始值。

由换路前的电路得

$$u_C(0_-)=-\frac{2}{1+2}\times 3 \text{ V}=-2 \text{ V}$$

根据换路定律得

$$u_C(0_+)=u_C(0_-) \text{ V}=-2 \text{ V}$$

由换路后的电路求稳态值，即

$$u_C(\infty)=\left(\frac{2}{1+2}\times 6\right)\ \text{V}=4\ \text{V}$$

（2）求时间常数。

与电容 C 相连的含源单口网络的输出电阻为

$$R=\frac{1\times 2}{1+2}\ \text{k}\Omega=\frac{2}{3}\ \text{k}\Omega$$

所以时间常数为

$$\tau=RC=\frac{2}{3}\times 3\ \text{ms}=2\ \text{ms}$$

（3）将求出的三要素代入公式得

$$u_C(t)=(4-6\text{e}^{-500t})\ \text{V}$$

据此绘出 $u_C(t)$ 的变化曲线如图 4.87 所示。

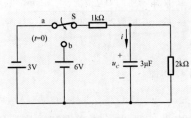

图 4.86 例 4.30 图 1

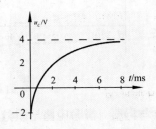

图 4.87 例 4.30 图 2

例 4.31 图 4.88 所示电路中，直流电流源 $I_\text{S}=2$ A，$R_1=50\ \Omega$，$R_2=75\ \Omega$，$L=0.3$ H，开关 S 原为断开。$t=0$ 瞬间合上开关 S，用三要素法求换路后的电感电流 $i(t)$ 和电流源电压 $u(t)$，并绘出其变化曲线。

解 （1）求初始值。

根据换路定律得

$$i_L(0_+)=i_L(0_-)=0$$

即换路后的最初瞬间，电感支路无电流视为
开路，可求得

$$u(0_+)=\frac{R_1 R_2}{R_1+R_2}I_\text{S}=\frac{50\times 75}{50+75}\times 2\ \text{V}=60\ \text{V}$$

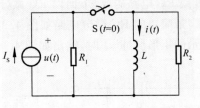

图 4.88 例 4.31 图

（2）求稳态值达稳态后，视电感为短路，则

$$i(\infty)=I_\text{S}=2\ \text{A}$$

$$u(\infty)=0$$

（3）求时间常数。

与电容 C 相连的含源电阻单口的输出电阻为

$$R=\frac{R_1 R_2}{R_1+R_2}=\frac{50\times 75}{50+75}\ \Omega=30\ \Omega$$

所以时间常数为

$$\tau = \frac{L}{R} = \frac{0.3}{30} \text{ s} = 0.01 \text{ s}$$

（4）根据三要素法有

$$i(t) = [2 + (0-2)e^{-\frac{t}{0.01}}] \text{ A} = (2 - 2e^{-100t}) \text{ A}$$

$$u(t) = [0 + (60-0)e^{-\frac{t}{0.01}}] \text{ V} = 60e^{-100t} \text{ V}$$

$i(t)$、$u(t)$ 的变化曲线如图 4.89 所示。

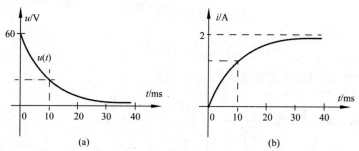

图 4.89　例 4.31 图

自学与拓展　微分电路与积分电路

在电子技术中，常利用微分电路与积分电路实现波形的产生和变换。因此，微分电路与积分电路有着广泛的应用。

1. 微分电路

微分电路是指输出电压与输入电压之间成微分关系的电路。微分电路可以由 RL 或 RC 电路构成，下面以 RC 微分电路为例，讨论其电路的构成条件和特点。

最简单的 RC 微分电路如图 4.90(a) 所示，其主要作用是当输入如图 4.90(b) 所示的矩形脉冲 u_1 时，输出如图 4.90(c) 所示的正、负尖脉冲 u_2。

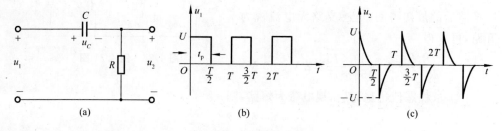

图 4.90　RC 微分电路

构成 RC 微分电路的条件如下：

（1）RC 串联电路，从电阻 R 输出电压；

（2）输入脉冲的宽度 t_p 要比电路的时间常数 τ 大得多，即 $t_p \gg \tau$（这就是说，在矩形脉冲作用期间，电路的动态过程已经结束）。

在 $0 \leqslant t \leqslant t_\mathrm{p}$ 时间内，u_1 的作用相当于一个直流激励，电容经电阻充电，由三要素公式，可得

$$u_C = U(1 - \mathrm{e}^{-\frac{t}{\tau}})$$

$$u_2 = RC = \frac{\mathrm{d}u_C}{\mathrm{d}t} = U\mathrm{e}^{-\frac{t}{\tau}}$$

电路输出正尖脉冲，如图 4.90(c)所示。由于 $\tau \ll t_\mathrm{p}$，动态过程很快结束，所以可以认为 $u_C \approx u_1$，于是

$$u_2 = RC\frac{\mathrm{d}u_C}{\mathrm{d}t} \approx RC\frac{\mathrm{d}u_1}{\mathrm{d}t} \tag{4.76}$$

输出电压取决于输入电压对时间的导数，故称为微分电路。

在 $t_\mathrm{p} \leqslant t \leqslant T$ 时间内，$u_1 = 0$，电容通过电阻很快放电完毕，由三要素公式可知：

$$u_C = U\mathrm{e}^{-\frac{t-t_\mathrm{p}}{\tau}}$$

$$u_2 = -u_C = -U\mathrm{e}^{-\frac{t-t_\mathrm{p}}{\tau}}$$

电路输出负尖脉冲，如图 4.90(c)所示。

当第二个矩形脉冲到来时，电路的响应又重复前述过程，所以电路输出正、负交替的尖脉冲，尖脉冲常用于脉冲电路的触发信号。

2. 积分电路

积分电路是指输出电压与输入电压之间成积分关系的电路。积分电路也可以由 RL 或 RC 电路构成。最简单的 RC 积分电路，如图 4.91(a)所示，其主要作用是，当输入如图 4.91(b)所示的矩形脉冲 u_1 时，输出如图 4.91(c)所示的锯齿波。

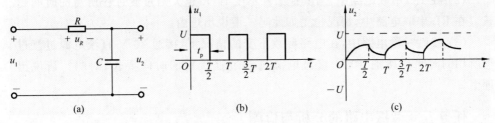

图 4.91 RC 积分电路

构成 RC 积分电路的条件如下：

(1) RC 串联电路，从电容 C 输出电压；

(2) 电路的时间常数 τ 要比输入脉冲的宽度 t_p 大得多，即 $\tau \gg t_\mathrm{p}$。

由于积分电路的 $\tau \gg t_\mathrm{p}$，在矩形脉冲作用期间电容远没有充完电，所以认为 $u_R \gg u_C$，则 $u_1 \approx u_R$，因此

$$u_2 = u_C = \frac{1}{C}\int i\mathrm{d}t = \frac{1}{C}\int \frac{u_R}{R}\mathrm{d}t \approx \frac{1}{RC}\int u_1\mathrm{d}t \tag{4.77}$$

输出电压取决于输入电压的积分，故称为积分电路。

由图 4.91(b) 和图 4.91(c) 波形可以看出,在 $0 \leqslant t \leqslant t_p$ 期间,电容充电,输出电压从零开始缓慢上升,当 $t = t_p$ 时,脉冲截止,这时输出电压 u_2 还远未趋近稳定值;在 $t_p \leqslant t \leqslant T$ 期间,电容通过电阻缓慢放电,输出电压也缓慢下降,当 $t = T$ 时,电容电压还远未衰减到零,第二个脉冲到来,电容电压在初始值 $u_C(T)$ 的基础上继续充电。

如果积分电路的输入电压是一个如图 4.92(a) 所示矩形脉冲序列,则经过几个周期后,电容充电时电压的初始值和放电时的初始值稳定在一定的数值上,这时电路输出如图 4.92(b) 所示的三角波。

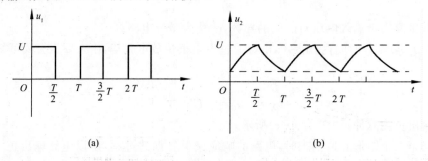

图 4.92　积分电路的输入/输出波形

思考与练习

(1) 由线性电路的叠加性原理,全响应＝零输入响应＋零状态响应。如何理解全响应是由稳态分量和暂态分量组成的。

(2) 在 RC 串联电路中,当其他条件不变时,R 越大则过渡过程所需的时间越长。在 RL 串联电路中,情况也是如此吗?请说出理由。

(3) 线性一阶电路中,在电路参数不变的情况下,接通 20 V 直流电源过渡过程所用的时间比接通 10 V 直流电源过渡过程所用的时间要长,对吗?请说出理由。

任务五　谐振电路的分析与检测

知识点一　串联谐振电路的分析

谐振,是指含电容和电感的线性无源单口网络对某一频率的正弦激励所表现的端口电压与电流同相的现象,即该无源单口网络表现为电阻的特性。能发生谐振的电路称为谐振电路。由线圈与电容器串联或并联组成的谐振电路,分别称为串联谐振电路和并联谐振电路。

串联谐振电路的模型如图 4.93 所示。其中,R 和 L 分别为线圈的电阻和电感,C 为电容器的电容。R、L、C 串联电路在正弦稳态下的复阻抗为

$$Z = |Z| \angle \psi = R + \mathrm{j}X = R + \mathrm{j}(X_L - X_C)$$

$$=R+\mathrm{j}\left(\omega L-\frac{1}{\omega C}\right) \quad (4.78)$$

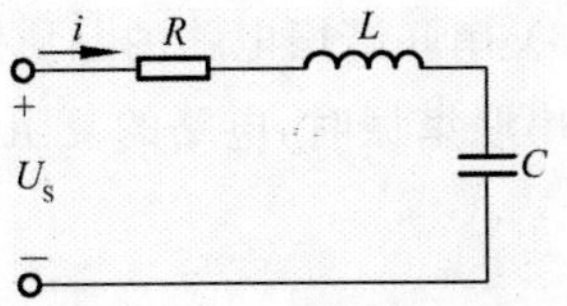

其中，电抗 $X=X_L-X_C=\omega L-\dfrac{1}{\omega C}$；阻抗角 $\psi=$

$\arctan\dfrac{X}{R}$。

图 4.93 串联谐振电路的模型

1. 串联谐振条件

由谐振的定义可知，谐振时 U_s 和 i 同相，即阻抗角为

$$\psi=\arctan\frac{X}{R}=0$$

则此时电路的电抗应满足

$$X=X_L-X_C=0$$

即 $X_L=X_C$，因此，R、L、C 串联电路谐振，必须满足条件 $X_L=X_C$，即

$$\omega L=\frac{1}{\omega C} \qquad\qquad (4.80)$$

2. 串联谐振的频率

若电源角频率 $\omega=\omega_0$（或频率 $f=f_0$）时电路发生谐振，则有 $\omega_0 L-\dfrac{1}{\omega_0 C}=0$，即有

$$\omega_0=\frac{1}{\sqrt{LC}}, \quad f_0=\frac{1}{2\pi\sqrt{LC}} \qquad (4.81)$$

其中，ω_0 为谐振频率，又称为固有频率。电路发生谐振时，感抗、容抗必须相等。

若电源频率 ω 一定要使电路发生谐振，可以通过改变电路参数 L 或 C，以改变电路的固有频率 ω_0，当 $\omega=\omega_0$ 时，电路发生谐振。谐振电路只有一个对应的谐振频率（该对应频率称为固有频率）。调节 L 或 C 使电路发生谐振的过程称为调谐。

3. 串联谐振的特征

1）电路的阻抗最小

谐振时，电抗 $X=0$，所以网络的复阻抗为一实数，即

$$Z_0=|Z_0|=\sqrt{R^2+(X_L-X_C)^2}=R$$

2）电路的特性阻抗

串联谐振时，网络的感抗和容抗分别为

$$X_{L_0}=\omega_0 L=\frac{1}{\sqrt{LC}}L=\sqrt{\frac{L}{C}}=\rho$$

$$X_{C_0}=\frac{1}{\omega_0 C}=\frac{\sqrt{LC}}{C}=\sqrt{\frac{L}{C}}=\rho$$

其中，ρ 只与网络的 L、C 有关，称为特性阻抗，单位为欧姆（Ω）。

3）串联谐振电路的品质因数

串联谐振时，电路的复阻抗为纯电阻 $Z_0=R$，则电路中的电流为

$$\dot{I}_0=\frac{\dot{U}_s}{Z_0}=\frac{\dot{U}_s}{R}$$

由上式可以得到，网络中电阻、电感和电容两端的电压分别为

$$\dot{U}_{R_0}=R\dot{I}_0=\dot{U}_s$$

$$\dot{U}_{L_0}=jX_{L_0}\dot{I}_0=j\frac{\rho}{R}\dot{U}_s=jQ\dot{U}_s$$

$$\dot{U}_{C_0}=-jX_{C_0}\dot{I}_0=-j\frac{\rho}{R}\dot{U}_s=-jQ\dot{U}_s$$

其中

$$Q=\frac{\rho}{R}=\frac{\omega_0 L}{R}=\frac{1}{R\omega_0 C}=\frac{1}{R}\sqrt{\frac{L}{C}}$$

Q 称为串联谐振电路的品质因数，其大小由 R、L、C 的数值决定（或者说，由电路的特性阻抗决定）。当电路中除了线圈电阻外无其他损耗时，谐振电路的品质因数也就是电感线圈在谐振频率 ω_0 的品质因数。

实际线圈的品质因数一般都比较大，这使得串联谐振时电感和电容的电压往往高出电源电压许多倍，因而串联谐振常常称为电压谐振。电子技术中，可利用电压谐振来获得较高的信号电压，电力系统则须防止电压谐振产生的高压击穿设备绝缘而造成经济损失。

例 4.32 串联谐振电路中，$U=25\ mV$，$R=50\ \Omega$，$L=4\ mH$，$C=160\ pF$。

（1）求电路的 f_0、I_0、ρ、Q 和 U_{C_0}。

（2）当端口电压不变，频率变化 10% 时，求电路中的电流和电压。

解 （1）谐振频率为

$$f_0=\frac{1}{2\pi\sqrt{LC}}=\frac{1}{2\pi\sqrt{4\times10^{-3}\times160\times10^{-12}}}\ Hz\approx200\ kHz$$

端口电流为

$$I_0=\frac{U}{R}=\frac{25}{50}\ mA=0.5\ mA$$

特性阻抗为

$$\rho=\omega_0 L=\frac{1}{\omega_0 C}=\sqrt{\frac{L}{C}}=\sqrt{\frac{4\times10^{-3}}{160\times10^{-12}}}\ \Omega=5000\ \Omega$$

品质因数为

$$Q=\frac{\rho}{R}=\frac{5000}{50}=100$$

电容两端电压为

$$U_{C_0} = QU = 100 \times 25 \text{ mV} = 2500 \text{ mV} = 2.5 \text{ V}$$

（2）当端口电压频率增大 10% 时，有

$$f = f_Q(1+0.1) = 220 \text{ kHz}$$

感抗为

$$X_L = 2\pi fL = 2\pi \times 10^3 \times 220 \times 4 \times 10^{-3} \ \Omega = 5526 \ \Omega$$

容抗为

$$X_C = \frac{1}{2\pi fC} = \frac{1}{2\pi \times 220 \times 10^3 \times 160 \times 10^{-12}} \ \Omega = 4523 \ \Omega$$

阻抗的模为

$$|Z| = \sqrt{R^2 + (X_L - X_C)^2} = \sqrt{50^2 + (5500-4500)^2} \ \Omega = 1000 \ \Omega$$

电流为

$$I = \frac{U}{|Z|} = \frac{25}{1000} \text{ mA} = 0.025 \text{ mA}$$

电容电压为

$$U_C = X_C I = 4523 \times 0.025 \text{ V} = 113 \text{ mV}$$

可见，激励电压频率偏离谐振频率少许，端口电流、电容电压会迅速衰减。

自学与拓展 串联谐振电路的频率特性

在 RLC 串联电路中，感抗和容抗会随电源频率的变化而变化，所以电路阻抗（或导纳）的模和阻抗角、电流、电压等各量都将随频率而变化，这种变化关系称为串联电路的频率特性，由实验测试或理论分析均可得出如图 4.94 所示感抗、容抗、电抗和阻抗、导纳的频率特性曲线。

由图 4.94 所示曲线可以看出，ω 由 0 增加到 $+\infty$，X 由 $-\infty$ 变化到 $+\infty$。具体表现为三种情况，即当 $\omega < \omega_0$ 时，X 为负值，电路呈容性；当 $\omega = \omega_0$，$X = 0$ 时，此时 $|Z| = R$，电路呈纯阻性；当 $\omega > \omega_0$ 时，X 为正值，电路呈感性。

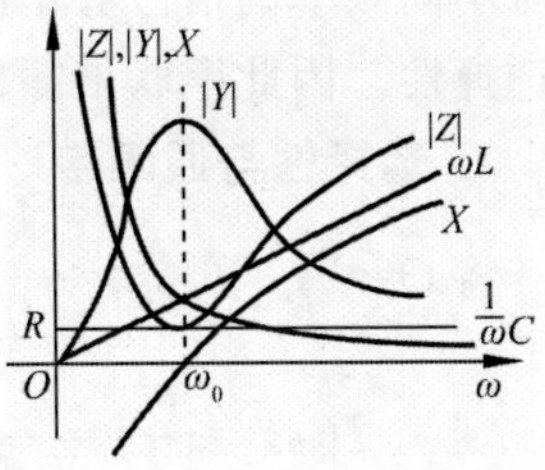

而 $|Z|$ 随 ω 的变化呈凹形，并在 $\omega = \omega_0$ 时有最小值。$|Y|$ 则反之。

图 4.94 频率特性曲线

1. 幅频特性和相频特性

幅频特性和相频特性，分别表示幅度随 ω 的变化关系和相位随 ω 的变化关系。

阻抗角 φ 随 ω 的变化关系表示为

$$\varphi(\omega) = \arctan \frac{\omega L - \dfrac{1}{\omega C}}{R} \tag{4.82}$$

其频率特性曲线如图 4.95(a) 所示，称为阻抗的相频特性。

阻抗的模$|Z|$随ω的变化关系表示为

$$|Z|(\omega)=\sqrt{R^2+\left(\omega L-\dfrac{1}{\omega C}\right)^2} \tag{4.83}$$

其频率特性曲线如图4.95(b)所示,称为阻抗的幅频特性。

在电源电压有效值不变的情况下,电流的频率特性为

$$I(\omega)=\dfrac{U}{|Z|(\omega)}=\dfrac{U}{\sqrt{R^2+\left(\omega L-\dfrac{1}{\omega C}\right)^2}} \tag{4.84}$$

其频率特性曲线或谐振曲线如图4.95(c)所示。

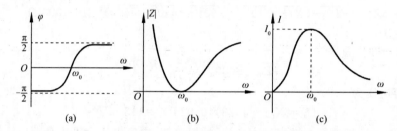

图4.95 RLC串联电路的频率特性

从电流的谐振曲线4.95(c)可以看出,当$\omega=\omega_0$时,电流最大$I_0=\dfrac{U}{R}$。当ω偏离谐振频率时,电流下降,而且ω偏离ω_0越远,电流下降程度越大。它表明谐振电路对不同频率的信号有不同的响应。这种能把ω_0附近的电流突显出来的特性,称为选择性。因此串联谐振回路可以用于选频电路。

2. 选择性与通频带

将$Q=\dfrac{\omega_0 L}{R}$和$\omega_0=\dfrac{1}{\sqrt{LC}}$代入式(4.84)后,可得

$$I(\omega)=\dfrac{U}{|Z|}=\dfrac{U}{\sqrt{R^2+\left(\omega L-\dfrac{1}{\omega C}\right)^2}}=\dfrac{U}{R\sqrt{1+\left[\dfrac{\omega_0 L}{R}\left(\dfrac{\omega}{\omega_0}-\dfrac{\omega_0}{\omega}\right)\right]^2}}$$

$$=\dfrac{I_0}{\sqrt{1+Q^2\left(\dfrac{\omega}{\omega_0}-\dfrac{\omega_0}{\omega}\right)^2}}$$

或

$$\dfrac{I}{I_0}=\dfrac{1}{\sqrt{1+Q^2\left(\dfrac{\omega}{\omega_0}-\dfrac{\omega_0}{\omega}\right)^2}} \tag{4.85}$$

工程上常把电流谐振曲线用归一化表示,即横坐标用ω/ω_0表示;纵坐标用I/I_0表示,得到电流的通用谐振曲线,如图4.96所示。这里只画出了$Q=1$、$Q=10$和$Q=$

100 的 3 条谐振曲线,以便比较。

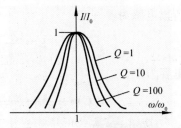

由图 4.96 可见,选择性与品质因数 Q 有关,品质因数 Q 越大,曲线越尖锐,选择性越好。因此,选用高 Q 值的电路有利于从众多频率的信号中选择所需的信号,并且可以有效地抑制其他信号的干扰。

图 4.96　电流的通用谐振曲线

但是,一个实际信号往往不是一个单一频率,而是占有一定频率的范围,这个范围称为频带。例如,无线电调幅广播信号频率范围是 9 kHz,电视广播信号频率范围约为 8 MHz。理想的电流谐振曲线应当是如图 4.97(a)所示的矩形曲线,即在信号频带内电流恒定,在信号频带外电流为零,信号才能不失真地通过回路。然而,这种理想的谐振曲线是难以得到的,实际上只能设法将频率失真控制在允许的范围内。因此一般将回路电流 $I \geqslant \dfrac{1}{\sqrt{2}} I_0 = 0.707 I_0$ 的频率范围定义为该电路的通频带,用 B 表示,如图 4.97(b)所示。

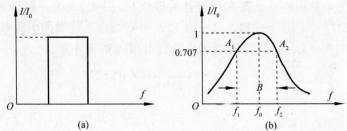

图 4.97　谐振电路的通频带

通频带的边界频率 f_2 和 f_1 分别称为上边界频率和下边界频率。通频带为

$$B = f_2 - f_1 = \frac{f_0}{Q} \tag{4.86}$$

式(4.86)表明,通频带 B 与品质因数 Q 成反比。Q 值越高,通频带越窄;反之,Q 值越低,通频带越宽。

例 4.33　串联谐振回路的谐振频率 $f_0 = 7 \times 10^5$ Hz,回路中的电阻 $R = 10$ Ω,要求回路的通频带 $B = 10^4$ Hz,试求回路的品质因数、电感和电容。

解　回路的品质因数为

$$Q = \frac{f_0}{B} = \frac{7 \times 10^5}{10^4} = 70$$

因为

$$Q = \frac{\omega_0 L}{R}$$

所以电感为

$$L = \frac{QR}{\omega_0} = \frac{70 \times 10}{2\pi \times 7 \times 10^5} \text{ H} = 159 \ \mu\text{H}$$

电容为

$$C = \frac{1}{\omega_0^2 L} = \frac{1}{(2\pi \times 7 \times 10^5)^2 \times 159 \times 10^{-6}} \text{ F} = 325 \text{ pF}$$

思考与练习

(1) 谐振电路的固有频率、特性阻抗、品质因数与元器件参数有怎样的关系？品质因数这个概念曾经在哪里出现过？两个品质因数的概念有什么联系？

(2) RLC 串联电路中，角频率 $\omega = 5000$ rad/s 时发生谐振，已知 $R = 5 \ \Omega$，$L = 400$ mH，电源电压 $U = 1$ V，试求电容 C 的值、电路电流和各元器件的电压。

(3) 将电压为 5 mV 的交流信号源接入 RLC 串联电路，其中 $L = 1.3 \times 10^{-4}$ H，$C = 288$ pF，$R = 10 \ \Omega$，调谐频率使电路发生谐振。试求：① 谐振时信号源的频率、特性阻抗和品质因数；② 谐振时回路的电流及电感与电容上的电压值。

知识点二 并联谐振电路的分析

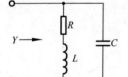

图 4.98 并联谐振电路模型

并联谐振电路由电感线圈和电容器并联组成，图 4.98 为并联谐振电路的模型。其中 R 和 L 分别为电感线圈的电阻和电感，C 为电容器的电容。电路的复导纳为

$$\begin{aligned} Y &= \frac{1}{R + j\omega L} + j\omega C \\ &= \frac{R}{R^2 + (\omega L)^2} + j\left[\omega C - \frac{\omega L}{R^2 + (\omega L)^2} \right] \\ &= G + jB \end{aligned}$$

1. 并联谐振的条件

谐振时，网络显示为纯阻性，则有

$$\omega C - \frac{\omega L}{R^2 + (\omega L)^2} = 0$$

即

$$\omega C = \frac{\omega L}{R^2 + (\omega L)^2} \tag{4.87}$$

实际电路中均满足 $Q \gg 1$ 的条件，即 $\omega L \gg R$，所以式(4.87)可简化为

$$\omega L \approx \frac{1}{\omega C}$$

因此，并联谐振的条件仍为网络的感抗与容抗相等，$X_L = X_C$。

2. 并联谐振的频率

若电源角频率 $\omega = \omega_p$（或频率 $f = f_p$）时电路发生谐振，则 $\omega_p L \approx \frac{1}{\omega_p C}$，即有

$$\omega_p \approx \frac{1}{\sqrt{LC}} \tag{4.88}$$

$$f_p \approx \frac{1}{2\pi} \frac{1}{\sqrt{LC}} \tag{4.89}$$

由式(4.88)和式(4.89)可知,并联谐振频率与串联谐振频率相同。

3. 并联谐振的特征

1) 输入导纳(阻抗的倒数)最小(或输入阻抗最大)

谐振阻抗为

$$|Z| = \frac{1}{|Y|} = \frac{1}{G} = \frac{R^2 + (\omega_p L)^2}{R} \approx \frac{(\omega_p L)^2}{R}$$

$$= Q\omega_p L = Q\rho = \frac{L}{CR} = Q^2 R \tag{4.90}$$

2) 谐振时的特性阻抗

并联谐振时,电路的特性阻抗与串联谐振电路的特性阻抗一样,均为

$$\rho = \sqrt{\frac{L}{C}} \tag{4.91}$$

3) 谐振时的品质因数

谐振时,电感支路电流与电容支路电流近似相等并为总电流的 Q 倍。

并联谐振的品质因数定义为谐振时的容纳(或感纳)与输入电导 G 的比值,即

$$Q = \frac{\omega_p C}{G} = \frac{\omega_p C}{\dfrac{RC}{L}} = \frac{\omega_p L}{R} = \frac{1}{R}\sqrt{\frac{L}{C}} = \frac{\rho}{R} \tag{4.92}$$

4) 谐振时的端电压

假设谐振时,电路中的总电流为 I_p,则谐振时电路的端口电压为

$$\dot{U}_p = \dot{I}_p Z = \frac{L}{RC} \dot{I}_p$$

由于谐振时电路的阻抗接近最大值,因而在电流源激励下电路两端的电压也接近最大值。

5) 谐振时各支路的电流

谐振时,电感支路和电容支路的电流分别为

$$\dot{I}_{Lp} = \frac{\dot{U}_p}{R + j\omega_p L} = \frac{\dot{U}_p}{j\omega_p L} \left(-j\frac{1}{\omega_p L} \right) = -jQ\dot{I}_p \tag{4.93}$$

$$\dot{I}_{Cp} = \frac{\dot{U}_p}{\dfrac{1}{j\omega_p C}} = j\omega_p C \dot{U}_p = jQ\dot{I}_p \tag{4.94}$$

式(4.93)和式(4.94)表明,并联谐振时,在 $Q \gg 1$ 的条件下,电容支路电流和

电感支路电流的大小近似相等,是总电流 I_p 的 Q 倍,所以并联谐振又称为电流谐振,两条支路电流的相位近似相反,其电压和电流的相量图如图 4.99 所示。

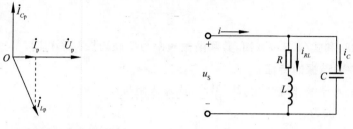

图 4.99 并联谐振电路相量图　　　　图 4.100 例 4.34 图

例 4.34 如图 4.100 所示的线圈与电容器并联电路,已知线圈的电阻 $R=10$ Ω,电感 $L=0.127$ mH,电容 $C=200$ pF,谐振时总电流 $I_p=0.2$ mA。试求:(1) 电路的谐振频率 f_p 和谐振阻抗 Z_p;(2) 电感支路和电容支路的电流 I_{Lp}、I_{Cp}。

解 谐振回路的品质因数为

$$Q=\frac{1}{R}\sqrt{\frac{L}{C}}=\sqrt{\frac{0.127\times10^{-3}}{200\times10^{-12}}}\approx80$$

因为电路的品质因数 $Q\gg1$,所以谐振频率为

$$f_p\approx\frac{1}{2\pi\sqrt{LC}}=10^6 \text{ Hz}$$

电路的谐振阻抗为

$$Z_p=\frac{L}{RC}=Q^2R=64 \text{ k}\Omega$$

电感支路和电容支路的电流为

$$I_{Lp}\approx I_{Cp}=QI_p=16 \text{ mA}$$

例 4.35 收音机的中频放大耦合电路是一个线圈与电容器并联谐振回路,其谐振频率为 465 kHz,电容 $C=200$ pF,回路的品质因数 $Q=100$。求线圈的电感 L 和电阻 R。

解 因为 $Q\gg1$,所以电路的谐振频率为

$$f_p\approx\frac{1}{2\pi\sqrt{LC}}$$

因此回路谐振时的电感和电阻分别为

$$L=\frac{1}{(2\pi f_p)^2C}=0.578\times10^{-3} \text{ H}$$

$$R=\frac{1}{Q}\sqrt{\frac{L}{C}}=17 \text{ }\Omega$$

串联谐振电路适用于内阻较小的信号源,当信号源的内阻较大时,由于信号源

内阻与谐振电路串联,这会使谐振回路的品质因数大大降低,从而使电路的选择性变坏。所以遇到高内阻信号源时,宜采用并联谐振电路。

自学与拓展一 并联谐振电路的频率特性

在 $Q \gg 1$ 的条件下,对图 4.101 的电路进行分析,可以得到

$$\frac{U}{U_p} = \frac{1}{\sqrt{1 + Q^2 \left(\dfrac{\omega}{\omega_p} - \dfrac{\omega_p}{\omega} \right)^2}} \qquad (4.95)$$

$$\varphi = -\arctan Q \left(\frac{\omega}{\omega_p} - \frac{\omega_p}{\omega} \right) \qquad (4.96)$$

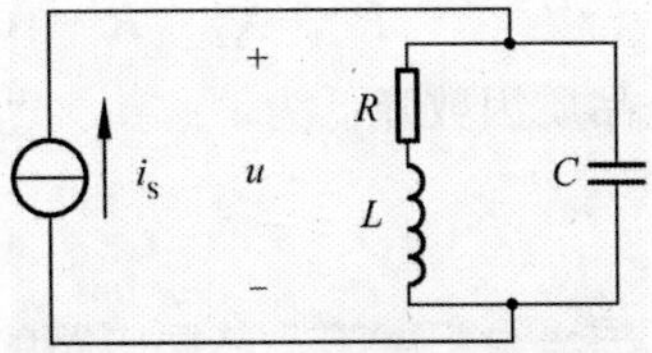

式(4.95)和式(4.96)是并联谐振回路的电压幅频特性曲线和相频特性表达式,其特性曲线如图 4.102 所示。其中图 4.102(a)也称为电压通用谐振曲线,它与串联谐振回路的电流通用谐振曲线形状相同。

图 4.101 在电流源作用下的并联谐振回路

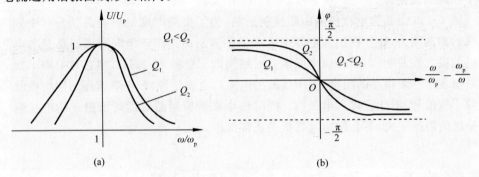

(a)   (b)

图 4.102 并联谐振回路的特性曲线

相频特性曲线是用于说明信号通过谐振回路产生的相位失真。由图 4.102(b)可见,相频特性曲线在谐振点 ω_p 附近近似于直线,离谐振点 ω_p 越近,产生的相位失真越小,并且 Q 越大,相频特性曲线在 ω_p 附近越接近直线,因而,若从相位失真的角度考虑,总是希望回路 Q 值高一些。

对于并联谐振电路,常将端口电压 $U \geqslant \dfrac{1}{\sqrt{2}} U_0 = 0.707 U_p$ 的频率范围称为该电路的通频带,其表达式与串联谐振电路的通频带相同,即 $B = f_2 - f_1 = \dfrac{f_p}{Q}$。

例 4.36 一个电感线圈的电阻 $R = 10\ \Omega$,与电容器构成并联谐振电路,电路的品质因数 $Q = 100$,若再并联一个 $R' = 100\ \text{k}\Omega$ 的电阻,电路的品质因数降低到多少?

解 因为

$$Q = \frac{\omega_p L}{R}$$

所以线圈的感抗、容抗为

$$X_C \approx X_L = QR = 100 \times 10 \ \Omega = 1000 \ \Omega$$

并联一个 100 kΩ 的电阻后,电路的电导为

$$G' = \frac{R}{R^2 + X_L^2} + \frac{1}{R'} = \left(\frac{10}{10^2 + 1000^2} + \frac{1}{100 \times 10^3} \right) S = 2 \times 10^{-5} \ S$$

于是品质因数降低为

$$Q = \frac{\omega_p C}{G'} = 50$$

自学与拓展二 谐振电路的应用

1. 谐振在电子技术中的应用

1）串联谐振的应用

串联谐振回路在电子技术中的应用是很广泛的,如收音机的调谐回路、电视机的中频抑制回路等。

图 4.103 电路为电视机的中频抑制回路,为了提高电视机中的高频头对中频干扰的抑制能力,往往在输入电路中接入中频抑制回路。该串联谐振回路是与电视机的输入端并联的,若将该串联谐振回路调谐于中频 38 MHz,则它对中频干扰信号呈现出一个很小的阻抗(等于线圈的电阻),也就是说,该串联谐振回路将吸收中频干扰信号,不让它进入电视机。同时该串联谐振回路对远离谐振点的电视信号呈现的阻抗很大,不会影响电视机的正常工作。

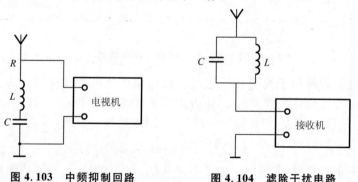

图 4.103 中频抑制回路   图 4.104 滤除干扰电路

2）并联谐振的应用

在电子电路中常用并联谐振回路滤除干扰频率,其作用原理如图 4.104 所示。当某个干扰信号频率等于并联回路谐振频率,则该回路对这个干扰信号呈现出很大的阻抗,也就是说,该并联谐振回路将抑制这个干扰信号,不让它进入接收机。

2. 电力系统对谐振的防护

在电力系统中,电网中能量的转化与传递所产生的电网电压升高,称为内过电压。内过电压对供电系统的危害是很大的,常见的内过电压有切空载变压器的过

电压,切、合空载线路的过电压,电弧接地过电压,铁磁谐振过电压等。其中,铁磁谐振过电压事故最频繁地发生在 3 kV～330 kV 电网中,严重威胁电网的安全运行。因此电力系统必须对谐振过电压加以防护。

如图 4.105 所示,LC 串联谐振电路,若 L、C 为定值,该电路的固有谐振频率为 $f_0 = \dfrac{1}{2\pi\sqrt{LC}}$,当外加电源的频率 f 与固有谐振频率 f_0 相等时,电路中就会出现电压谐振现象,产生谐振过电压。

图 4.105 RL 串联谐振频率

复杂的电感电容电路则有一系列固有谐振频率,而非正弦电源则含有一系列谐波。只要电路的固有谐波频率之一与电源谐振频率之一相等,就会出现谐振。因此,电网的等效电路参数设计要避开电源的谐振频率。防止谐振过电压发生。

另外,铁磁谐振也可能发生于图 4.105 中。设原电路的电抗情况是 $\omega L_0 = \dfrac{1}{\omega C}$,其中 L_0 为铁芯未饱和时的电感值。若 L 为非线性的铁芯电感线圈,随着电流的增大,L 值因铁芯饱和而下降,可能达到 $\omega L = \dfrac{1}{\omega C}$ 而发生铁磁谐振。由于铁磁谐振的前提是电感铁芯饱和,所以凡是使电感铁芯饱和的原因都可能引发过电压。例如,铁芯电感线圈突然合闸于工频电压过零时,使铁芯磁通剧增而发生强烈磁饱和现象(称为涌流);中性点不接地电网,断线引发谐振过电压。

思考与练习

(1) 并联谐振的频率与固有频率有怎样的关系?

(2) 并联谐振有哪些特点? 为什么并联谐振又叫做电流谐振?

(3) RLC 并联电路中,接 $I_s = 50\ \mu A$ 的电流源,当 $R = 20\ \Omega$、$L = 400\ \mu H$、$C = 100\ pF$ 时,试求谐振频率及谐振时电路的谐振电压、电容电流。

任务六 三相电路的分析与检测

在项目三中,介绍了三相电源的结构及工作原理,现在来了解三相电源和三相负载组成的三相电路的分析与检测方法。

知识点一 三相负载的 Y 形连接

三相负载由互相连接的 3 个负载组成。如果 3 个负载的复阻抗相等,则称为对称三相负载,否则为不对称三相负载。和三相电源一样,三相负载也有 Y 形和 △形两种接法。三相负载与三相电源按一定方式连接起来就是三相电路。在三相电路中,各相负载和各相电源的电流称为相电流,各端线中的电流称为线电流。

Y 形连接是将 3 个负载的一端连接起来,另一端分别接电源的 3 根端线。3 个负载的连接点称为负载中点,用 N′表示。当电源也是 Y 形连接时,负载中点与电源中点之间的电压 $\dot{U}_{N'N}$ 称为中点电压。若电源有中线引出,则可通过中线将负载中点和电源中点相连,而成为三相四线制电路,如图 4.106(a)所示;无中线则为三相三线制电路,如图 4.107 所示。

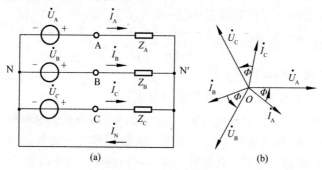

图 4.106 三相四线制电路及其电压、电流相量图

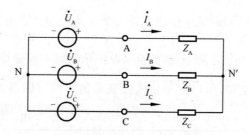

图 4.107 三相三线制电路

1. 三相四线制电路

图 4.106(a)所示的三相四线制电路中,若中线阻抗远小于负载阻抗且可以忽略,则负载中点和电源中点为等位点,中点电压 $\dot{U}_{N'N}=0$。不计线路阻抗时,各相负载的电压分别等于该相电源电压,因此,不管负载本身对称与否,负载电压总是对称的。这就使得三相四线制供电系统,容许各种单相负载(如照明、家电等)接入其一相用电。

从图 4.106(a)不难看出,在图示参考方向下,各相负载或电源的电流(相电流),也就是所接端线的电流(线电流),分别等于该相电源电压除以该相负载的复阻抗,即

$$\dot{I}_{A}=\frac{\dot{U}_{A}}{Z_{A}}, \qquad \dot{I}_{B}=\frac{\dot{U}_{B}}{Z_{B}}, \qquad \dot{I}_{C}=\frac{\dot{U}_{C}}{Z_{C}}$$

中线电流则为

$$\dot{I}_{N}=\dot{I}_{A}+\dot{I}_{B}+\dot{I}_{C}$$

例 4.37 三相四线制电路中,Y 形负载各相复阻抗分别为 $Z_{A}=(8+j6)\ \Omega$、$Z_{B}=(3-j4)\ \Omega$、$Z_{C}=10\ \Omega$,电源线电压为 380 V,求各相电流及中线电流。

解 $\quad \dot{I}_A = \dfrac{\dot{U}_A}{Z_A} = \dfrac{220\angle 0°}{8+j6} \text{ A} = \dfrac{220\angle 0°}{10\angle 36.9°} \text{ A} = 22\angle -36.9° \text{ A}$

$\dot{I}_B = \dfrac{\dot{U}_B}{Z_B} = \dfrac{220\angle -120°}{3+j4} \text{ A} = \dfrac{220\angle -120°}{5\angle -53.1°} \text{ A} = 44\angle -66.9° \text{ A}$

$\dot{I}_C = \dfrac{\dot{U}_C}{Z_C} = \dfrac{220\angle 120°}{10\angle 0°} \text{ A} = 22\angle 120° \text{ A}$

$\dot{I}_N = \dot{I}_A + \dot{I}_B + \dot{I}_C = (22\angle -36.9° + 44\angle -66.9° + 22\angle 120°) \text{ A}$

$= (17.6 - j13.2 + 17.3 - j40.5 - 11 + j19.1) \text{ A} = (23.9 - j34.6) \text{ A}$

$= 42\angle -55.4° \text{ A}$

如果负载对称,即 $Z_A = Z_B = Z_C = Z = |Z|\angle \varphi$,则各相电流(线电流)分别为

$$\dot{I}_A = \frac{\dot{U}_A}{Z} = \frac{\dot{U}_A}{|Z|}\angle -\varphi$$

$$\dot{I}_B = \frac{\dot{U}_B}{Z} = \frac{\dot{U}_A\angle -120°}{Z} = \dot{I}_A\angle -120°$$

$$\dot{I}_C = \frac{\dot{U}_C}{Z_C} = \frac{\dot{U}_A\angle 120°}{Z} = \dot{I}_A\angle 120°$$

它们也是一组对称三相正弦量,如图 4.106(b)所示。此时,中线电流

$$\dot{I}_N = \dot{I}_A + \dot{I}_B + \dot{I}_C = 0$$

由于负载对称时中线无电流,因此可以省去中线而成为三相三线制电路。

2. 三相三线制电路

Y 形连接的三相三线制电路如图 4.107 所示。其中电源和负载均为 Y 形连接,但两中点之间无中线相连(若电源为△形连接,为便于分析,可在线电压相同的条件下,将电源以 Y 形连接等效代替)。图 4.107 中的三相三线制电路,根据弥尔曼定理可得中点电压为

$$\dot{U}_{N'N} = \frac{\dfrac{\dot{U}_A}{Z_A} + \dfrac{\dot{U}_B}{Z_B} + \dfrac{\dot{U}_C}{Z_C}}{\dfrac{1}{Z_A} + \dfrac{1}{Z_B} + \dfrac{1}{Z_C}}$$

(1) 若负载对称,即 $Z_A = Z_B = Z_C = Z = |Z|\angle \varphi$,则中点电压为

$$\dot{U}_{N'N} = \frac{\dfrac{\dot{U}_A}{Z} + \dfrac{\dot{U}_B}{Z} + \dfrac{\dot{U}_C}{Z}}{\dfrac{1}{Z} + \dfrac{1}{Z} + \dfrac{1}{Z}} = \frac{\dfrac{1}{Z}(\dot{U}_A + \dot{U}_B + \dot{U}_C)}{\dfrac{3}{Z}} = 0$$

即负载中点与电源中点等电位,与三相四线制电路的情况相同。不计线路阻抗时,各相负载电压分别等于该相电源电压,因而负载电压对称;各相电流分别为

$$\dot{I}_A = \frac{\dot{U}_A}{Z} = \frac{\dot{U}_A}{|Z|}\angle -\varphi$$

$$\dot{I}_B = \frac{\dot{U}_B}{Z} = \frac{\dot{U}_A\angle -120°}{Z} = \dot{I}_A\angle -120°$$

$$\dot{I}_{C}=\frac{\dot{U}_{C}}{Z}=\frac{\dot{U}_{A}\angle 120^{\circ}}{Z}=\dot{I}_{A}\angle 120^{\circ}$$

它们也是一组对称三相正弦量,与三相四线制负载对称时的情况相同。

(2)若负载不对称,则中点电压为

$$\dot{U}_{N'N}=\frac{\dfrac{\dot{U}_{A}}{Z_{A}}+\dfrac{\dot{U}_{B}}{Z_{B}}+\dfrac{\dot{U}_{C}}{Z_{C}}}{\dfrac{1}{Z_{A}}+\dfrac{1}{Z_{B}}+\dfrac{1}{Z_{C}}}\neq 0$$

负载中点不再与电源中点等电位,这种情况称为中点位移,此时,负载各相电压分别为

$$\dot{U}'_{A}=\dot{U}_{AN'}=\dot{U}_{A}-\dot{U}_{N'N}$$
$$\dot{U}'_{B}=\dot{U}_{BN'}=\dot{U}_{B}-\dot{U}_{N'N}$$
$$\dot{U}'_{C}=\dot{U}_{CN'}=\dot{U}_{C}-\dot{U}_{N'N}$$

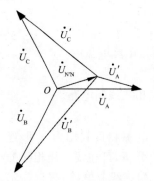

图 4.108 中点位移相量图

其相量图如图 4.108 所示。从图 4.108 中可看出,中点位移使负载相电压不再对称。严重时,可能导致有的相电压太低因而负载无法正常工作,而有的相电压却又高出负载额定电压许多而造成负载烧毁。所以,Y 形连接的三相三线制电路不容许负载不对称。三相三线制多用于三相电动机等动力负载,一般不用于单相负载。

应当指出,三相四线制容许负载不对称,中线的作用是至关重要的。一旦发生中线断路,四线制成为三线制,负载不对称就可能导致相当严重的后果。因此,四线制必须保证中线的可靠连接。为防止意外,中线上绝对不容许安装开关或保险器。

此外,虽然中线阻抗很小,但如果电流过大,其上的电压降也会引起中点位移。所以,即使采用四线制供电,也应尽可能使负载均衡。

例 4.38 对称三相负载作 Y 形连接,每相复阻抗 $Z=(12+\mathrm{j}16)\ \Omega$,电源线电压为 380 V,求各相电流。

解 设电源为 Y 形连接,因线电压为 380 V,所以相电压为 220 V。设 A 相电源电压为 $\dot{U}_{A}=220\angle 0^{\circ}$ V,则负载各相电流分别为

$$\dot{I}_{A}=\frac{\dot{U}_{A}}{Z}=\frac{220\angle 0^{\circ}}{12+\mathrm{j}16}\ \mathrm{A}=\frac{220\angle 0^{\circ}}{20\angle 53.1^{\circ}}\ \mathrm{A}=11\angle -53.1^{\circ}\ \mathrm{A}$$

$$\dot{I}_{B}=\dot{I}_{A}\angle -120^{\circ}=(11\angle -53.1^{\circ}-120^{\circ})\ \mathrm{A}=11\angle -173.1^{\circ}\ \mathrm{A}$$

$$\dot{I}_{C}=\dot{I}_{A}\angle 120^{\circ}=(11\angle -53.1^{\circ}+120^{\circ})\ \mathrm{A}=11\angle 66.9^{\circ}\ \mathrm{A}$$

思考与练习

(1) 对称三相电源 Y 形连接时,线电压与相电压之间有什么关系？如果三相电源为反序,则线电压与相电压之间有什么关系？

(2) 当负载 Y 形连接时,必须接中性线吗？

(3) 当负载 Y 形连接时,线电流一定等于相电流吗？

知识点二　三相负载的△形连接

图 4.109(a)所示为三相负载的△形连接。由于各相负载均连接于 2 根端线之间,所以,不计线路阻抗时,电源的线电压直接加于各相负载。线电压总是对称的,因而,无论负载本身对称与否,负载的相电压也总是对称的。此时,各相负载电流分别为

$$\dot{I}_{AB}=\frac{\dot{U}_{AB}}{Z_{AB}}$$

$$\dot{I}_{BC}=\frac{\dot{U}_{BC}}{Z_{BC}}$$

$$\dot{I}_{CA}=\frac{\dot{U}_{CA}}{Z_{CA}}$$

根据 KCL,各线电流分别为

$$\dot{I}_A=\dot{I}_{AB}-\dot{I}_{CA}$$

$$\dot{I}_B=\dot{I}_{BC}-\dot{I}_{AB}$$

$$\dot{I}_C=\dot{I}_{CA}-\dot{I}_{BC}$$

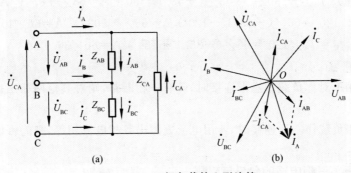

(a)　　　　　　　　　　(b)

图 4.109　三相负载的△形连接

如果负载对称,即

$$Z_{AB}=Z_{BC}=Z_{CA}=Z$$

则各相电流分别为

$$\dot{I}_{AB}=\frac{\dot{U}_{AB}}{Z_{AB}}=\frac{\dot{U}_{AB}}{Z}$$

$$\dot{I}_{BC}=\frac{\dot{U}_{BC}}{Z_{BC}}=\frac{\dot{U}_{BC}}{Z}=\frac{\dot{U}_{AB}\angle-120°}{Z}=\dot{I}_{AB}\angle-120°$$

$$\dot{I}_{CA} = \frac{\dot{U}_{CA}}{Z_{CA}} = \frac{\dot{U}_{CA}}{Z} = \frac{\dot{U}_{AB}\angle 120°}{Z} = \dot{I}_{AB}\angle 120°$$

一组对称三相正弦量,如图 4.109(b)所示。从图 4.109(b)的相量图可求得各线电流为

$$\dot{I}_A = \dot{I}_{AB} - \dot{I}_{CA} = \sqrt{3}\,\dot{I}_{AB}\angle -30°$$

$$\dot{I}_B = \dot{I}_{BC} - \dot{I}_{AB} = \sqrt{3}\,\dot{I}_{BC}\angle -30°$$

$$\dot{I}_C = \dot{I}_{CA} - \dot{I}_{BC} = \sqrt{3}\,\dot{I}_{CA}\angle -30°$$

可见,线电流也是一组对称三相正弦量,其有效值为相电流的 $\sqrt{3}$ 倍,在相位上滞后于相应的相电流 30°。

例 4.39 △形连接的对称三相负载,接线电压为 380 V 的三相电源,每相复阻抗 $Z = 6 + j8\ \Omega$,求负载各相电流及各线电流。

解 负载复阻抗 $Z = (6 + j8)\ \Omega = 10\angle 53.1°\ \Omega$。设线电压 $\dot{U}_{AB} = 380\angle 0°\ V$,则负载各相电流分别为

$$\dot{I}_{AB} = \frac{\dot{U}_{AB}}{Z} = \frac{380\angle 0°}{10\angle 53.1°}\ A = 38\angle -53.1°\ A$$

$$\dot{I}_{BC} = \dot{I}_{AB}\angle -120° = 38\angle(-53.1° - 120°)\ A = 38\angle -173.1°\ A$$

$$\dot{I}_{CA} = \dot{I}_{AB}\angle 120° = 38\angle(-53.1° + 120°)\ A = 38\angle 66.9°\ A$$

各线电流

$$\dot{I}_A = \sqrt{3}\,\dot{I}_{AB}\angle -30° = 38\sqrt{3}\angle(-53.1° - 30°)\ A = 66\angle -83.1°\ A$$

$$\dot{I}_B = \dot{I}_A\angle -120° = 66\angle(-83.1° - 120°)\ A = 66\angle -203.1°\ A = 66\angle 156.9°\ A$$

$$\dot{I}_C = \dot{I}_A\angle 120° = 66\angle(-83.1° + 120°)\ A = 66\angle 36.9°\ A$$

思考与练习

(1) 三相不对称负载作△形连接时,若有一相断路,则对其他两相工作情况有影响吗?

(2) 三相负载作△形连接时,若用电流表测出各相电流相等,则能否说三相负载是对称的?

知识点三 三相电路的分析与检测

三相电路按电源和负载接成 Y 形还是△形,可分为 Y-Y、Y_0-Y_0、Y-△、△-Y 和△-△五种连接方式。其中,"-"左边表示电源的连接,右边表示负载的连接;有下标"0"表示有中线,否则表示无中线。其中,Y-Y 连接可视为 Y_0-Y_0 连接(见图 4.110)中线阻抗 $Z_N \to \infty$ 的特例。

对称三相电路是指电源对称、负载对称、输电线也对称(3 根输电线的复阻抗相等)的三相电路。上述五种接法的三相电路都可以是对称三相电路。

Y_0-Y_0 连接(包括 Y-Y 连接)的对称三相电路,其各相电流都只取决于本相电

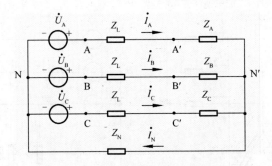

图 4.110 Y_0-Y_0 连接的三相电路

源和负载,所以,对称三相电路的计算可采用单相法。单相法的步骤如下:

(1) 电源为△形连接时,在保证线电压不变的条件下以 Y 形连接等效代替;若负载有△形连接的,也等效变换成 Y 形。

(2) 由于对称,无论原电路有无中线和中线复阻抗为何值,负载中点和电源中点都是等位点,故可虚设一复阻抗为零的中线将各中点进行连接。

(3) 取其一相电路(一般取 A 相)计算出结果,其他两相电压、电流可根据对称规律写出。

(4) 负载原来是△形连接的,应返回原电路求出△形负载的各相电流。

例 4.40 两台三相电动机由线电压为 380 V 的同一组三相电源供电,其中一台每相绕组的阻抗 $Z_1 = (12 + j16)$ Ω,额定电压为 220 V;另一台阻抗 $Z_2 = (48 + j36)$ Ω,额定电压为 380 V。两台电动机应分别作何种连接?若不计线路阻抗,求各线电流和负载各相电流?

解 (1) 设电源为 Y 形连接,因其线电压为 380 V,所以相电压为 220 V。若以电源线电压 $\dot{U}_{AB}$ 为参考相量,则 A 相电源电压 $\dot{U}_A = 220\angle-30°$ V。

额定电压为 220 V 的电动机应接成 Y 形,使负载相电压等于电源相电压,也就是 220 V;而额定电压为 380 V 的电动机应接成△形,使负载相电压等于电源线电压 380 V。两台电动机的接线如图 4.111(a)所示。其中,Y 形负载每相复阻抗为

$$Z_1 = (12 + j16) \ \Omega = 20\angle53.1° \ \Omega$$

△形负载每相复阻抗为

$$Z_2 = (48 + j36) \ \Omega = 60\angle36.9° \ \Omega$$

将△形负载等效变换成 Y 形,等效 Y 形负载每相复阻抗,即

$$Z_2' = \frac{Z_2}{3} = \frac{60\angle36.9°}{3} \ \Omega = 20\angle36.9° \ \Omega$$

(2) 虚设一复阻抗为零的中线将各中点进行连接,得到图 4.111(b)所示的等效电路。

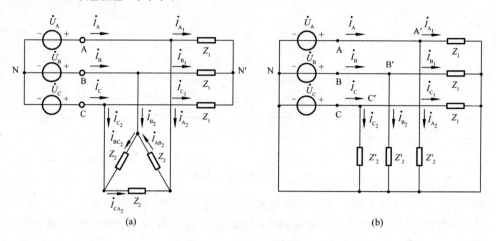

图 4.111 例 4.40 图 1

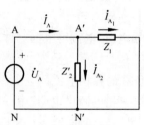

图 4.112 例 4.40 图 2

（3）取 A 相电路作单相图，如图 4.112 所示，求得两组负载的 A 线电流为

$$\dot{I}_{A_1}=\frac{\dot{U}_A}{Z_1}=\frac{220\angle-30°}{20\angle53.1°}\ \text{A}=11\angle-83.1°\ \text{A}$$

$$\dot{I}_{A_2}=\frac{\dot{U}_A}{Z'_2}=\frac{220\angle-30°}{20\angle36.9°}\ \text{A}=11\angle-66.9°\ \text{A}$$

A 线总电流为

$$\dot{I}_A=\dot{I}_{A_1}+\dot{I}_{A_2}=(11\angle-83.1°+11\angle-66.9°)\ \text{A}$$
$$=(5.6-j21)\ \text{A}=21.7\angle-75°\ \text{A}$$

根据对称规律可写出其余各线电流分别为

$$\dot{I}_{B_1}=11\angle156.9°\ \text{A},\qquad \dot{I}_{C_1}=11\angle36.9°\ \text{A}$$
$$\dot{I}_{B_2}=11\angle173.1°\ \text{A},\qquad \dot{I}_{C_2}=11\angle53.1°\ \text{A}$$
$$\dot{I}_B=21.7\angle165°\ \text{A},\qquad \dot{I}_C=21.7\angle45°\ \text{A}$$

（4）返回原电路，由△形负载的相电流和线电流的关系及对称规律，可得△形负载的各相电流为

$$\dot{I}_{AB_2}=\frac{\dot{I}_{A_2}\angle30°}{\sqrt{3}}=\frac{11\angle(-66.9°+30°)}{\sqrt{3}}\ \text{A}\approx6.3\angle-36.9°\ \text{A}$$

$$\dot{I}_{BC_2}=6.3\angle-156.9°\ \text{A}$$

$$\dot{I}_{CA_2}=6.3\angle83.1°\ \text{A}$$

自学与拓展 不对称 Y 形电路的计算

不对称 Y 形电路是指不对称负载作 Y 形连接的三相电路。分析不对称 Y 形电路可借助位形图。

位形图就是用复平面上的点来表示电路中各点电位的图形。例如，图 4.113

（a）所示的三相电源，若选择电源中点 N 为电位参考点，即

$$\dot\varphi_N = 0$$

则 A、B、C 各点电位的相量分别为

$$\dot\varphi_A = \dot U_{AN} = \dot U_A = U_P\angle 0°$$

$$\dot\varphi_B = \dot U_{BN} = \dot U_B = U_P\angle -120° = \left(-\frac{1}{2}-j\frac{\sqrt3}{2}\right)U_P$$

$$\dot\varphi_C = \dot U_{CN} = \dot U_C = U_P\angle 120° = \left(-\frac{1}{2}+j\frac{\sqrt3}{2}\right)U_P$$

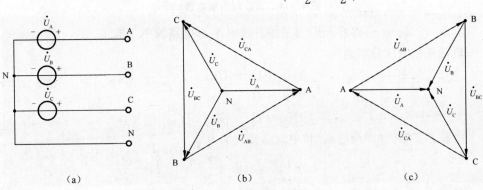

图 4.113　三相电路的位形图

在复平面上画出与这些电位相量对应的点，就是图 4.113（a）所示电路的位形图。图 4.113（b）中的 N、A、B 和 C 分别表示电路中各对应点的电位相量。电路中的各点在位形图上都有一个对应的点；电路中任意两点间的电压相量都可以用位形图上相应两点间的有向线段来表示。例如，从 N 点指向 A 点的有向线段表示电源电压 $\dot U_A = \dot U_{AN}$，而从 B 点指向 A 点的有向线段则表示线电压 $\dot U_{AB}$。这样得到的所有电压的相量图与过去完全一样。只是须注意：表示线电压 $\dot U_{AB}$ 的有向线段是从 B 点指向 A 点，与双下标"AB"的书写顺序相反。显然，这会让我们感到不习惯。

为避免位形图的这一缺点，作图时可先将各电位值反号，如 $\dot\varphi_A = U_P\angle 0°$ 反号后为 $-\dot\varphi_A = U_P\angle 180°$，然后在复平面上再画出相应的点，如图 4.113（c）所示。这样，表示 $\dot U_{AN}$ 的有向线段就是从 A 点指向 N 点，与双下标"AN"的书写顺序相同了。作出位形图以后，就可以方便地利用位形图来求电路中任意两点的电压了。

不对称 Y 形电路的计算首先是中点电压的计算，故也称为中点电压法。对于图 4.114 所示的三相四线制电路，由节点电位法不难求得中点电压为

$$\dot U_{N'N} = \frac{\dfrac{\dot U_A}{Z_A}+\dfrac{\dot U_B}{Z_B}+\dfrac{\dot U_C}{Z_C}}{\dfrac{1}{Z_A}+\dfrac{1}{Z_B}+\dfrac{1}{Z_C}+\dfrac{1}{Z_N}} \tag{4.97}$$

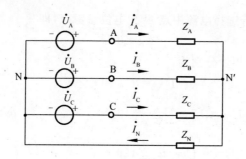

图 4.114 三相四线制电路

其中,若 $Z_N \to \infty$,则 $\dot{U}_{N'N}$ 即为三相三线制 Y 形电路的中点电压。

负载各相电压分别为

$$\dot{U}_{AN'} = \dot{U}_A - \dot{U}_{N'N}$$

$$\dot{U}_{BN'} = \dot{U}_B - \dot{U}_{N'N}$$

$$\dot{U}_{CN'} = \dot{U}_C - \dot{U}_{N'N}$$

负载各相电流(即线电流)和中线电流分别为

$$\dot{I}_A = \frac{\dot{U}_{AN'}}{Z_A}, \quad \dot{I}_B = \frac{\dot{U}_{BN'}}{Z_B}, \quad \dot{I}_C = \frac{\dot{U}_{CN'}}{Z_C}, \quad \dot{I}_N = \frac{\dot{U}_{N'N}}{Z_N}$$

例 4.41 用于测定三相电源相序的示相器电路由两个灯泡和一个电容器组成,灯泡电阻 $R = X_C$,如图 4.115(a)所示。若电容器所接为 A 相,则另两相中哪一相是 B 相,哪一相是 C 相?

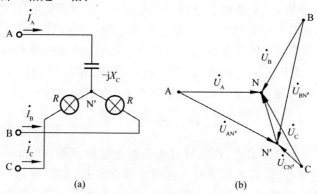

(a)   (b)

图 4.115 示相器电路及其位形图

解 图 4.115 所示电路显然为负载不对称的 Y 形电路,设 A 相电源电压 $\dot{U}_A = U_p \angle 0°$,则中点电压,也就是负载中点电位,即

$$\dot{U}_{N'N} = \frac{j\omega C \dot{U}_A + \frac{\dot{U}_B}{R} + \frac{\dot{U}_C}{R}}{j\omega C + \frac{1}{R} + \frac{1}{R}} = \frac{j\dot{U}_A + \dot{U}_A \angle -120° + \dot{U}_A \angle 120°}{j + 2}$$

$$= (-0.2 + j0.6)U_p$$

在图 4.113(c)的基础上画出 $-\dot{U}_{N'N} = (0.2 - j0.6)U_p$ 与对应的点 N'，这就是中点电压 $\dot{U}_{N'N}$ 的位形图，如图 4.115(b)所示。从位形图可求出 B、C 两相负载电压的相量分别为

$$\dot{U}_{BN'} = \dot{U}_B - \dot{U}_{N'N}$$

$$\dot{U}_{CN'} = \dot{U}_C - \dot{U}_{N'N}$$

显然，$U_{BN'} > U_{CN'}$，可知灯较亮的一相为 B 相。

注意：若电源相电压为 220 V，则 B 相电压将超过灯泡的额定电压，故灯泡支路应该用两个额定功率相同的灯泡串联。

例 4.42 图 4.116 所示的对称三相三线制 Y 形电路，若发生一相短路或一线断路，即变成不对称 Y 形电路。试分析这两种故障情况下负载电压有何变化？

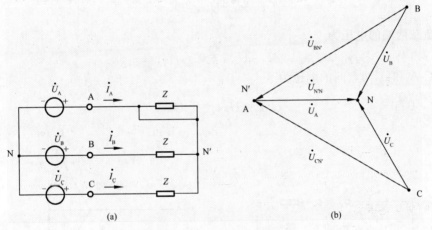

图 4.116 例 4.12 图 1

解 (1)一相短路故障分析。

假设 A 相短路，则 $Z_A = 0$，如图 4.116(a)所示。此时，中点电压为

$$\dot{U}_{N'N} = \frac{\dfrac{\dot{U}_A}{Z_A} + \dfrac{\dot{U}_B}{Z_B} + \dfrac{\dot{U}_C}{Z_C}}{\dfrac{1}{Z_A} + \dfrac{1}{Z_B} + \dfrac{1}{Z_C}} = \frac{\dot{U}_A + Z_A\left(\dfrac{\dot{U}_B}{Z_B} + \dfrac{\dot{U}_C}{Z_C}\right)}{1 + Z_A\left(\dfrac{1}{Z_B} + \dfrac{1}{Z_C}\right)} = \dot{U}_A$$

所以位形图上 N' 点与 A 点重合，如图 4.116(b)所示。从位形图可看到，此时 B、C 两相负载的电压分别为

$$\dot{U}_{BN'} = \dot{U}_B - \dot{U}_{N'N} = \sqrt{3}\dot{U}_A\angle -150°$$

$$\dot{U}_{CN'} = \dot{U}_C - \dot{U}_{N'N} = \sqrt{3}\dot{U}_A\angle 150°$$

负载电压的大小和线电压相等，为正常值的 $\sqrt{3}$ 倍。

(2)一线断路故障分析。

假设 A 线断路,故障电路如图 4.117(a)所示。此时,$Z_A = Z_{AA'} + Z \to \infty$,中点电压为

$$\dot{U}_{N'N} = \frac{\dfrac{\dot{U}_A}{Z_A} + \dfrac{\dot{U}_B}{Z_B} + \dfrac{\dot{U}_C}{Z_C}}{\dfrac{1}{Z_A} + \dfrac{1}{Z_B} + \dfrac{1}{Z_C}} = \frac{\dfrac{\dot{U}_B}{Z} + \dfrac{\dot{U}_C}{Z}}{\dfrac{1}{Z} + \dfrac{1}{Z}} = \frac{\dot{U}_B + \dot{U}_C}{2} = -\frac{\dot{U}_A}{2}$$

绘出 A 线断路时的位形图,如图 4.117(b)所示。从位形图可看出,此时 B、C 两相负载的电压分别为

$$\dot{U}_{BN'} = \frac{\sqrt{3}}{2}\dot{U}_A \angle -90°$$

$$\dot{U}_{CN'} = \frac{\sqrt{3}}{2}\dot{U}_A \angle 90°$$

A 相负载两端的电压为

$$\dot{U}_{A'N'} = 0$$

断路后 A 和 A′ 两点间的电压为

$$\dot{U}_{AA'} = \dot{U}_{AN'} = \frac{3}{2}\dot{U}_A$$

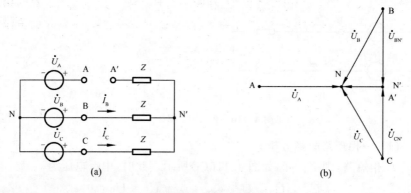

图 4.117　例 4.12 图 2

例 4.43　某三层楼房照明采用三相四线制供电,线电压为 380 V,每层楼装有 220 V、40 W 白炽灯 110 只,一、二、三楼分别使用 A、B、C 三相。若中线电阻 $R_N = 1\ \Omega$,当一楼的白炽灯全部点亮、二楼的白炽灯只点亮 11 只、三楼的白炽灯全部熄灭时,中线电流为多大? 若此时中线突然断开,会产生什么后果?

解　一楼(A 相)110 只白炽灯的等效电阻为

$$R_A = \frac{220^2}{40 \times 110}\ \Omega = 11\ \Omega$$

二楼(B 相)11 只白炽灯的等效电阻为

$$R_B = \frac{220^2}{40 \times 11}\ \Omega = 110\ \Omega$$

三楼的灯全部熄灭,即 C 相负载开路,$R_C \to \infty$,$\frac{1}{R_C} = 0$。

故中点电压为

$$\dot{U}_{N'N} = \frac{\dfrac{220\angle 0°}{11} + \dfrac{220\angle -120°}{110}}{\dfrac{1}{11} + \dfrac{1}{110} + \dfrac{1}{1}}\ V = \frac{19 - j\sqrt{3}}{1.1}\ V = 17.34\angle -5.2°\ V$$

A、B 两相负载电压分别为

$$\dot{U}_{AN'} = \dot{U}_A - \dot{U}_{N'N} = (220\angle 0° - 17.34\angle -5.2°)\ V = 202.74\angle 0.4°\ V$$

$$\dot{U}_{BN'} = \dot{U}_B - \dot{U}_{N'N} = (220\angle -120° - 17.34\angle -5.2°)\ V = 227.82\angle -124°\ V$$

C 相开路电压为

$$\dot{U}_{CN'} = \dot{U}_C - \dot{U}_{N'N} = (220\angle 120° - 17.34\angle -5.2°)\ V = 230.43\angle 123.5°\ V$$

中线电流为

$$\dot{I}_N = \frac{U_{N'N}}{R} = \frac{17.34}{1}\ A = 17.34\ A$$

可见,负载严重不对称时,即使有中线,也会发生中点位移,造成负载电压的不对称。若此时中线断开,则电路变成 A、B 两相负载串联 380 V 线电压,两相的电流均为

$$I = \frac{U_L}{R_A + R_B} = \frac{380}{11 + 110}\ A = 3.14\ A$$

A、B 两相的负载电压分别为

$$U'_A = IR_A = 3.14 \times 11\ V = 34.54\ V$$

$$U'_B = IR_B = 3.14 \times 110\ V = 345.4\ V$$

A 相(一楼)电压不足 35 V,而 B 相(二楼)电压却高达 345 V,二楼的 11 只白炽灯在中线断开瞬间将全部烧毁,随后一楼的白炽灯因为断电也全部熄灭。倘若负载不是白炽灯而是其他电器,损失将会更加严重,甚至酿成火灾。

思考与练习

(1) 一台三相发电机的绕组连成 Y 形时线电压为 6300 V。① 试求发电机绕组的相电压;② 如果将绕组改成△形连接,求线电压。

(2) 三相对称负载每相阻抗 $Z = (6 + j8)\ \Omega$,每相负载额定电压为 380 V。已知三相电源线电压为 380 V,此三相负载应如何连接?试计算相电流和线电流。

(3) 为了减小三相鼠笼异步电动机的启动电流,通常把电动机先连接成 Y 形,转起来后再改成△形连接(称为 Y-△形启动),试求:① Y-△形启动时与运行时的相电流之比;② Y-△形启动时与运行时的线电流之比。

任务七 供电效率与供电品质的分析与检测

知识点一 正弦交流电路的功率和功率因数

图 4.118 所示为一任意线性无源单口网络，设其端口接正弦激励，电压、电流

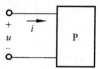

图 4.118 任意线性无源
单口网络

的参考方向关联，且电流为参考正弦量，即

$$i = I_m \sin(\omega t)$$

则电压可表示为

$$u = U_m \sin(\omega t + \varphi)$$

其中，φ 为电压 u 超前于电流 i 的相位差，也就是该网络的阻抗角。

1. 线性无源单口网络的瞬时功率

网络吸收的瞬时功率为

$$p = ui = U_m I_m \sin(\omega t + \varphi)\sin(\omega t) = \frac{1}{2}U_m I_m \left[\cos(\omega t + \varphi - \omega t) - \cos(\omega t + \varphi + \omega t)\right]$$

$$= UI[\cos\varphi - \cos(2\omega + \varphi)] = UI\{\cos\varphi - [\cos\varphi\cos(2\omega t) - \sin\varphi\sin(2\omega t)]\}$$

$$= UI\cos\varphi[1 - \cos2(\omega t)] + UI\sin\varphi\sin(2\omega t) \tag{4.98a}$$

图 4.119 所示为线性无源单口网络电压、电流和功率波形的一般情况，从波形图可以看出，瞬时功率也是周期量，其频率为电流频率的 2 倍。

对于电阻（或电阻性单口），$\varphi = 0$，有

$$p_R = U_R I_R[1 - \cos2(\omega t)] \tag{4.98b}$$

对于电感（或纯感性单口），$\varphi = 90°$，有

$$p_L = U_L I_L \sin(2\omega t) \tag{4.98c}$$

对于电容（或纯容性单口），$\varphi = -90°$，有

$$p_C = -U_C I_C \sin(2\omega t) \tag{4.98d}$$

图 4.120 至图 4.122 以电流为参考正弦量分别绘出了电阻、电感和电容元件电压、电流和功率的波形。下面通过波形图来分析三种元器件瞬时功率的变化情况。

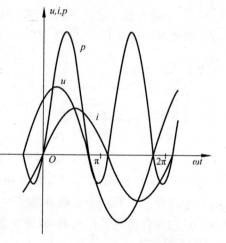

图 4.119 线性无源单口网络电压、
电流和功率的波形

对于电阻而言，电压、电流同相，从波形图可见，瞬时功率 $p \geq 0$，说明电阻是耗能元件，在正弦交流电路中，除了电流为零的瞬间，电阻总是吸收功率的，如图 4.120所示。

对于电感而言，电压超前于电流 90°，功率是正弦量，其频率为电流频率的 2 倍。

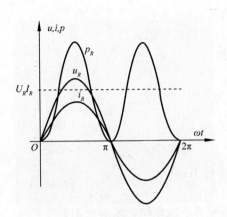

图 4.120 电阻电压、电流和
功率的波形

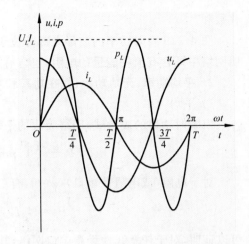

图 4.121 电感电压、电流和功率的波形

从波形图可见,在第一个 1/4 周期,电压、电流均为正值,瞬时功率也是正值,说明电感吸收功率,把外电路供给的能量转变成磁场能量加以存储。第二个 1/4 周期,电流仍为正值,而电压变为负值,瞬时功率也变为负值,说明电感转而输出功率,把存储在磁场中的能量释放出来。以后的过程与此类似。随着电压、电流的交变,电感不断地进行能量的"吞吐",如图 4.121 所示。

对于电容而言,电压滞后于电流 90°,功率也是正弦量,其频率同样为电流频率的 2 倍。从波形图可见,在第一个 1/4 周期,电

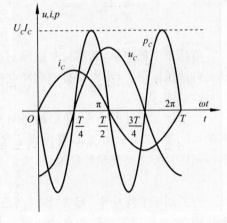

图 4.122 电容电压、电流和功率的波形

流为正值,而电压为负值,瞬时功率也是负值,说明电容输出功率,把原来存储于电场中的能量释放出来。第二个 1/4 周期,电压、电流均为正值,瞬时功率也是正值,说明电容吸收功率,把外电路供给的能量又变成电场能量加以存储。以后的过程与此类似。随着电压、电流的交变,电容也不断地进行能量的"吞吐",如图 4.122 所示。

上述对三种元器件瞬时功率的分析,可以帮助我们理解式(4.98)瞬时功率的表达式和图 4.119 瞬时功率的波形。

式(4.98)瞬时功率表达式中的第一项 $UI\cos\varphi[1-\cos(2\omega t)]$ 是单口网络中所有电阻的瞬时功率之和,而第二项 $UI\sin\varphi\sin(2\omega t)$ 则是所有储能元件瞬时功率的

代数和。

图 4.119 瞬时功率的波形大部分位于横轴上方,也有少部分位于横轴下方,说明网络中既含有消耗能量的电阻,也含有不断吞吐能量的储能元件。

2. 平均功率、无功功率、视在功率和功率因数

1) 平均功率

由瞬时功率的表达式,网络吸收的平均功率为

$$P = \frac{1}{T}\int_0^T p\mathrm{d}t = UI\cos\varphi \tag{4.99a}$$

对于电阻(或电阻性单口),$\varphi = 0$,有

$$P_R = U_R I_R = I_R^2 R = \frac{U_R^2}{R} \tag{4.99b}$$

可以证明,对于任意线性无源单口网络,其平均功率等于该单口内所有电阻的平均功率之和。

对于电感(或纯感性单口)和电容(或纯容性单口),$\varphi = \pm 90°$,有

$$P_L = 0$$
$$P_C = 0$$

电感不消耗能量,其感抗却能限制交变电流,因此常用电感线圈作限流器,如日光灯的镇流器、异步电动机的启动电抗器等。

2) 无功功率

由于储能元件的存在,单口网络与外部一般会有能量的交换,式(4.98)瞬时功率的第二项 $UI\sin\varphi\sin(2\omega t)$ 就代表了这一现象。该项的系数 $UI\sin\varphi$ 可用于衡量单口网络对外交换能量的规模,称为该单口网络的无功功率,用 Q 表示,即

$$Q = UI\sin\varphi \tag{4.100a}$$

为区别于平均功率,无功功率以"乏"(var)为单位,1 var$=$1 V$\times$1 A。相对于无功功率,平均功率也称为有功功率。

对于电感(或纯感性单口),$\varphi = 90°$,有

$$Q_L = U_L I_L = I_L^2 X_L = \frac{U_L^2}{X_L} \tag{4.100b}$$

对于电容(或纯容性单口),$\varphi = -90°$,有

$$Q_C = -U_C I_C = -I_C^2 X_C = -\frac{U_C^2}{X_C} \tag{4.100c}$$

可以证明,对于任意线性无源单口网络,其无功功率等于该单口内所有储能元件的无功功率之和。当网络为感性时,阻抗角 $\varphi > 0$,无功功率 $Q > 0$;若网络为容性,阻抗角 $\varphi < 0$,则无功功率 $Q < 0$。

需要指出的是,无功功率的正、负只说明网络是感性还是容性;其绝对值 $|Q|$ 才体现网络对外交换能量的规模。电感和电容无功功率的符号相反,标志它们在

能量吞吐方面的互补作用。利用它们互相补偿,可以限制网络对外交换能量的规模。以 R、L、C 串联电路为例,由于串联电路各元器件的电流相同,但电容电压与电感电压反相,两个元器件的瞬时功率也因而反相,如图 4.121 和图 4.122 所示。当其中一个元器件吸收能量的同时,另一个元器件恰恰在释放能量,一部分能量只在两个元器件之间往返转移,电路整体与外部交换能量的规模因而也就受到限制了。

3) 视在功率

单口对外交换能量的结果,使其吸收的有功功率小于电压、电流有效值的乘积,即

$$P=UI\cos\varphi<UI$$

乘积 UI 虽不是现实的有功功率,却是可以预期的目标,称为该网络的视在功率,用 S 表示,即

$$S=UI \tag{4.101}$$

为区别于有功功率,视在功率以伏安(VA)为单位。

有功功率和无功功率可分别用视在功率表示为

$$\begin{cases} P=UI\cos\varphi=S\cos\varphi \\ Q=UI\sin\varphi=S\sin\varphi \end{cases} \tag{4.102}$$

4) 功率因数

有功功率与视在功率的比值称为网络的功率因数,用 λ 表示,即

$$\lambda=\frac{P}{S} \tag{4.103}$$

由式(4.102)可得

$$\lambda=\cos\varphi \tag{4.104}$$

即无源单口网络的功率因数 λ 等于该单口阻抗角(电压超前于电流的相位差角)φ 的余弦值,φ 因此也称为功率因数角。显然,电阻性单口 $\lambda=1$,$P=S$;感性和容性情况下 λ 都小于 1,即 $P<S$。

例 4.44 R、L、C 串联电路接 220 V 工频电源,已知 $R=30\ \Omega$,$L=382\ \mathrm{mH}$,$C=40\ \mu\mathrm{F}$,求电路的功率因数,并计算电路的电流及视在功率、有功功率和无功功率。

解 $$X_L=2\pi fL=2\pi\times50\times382\times10^{-3}\ \Omega=120\ \Omega$$

$$X_C=\frac{1}{2\pi fC}=\frac{1}{2\pi\times50\times40\times10^{-6}}\ \Omega=80\ \Omega$$

电路的复阻抗为

$$Z=R+\mathrm{j}X=[30+\mathrm{j}(120-80)]\ \Omega=(30+\mathrm{j}40)\ \Omega$$

电路的功率因数为

$$\lambda = \cos\varphi = \frac{R}{|Z|} = \frac{30}{50} = 0.6$$

电路的电流为

$$I = \frac{U}{|Z|} = \frac{220}{50} \text{ A} = 4.4 \text{ A}$$

视在功率为

$$S = UI = 220 \times 4.4 \text{ VA} = 968 \text{ VA}$$

有功功率为

$$P = S\cos\varphi = 968 \times 0.6 \text{ W} = 580.8 \text{ W}$$

无功功率为

$$Q = S\sin\varphi = S\frac{X}{|Z|} = 968 \times \frac{40}{50} \text{ var} = 774.4 \text{ var}$$

例 4.45 额定电压为 220 V、功率为 100 W 的电烙铁,误接到 380 V 的交流电源上,电烙铁消耗的功率是多少?是否安全?

解 由额定功率和额定电压,求得电烙铁的电阻为

$$R = \frac{U_R^2}{P_R} = \frac{220^2}{100} \text{ Ω} = 484 \text{ Ω}$$

误接 380 V 电压时,电烙铁消耗的实际功率为

$$P'_R = \frac{U_R^2}{R} = \frac{380^2}{484} \text{ W} = 300 \text{ W}$$

电烙铁的实际功率超过额定值 2 倍,显然是不可能安全工作的。

思考与练习

(1) 在 RLC 串联电路中,已知 $R = 10$ Ω,$X_L = 15$ Ω,$X_C = 5$ Ω,其中电流 $\dot{I} = 2\angle 30°$ A,试求:① 总电压 $\dot{U}$;② 功率因数 $\cos\varphi$;③ 该电路的功率 P、Q、S。

(2) 已知某个无源网络的等效阻抗 $Z = 10\angle 60°$ Ω,外加电压 $\dot{U} = 220\angle 15°$ V,求该网络的功率 P、Q、S 及功率因数 $\cos\varphi$。

知识点二 三相电路的功率和功率因数

1. 功率的一般计算

三相负载的有功功率等于各相负载的有功功率之和,无功功率也等于各相负载的无功功率之和,即

$$P = P_A + P_B + P_C = U_A I_A \cos\varphi_A + U_B I_B \cos\varphi_B + U_C I_C \cos\varphi_C \tag{4.105}$$

$$Q = Q_A + Q_B + Q_C = U_A I_A \sin\varphi_A + U_B I_B \sin\varphi_B + U_C I_C \sin\varphi_C \tag{4.106}$$

三相负载的视在功率为

$$S = \sqrt{P^2 + Q^2} \tag{4.107}$$

功率因数为

$$\lambda = \frac{P}{S} \tag{4.108}$$

2. 对称三相负载的功率

三相负载对称时,各相电压、各相电流有效值分别相等,且各相负载的功率因数角也相等,所以各相的有功功率相等,即

$$U_A I_A \cos\varphi_A = U_B I_B \cos\varphi_B = U_C I_C \cos\varphi_C = U_P I_P \cos\varphi_P$$

其中,U_P、I_P 分别为相电压和相电流的有效值;φ_P 为每相负载的功率因数角。

三相总有功功率可以表示为

$$P = 3U_P I_P \cos\varphi_P \tag{4.109}$$

同理,三相总无功功率为

$$Q = 3U_P I_P \sin\varphi_P \tag{4.110}$$

视在功率为

$$S = \sqrt{P^2 + Q^2} = 3U_P I_P \tag{4.111}$$

功率因数为

$$\lambda = \frac{P}{S} = \cos\varphi_P \tag{4.112}$$

式(4.112)说明,对称三相负载的功率因数与其中每一相的功率因数相等。

对称三相电路中,当负载作 Y 形连接时,有

$$U_P = \frac{U_L}{\sqrt{3}}, \quad I_P = I_L$$

若负载为△形连接,则

$$U_P = U_L, \quad I_P = \frac{I_L}{\sqrt{3}}$$

无论负载作何连接,总有

$$3U_P I_P = \sqrt{3} U_L I_L$$

所以式(4.110)至式(4.112)可分别表示为

$$P = \sqrt{3} U_L I_L \cos\varphi_P \tag{4.113}$$

$$Q = \sqrt{3} U_L I_L \sin\varphi_P \tag{4.114}$$

$$S = \sqrt{3} U_L I_L \tag{4.115}$$

由于三相电路的线电压和线电流便于测量,因此,不论负载作哪种连接,三相负载的功率都常用式(4.113)至式(4.115)计算。

例 4.46 对称三相负载每相复阻抗 $Z = R + \mathrm{j}X = (8 + \mathrm{j}6)\ \Omega$,电源线电压为 380 V,计算负载分别接成 Y 形和△形时的线电流和三相总有功功率。

解 负载每相复阻抗为

$$Z = (8 + \mathrm{j}6)\ \Omega = 10\angle 36.9\ \Omega$$

（1）Y形连接时，相电压为

$$U_P = \frac{U_L}{\sqrt{3}} = \frac{380}{\sqrt{3}} \text{ V} = 220 \text{ V}$$

线电流为

$$I_L = I_P = \frac{U_P}{|Z|} = \frac{220}{10} \text{ A} = 22 \text{ A}$$

三相总有功功率为

$$P = \sqrt{3} U_L I_L \cos\varphi_P = \sqrt{3} \times 380 \times 22 \times 0.8 \text{ kW} \approx 11.6 \text{ kW}$$

或

$$P = 3 I_P^2 R = 3 \times 22^2 \times 8 \text{ kW} \approx 11.6 \text{ kW}$$

（2）△形连接时，相电压为

$$U_P = U_L = 380 \text{ V}$$

相电流为

$$I_P = \frac{U_P}{|Z|} = \frac{380}{10} \text{ A} = 38 \text{ A}$$

线电流为

$$I_L = \sqrt{3} I_P = \sqrt{3} \times 38 \text{ A} = 66 \text{ A}$$

三相总有功功率为

$$P = \sqrt{3} U_L I_L \cos\varphi_P = \sqrt{3} \times 380 \times 66 \times 0.8 \text{ kW} \approx 34.7 \text{ kW}$$

或

$$P = 3 I_P^2 R = 3 \times 38^2 \times 8 \text{ kW} \approx 34.7 \text{ kW}$$

可见，在电源线电压相同的情况下，同一组对称三相负载接成 Y 形时，其线电流和三相总有功功率均只有接成△形时的 1/3。

可以证明，对称三相负载的总瞬时功率为

$$P = P_A + P_B + P_C = 3 U_P I_P \cos\varphi_P = \sqrt{3} U_L I_L \cos\varphi_P = P$$

即总瞬时功率为恒定值，且等于三相总有功功率。这一结论告诉我们，当负载为三相电动机时，由于总瞬时功率不随时间变化，因而其运转是平稳的。

此外还可以证明，三相三线制电路负载的总有功功率为

$$P = U_{AC} I_A \cos\varphi_1 + U_{BC} I_B \cos\varphi_2$$

其中，U_{AC}、U_{BC} 为线电压有效值；I_A、I_B 为线电流有效值；φ_1 为 $\dot{U}_{AC}$ 与 $\dot{I}_A$ 的相位差；φ_2 为 $\dot{U}_{BC}$ 与 $\dot{I}_B$ 的相位差。根据这一结论，测量三相三线制电路负载的总有功功率可采用两瓦特表法。图 4.123 是用两瓦特表法测量三相功率的线路。

思考与练习

（1）有人说三相电路的功率因数 $\cos\varphi$ 专指对称三相电路而言，你认为对吗？不对称三相电路有功率因数吗？

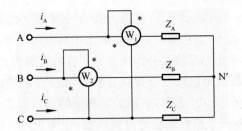

图 4.123　两瓦特表法测量三相功率

（2）图 4.123 所示电路中，三相电动机的功率为 3 kW，$\cos\varphi = 0.886$，电源线电压为 380 V，求图 4.123 中两瓦特表的读数。

知识点三　功率因数的提高与阻抗匹配

1. 功率因数的提高

交流电力系统中的负载多为感性负载，功率因数普遍小于 1。如广泛使用的异步电动机，功率因数在满载时不超过 0.8，空载和轻载时仅为 0.2～0.5；照明用的日光灯，功率因数只有 0.3～0.5。

1）提高功率因数的意义

功率因数低会带来以下几个方面的问题。

（1）电源设备的容量得不到充分利用。

用 U_N、I_N 分别表示电源设备的额定电压、额定电流。当负载功率因数 $\cos\varphi < 1$ 时，电源虽然在额定电压、额定电流下运行，实际输出的有功功率却只有

$$P = U_N I_N \cos\varphi = S_N \cos\varphi < S_N$$

其中，$S_N = U_N I_N$ 为电源的容量。显然，由于负载功率因数小于 1，使电源的容量不能全部兑现为有功功率输出。这是因为电源所供给能量的一部分不断地在电源和负载之间往返转移，就这一部分能量而言，电源可谓劳而"无功"。

（2）供电线路上的损耗增加。

对于某一负载而言，其功率 P 和要求的电压 U 是一定的，功率因数 $\cos\varphi$ 越低，负载电流 $I = \dfrac{P}{U\cos\varphi}$ 越大，电流通过有电阻存在的供电线路产生的能量损耗也越大，供电效率因此降低。

此外，线路电流太大还可导致电压在线路上下降太多，而使负载电压达不到正常工作所需的额定值，影响供电质量。

可见，提高网络的功率因数，对于充分利用电源设备的容量、提高供电效率和供电质量，是十分必要的。

2）提高功率因数的方法

提高功率因数最简便的方法，就是在感性负载的两端并联一个容量合适的电容器。

感性负载之所以功率因数小于 1,是因为其运行时建立的磁场必须与外电路不断交换能量而要求一定的无功功率。电容的无功功率与电感的无功功率符号相反,标志着它们在能量吞吐方面的互补作用。利用这种互补作用,在感性负载的两端并联电容器,由电容器代替电源就近提供感性负载所要求的部分或全部无功功率,这样就能减轻电源的"无功"之劳,从而提高网络的功率因数。

图 4.124(a)所示为一个感性负载的电路模型,由电阻 R 与电感 L 串联组成。其两端并联电容器之前,线路电流 $\dot{I}$(负载电流 $\dot{I}_1$)滞后于电压 $\dot{U}$ 的相位差为 φ_1,如图 4.124(b)所示。将电流 $\dot{I}_1$ 分解为 $\dot{I}_{1G}$ 和 $\dot{I}_{1B}$,其 $\dot{I}_{1B}$ 滞后于电压 $\dot{U}$ 90°。并联电容后,电容电流 $\dot{I}_C$ 超前于电压 $\dot{U}$ 90°而与负载电流 $\dot{I}_1$ 的 $\dot{I}_{1B}$ 反相,从而使线路电流为

$$\dot{I} = \dot{I}_1 + \dot{I}_C = \dot{I}_{1G} + \dot{I}_{1B} + \dot{I}_C$$

电流 $\dot{I}$ 滞后于电压 $\dot{U}$ 的相位差也减小为 φ_2,如图 4.124(b)所示。显然,$\cos\varphi_2 > \cos\varphi_1$,即并联电容以后,网络整体的功率因数高于感性负载本身的功率因数。可见,所谓"提高网络的功率因数",并不是指提高感性负载本身的功率因数。并联电容器没有影响负载的复阻抗,因而也不会改变负载的功率因数。

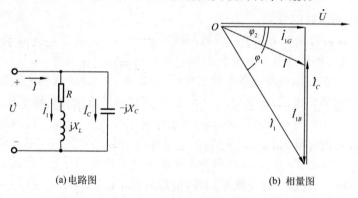

(a)电路图　　　　　　　　　(b) 相量图

图 4.124　用并联电容的方法提高网络的功率因数

例 4.47　有一感性负载,其功率 $P = 10$ kW,功率因数 $\cos\varphi_1 = 0.6$,接 220 V 工频电源,欲将功率因数提高为 $\cos\varphi_2 = 0.95$,应与该负载并联一个多大的电容?并联电容前后线路中的电流分别是多少?

解　由图 4.124(b)可知

$$I_C = \omega CU = I_1 \sin\varphi_1 - I \sin\varphi_2 = \frac{P}{U\cos\varphi_1}\sin\varphi_1 - \frac{P}{U\cos\varphi_2}\sin\varphi_2$$

$$= \frac{P}{U}(\tan\varphi_1 - \tan\varphi_2)$$

所以

$$C = \frac{P}{\omega U^2}(\tan\varphi_1 - \tan\varphi_2) \tag{4.116}$$

由 $\cos\varphi_1 = 0.6$ 得

$$\tan\varphi_1 = 1.33 \qquad (4.117)$$

由 $\cos\varphi_2 = 0.95$ 得

$$\tan\varphi_2 = 0.33 \qquad (4.118)$$

把式(4.117)和式(4.118)代入式(4.116)得

$$C = \frac{10 \times 10^3}{2 \times 3.14 \times 50 \times 220^2}(1.33 - 0.33) \text{ F} = 658 \ \mu\text{F}$$

并联电容前的线路电流(负载电流)为

$$I_1 = \frac{P}{U\cos\varphi_1} = \frac{10 \times 10^3}{220 \times 0.6} \text{ A} = 75.8 \text{ A}$$

并联电容后的线路电流为

$$I = \frac{P}{U\cos\varphi_2} = \frac{10 \times 10^3}{220 \times 0.95} \text{ A} = 47.8 \text{ A}$$

可见,并联电容提高功率因数的同时,减小了线路中的电流。

2. 阻抗匹配

在电子或通信系统中,往往要求负载能获得最大的功率。设负载 $Z = |Z| \angle \varphi = R + jX$ 由给定电源供电,电源模型为正弦电压源 $\dot{U}_s$ 与复阻抗 $Z_s = |Z_s| \angle \varphi_s = R_s + jX_s$ 串联,如图 4.125 所示。Z_s 常称为电源的内(复)阻抗。下面分析两种情况下为从电源获得最大功率负载须满足的条件。

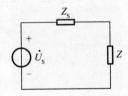

图 4.125 负载由给定电源供电

1) 负载电阻和电抗分别可调

图 4.125 所示电路中,负载的吸收功率为

$$P = I^2 R = \frac{U_s^2 R}{(R + R_s)^2 + (X + X_s)^2} \qquad (4.119)$$

先固定负载电阻 R 为某一值,调节负载电抗 X,则当 $X = -X_s$ 时,式(4.119)中的分母最小,功率 P 取得这一 R 值下的相对最大值,即

$$P = \frac{U_s^2 R}{(R + R_s)^2} = \frac{U_s^2 R}{(R - R_s)^2 + 4RR_s} = \frac{U_s^2}{\dfrac{(R - R_s)^2}{R} + 4R_s} \qquad (4.120)$$

然后,保持 $X = -X_s$ 不变,再调节负载电阻 R,则由式(4.120)可看出,当 $R = R_s$ 时,负载功率达到最大值,即

$$P_{\text{max}} = \frac{U_s^2}{4R_s} \qquad (4.121)$$

可见,当负载电阻 R 和电抗 X 分别可调时,负载从给定电源获得最大功率的

条件是

$$\begin{cases} R=R_\mathrm{s} \\ X=-X_\mathrm{s} \end{cases} \text{或} \quad Z=\dot{Z}_\mathrm{s} \qquad (4.122)$$

即负载复阻抗 Z 与电源内(复)阻抗 Z_s 为共轭复数,这种情况常称为共轭匹配。

此时电源的供电效率为

$$\eta=\frac{I^2R}{I^2(R+R_\mathrm{s})}=\frac{R_\mathrm{s}}{2R_\mathrm{s}}=50\%$$

即电源提供的能量只有一半为负载所用,另一半损耗在电源内阻 R_s 上。在小功率情况下,如电子或通信系统中,效率问题并不突出;但在电力系统中,如此低的供电效率不仅是能源的浪费,而且,电源内阻上过大的损耗还危及到电源设备的安全,因而是绝不可取的。

2) 负载复阻抗的模可调而阻抗角不可调

将 $\begin{cases} R=|Z|\cos\varphi \\ X=|Z|\sin\varphi \end{cases}$ 和 $\begin{cases} R_\mathrm{s}=|Z_\mathrm{s}|\cos\varphi_\mathrm{s} \\ X_\mathrm{s}=|Z_\mathrm{s}|\sin\varphi_\mathrm{s} \end{cases}$ 代入式(4.120)可得

$$\begin{aligned} P&=\frac{U_\mathrm{s}^2|Z|\cos\varphi}{(|Z|\cos\varphi+|Z_\mathrm{s}|\cos\varphi_\mathrm{s})^2+(|Z|\sin\varphi+|Z_\mathrm{s}|\sin\varphi_\mathrm{s})^2}\\ &=\frac{U_\mathrm{s}^2|Z|\cos\varphi}{|Z|^2+|Z_\mathrm{s}|^2+2|Z|\cdot|Z_\mathrm{s}|(\cos\varphi\cos\varphi_\mathrm{s}+\sin\varphi\sin\varphi_\mathrm{s})}\\ &=\frac{U_\mathrm{s}^2\cos\varphi}{|Z|+\dfrac{|Z_\mathrm{s}|^2}{|Z|}+2|Z_\mathrm{s}|\cos(\varphi-\varphi_\mathrm{s})} \end{aligned} \qquad (4.123)$$

其中,U_s、$|Z_\mathrm{s}|$、φ_s 均为常量;负载的阻抗角 φ 不可调,因而也是常量。负载功率 P 仅随负载阻抗 $|Z|$ 的变化而变化。欲使 P 取得最大值,只需其分母取得最小值,为此,将式(4.123)中的分母对自变量 $|Z|$ 求一阶导数,并令其等于零,即

$$\frac{\mathrm{d}}{\mathrm{d}|Z|}\left[|Z|+\frac{|Z_\mathrm{s}|^2}{|Z|}+2|Z_\mathrm{s}|\cos(\varphi-\varphi_\mathrm{s})\right]=1-\frac{|Z_\mathrm{s}|^2}{|Z|^2}=0 \qquad (4.124)$$

由式(4.124)得

$$|Z|=|Z_\mathrm{s}| \qquad (4.125)$$

结果表明,若负载阻抗 $|Z|$ 可以调节而阻抗角 φ 一定,则负载从给定电源获得"最大"功率的条件是负载阻抗 $|Z|$ 和电源内阻抗 $|Z_\mathrm{s}|$ 相等,此时负载获得的功率为

$$P'_\mathrm{max}=\frac{U_\mathrm{s}^2\cos\varphi}{2|Z_\mathrm{s}|[1+\cos(\varphi-\varphi_\mathrm{s})]} \qquad (4.126)$$

纯电阻负载的阻抗角 $\varphi=0$,即属于这种情况。

上述讨论中的负载可以是线性无源单口网络,此时,负载复阻抗 Z 应为该无

源单口网络的等效复阻抗;向负载供电的也可以是线性含源单口网络,此时电源是指该含源单口网络的戴维宁等效电路。

思考与练习

(1) 提高功率因数,是否意味着负载消耗的功率降低了?

(2) 根据提高功率因数的思想,能否设计出其他的提高功率因数的途径?

第三部分 项目工作页

项目工作页如表 4.1 和表 4.2 所示。

表 4.1 小组成员分工列表和预期工作时间计划表 4

任 务 名 称		承担成员	计划用时	实际用时
直流电路的分析与检测	用基尔霍夫定律分析直流电路			
	用叠加定理分析直流电路			
交流电路的分析与检测	用基尔霍夫定律分析交流电路			
	用欧姆定律分析交流电路			
	用相量法分析正弦交流电路			
等效电路的构建与检测	Y 形和 △ 形电阻网络的等效检测			
	戴维宁定理构建等效电路检测			
	诺顿定理构建等效电路检测			
动态电路的分析与检测	一阶电路的零输入响应			
	一阶电路的零状态响应			
	一阶电路全响应			
谐振电路的分析与检测	串联谐振电路的分析与检测			
	并联谐振电路的分析与检测			
三相电路的分析与检测	三相三线制电路的分析与检测			
	三相四线制电路的分析与检测			
供电效率与供电品质的分析与检测				

注:项目任务分工,由小组同学根据任务轻重、人员多少,共同协商确认。

表 4.2 任务(N)工作记录和任务评价 4

任务名称			
资讯	方式	教材	
		参考资料	
		网络地址	
		其他	
	要点		
	现场信息		
计划	所需工具		
	作业流程		
	注意事项		
	工作进程	工作内容 / 计划时间 / 负责人	
决策	老师审批意见		
	小组任务实施决定		
	工作过程		
	检查		签名:
	存在问题及解决方法		签名:
任务评价	自评		
	互评		(老师)签名:

注:① 根据工作分工,每项任务都由承担成员撰写项目工作页,并在小组讨论修改后向老师提出;②教学主管部门可通过项目工作页内容的检查,了解学生的学习情况和老师的工作态度,以便于进一步改进教学不足,提高教学质量。

第四部分　自我练习

想一想

1. 网孔电流方程中的自电阻、互电阻、网孔电压源的代数和的含义各指什么？它们的正、负号如何确定？

2. 含有理想电压源支路的电路,在列写节点电位方程时,有哪些处理方法？

3. 用叠加定理分析问题应该注意哪些问题？

4. 什么是相量？相量和它所代表的正弦量之间有怎样的关系？

5. 绘出关联方向下 RLC 串联电路的电流、电压的相量图,说明如何从相量图看电路的性质。

6. 线性无源二端网络的最简等效电路是什么？如何求得？

7. 三要素法的通式是怎样的？每个要素的含义是什么？三要素法的使用条件是什么？

8. 试举例说明:什么情况下,RC 或 RL 串联电路在正弦激励下,零状态响应及全响应中都可能没有暂态分量。

9. 欲提高串联谐振和并联谐振的品质因数 Q 值,应如何改变电路参数 R、L 和 C 的值？

10. 三相不对称负载作△形连接时,若有一相断路,对其他两相工作情况有影响吗？

11. 有人说对称三相电路的功率因数角是指每相负载的阻抗角;又有人说功率因数角是相电压与相电流的相位差;还有人说功率因数角是线电压与线电流之间的相位差。你认为哪些说法正确？试说明理由。

算一算

1. 有一个直流电流表,其量程 $I_g = 50\ \mu\text{A}$,表头内阻 $R_g = 2\ \text{k}\Omega$。现要改装成直流电压表,要求直流电压挡分别为 $+10\ \text{V}$、$+100\ \text{V}$、$+500\ \text{V}$,如图 4.126 所示。试求所需串接的电阻 R_1、R_2 和 R_3 值。

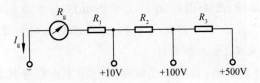

图 4.126　图题 1

2. 试求如图 4.127 所示电路的等效电阻。

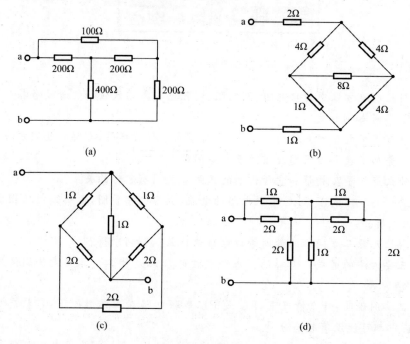

图 4.127　图题 2

3. 如图 4.128 所示电路，试用支路电流法求电流 I。

4. 如图 4.129 所示电路，已知 $X_C=50\ \Omega$，$X_L=100\ \Omega$，$R=100\ \Omega$，$I=2$ A，求 I_R 和 U。

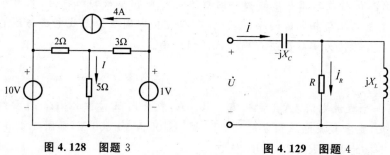

图 4.128　图题 3　　　　　图 4.129　图题 4

5. RLC 串联电路中，已知 $R=30\ \Omega$，$L=40$ mH，$C=40\ \mu F$，$\omega=1000$ rad/s，$\dot{U}_L=10\angle 0°$ V。试求：(1) 此电路的复阻抗 Z，并说明电路的性质；(2) 电流 $\dot{I}$ 和 $\dot{U}_R$、$\dot{U}_C$ 及 $\dot{U}$；(3) 绘电压、电流相量图。

6. 用三表法测线圈电路，已知电源频率 $f=50$ Hz，测得数据分别是 $P=120$ W，$U=100$ V，$I=2$ A，试求：(1) 该线圈的参数 R、L；(2) 线圈的无功功率 Q、视在功率 S 及功率因数 $\cos\varphi$。

7. 如图 4.130 所示电路,利用戴维宁定理求解电容支路的电流 $\dot{I}_1$。

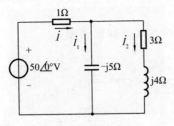

图 4.130 图题 7

8. 一感性负载与 220 V、50 Hz 的电源相接,其功率因数为 0.6,消耗功率为 5 kW,若要把功率因数提高到 0.9,应加接什么元器件? 其元器件值如何?

9. 某建筑物有三层楼,每一层的照明分别由三相电源中的一相供电。电源电压为 380 V/220 V,每层楼装有 19 只 220 V、100 W 白炽灯。(1) 画出白炽灯接入电源的线路图;(2) 当三个楼层的白炽灯全部点亮时,求线电流和中性线电流;(3) 如果一层楼白炽灯全部点亮,二层楼只点亮 9 只白炽灯,三层楼白炽灯全部熄灭,而电源中性线又断开,这时一层楼、二层楼电灯两端的电压各为多少?

10. 如图 4.131 所示为一不对称 Y 形连接负载,接至 380 V 对称三相电源上,U 相为电感 $L = 1$ H,V 相和 W 相都接 220 V、60 W 的灯泡。试判断 V 相和 W 相哪个灯亮,并画出相量图。

11. 如图 4.132 所示,电源线电压为 380 V,若各相负载的阻抗都是 10 Ω,则中性线电流是否等于零? 是否可以去掉中性线?

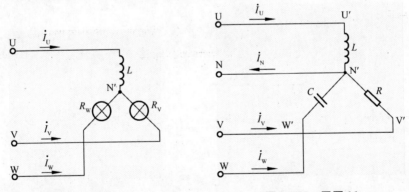

图 4.131 图题 10　　　　　　　**图 4.132 图题 11**

12. 有一台三相电动机,它的额定输出功率为 10 kW,额定电压为 380 V,效率为 0.875,功率因数 $\cos\varphi = 0.88$,在额定功率下,通过电源的电流是多少?

13. 一台收音机接收线圈的电阻 $R = 20$ Ω,$L = 0.25$ mH,调节电容 C 收听 720 kHz 的某台,这时的电容 C 为多少? 回路的品质因数 Q 为多少?

14. 某电子设备需要一个并联谐振电路,技术上要求是谐振频率 $f_0 = 1200$

Hz,回路品质因数 $Q=100$,谐振阻抗 $Z_0=27$ kΩ,试选择电路线圈参数和电容器的值(R、L、C 的值)。

15. 试求如图 4.133 所示电路的谐振频率。

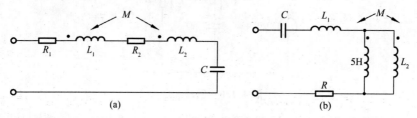

(a)   (b)

图 4.133   图题 15

项目五

电路的简单设计与实施

【项目描述】

　　通过对汽车前照灯电路、简单照明电路及典型控制电路的设计与实施,培养学生对典型简单电路设计及施工的能力。

【学习情境】

　　(1) 汽车前照灯电路;

　　(2) 单间房间照明电路的设计与实施;

　　(3) 单间教室照明电路的设计与实施;

　　(4) 一室一厅家用电路的设计与实施;

　　(5) 电动机直接启动电路的设计与实施;

　　(6) 电动机点动控制电路的设计与实施;

　　(7) 电动机降压启动电路的设计与实施;

　　(8) 电动机联锁控制电路的设计与实施;

　　(9) 电动机正、反转控制电路的设计与实施。

【学习目标】

　　(1) 掌握电阻电路的串、并联电路的实际应用;

　　(2) 掌握常用照明电路的设计方法;

　　(3) 掌握常用照明电路的装接工艺;

　　(4) 掌握各种典型控制电路的设计方法;

　　(5) 掌握各种典型控制电路的布线、接线方法。

【能力目标】

　　(1) 加强电工工具、电工仪表的使用能力;

（2）加强线路的布线、接线能力；

（3）培养对典型简单电路设计及施工的能力。

第二部分 项目学习指导

任务一 汽车前照灯电路的设计

1. 汽车前照灯电路原理图

图 5.1 为汽车前照灯电路原理图，汽车前大灯照明分为远光照明和近光照明，由大灯开关和变光开关配合实现远近光开关。蓄电池为整个电路供电，大灯开关闭合，前照灯继电器线圈得电，前照灯继电器常开触点闭合，变光开关打到近光上，左近光灯和右近光灯亮，左远光灯和右远光灯不亮；当变光开关打到远光上，变光继电器得电，变光继电器常开触点闭合，左远光灯和右远光灯亮，左近光灯和右近光灯不亮。

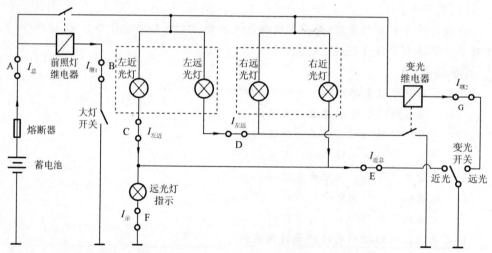

图 5.1 汽车前照灯电路原理图

2. 汽车前照灯电路的测试

按图 5.1 完成电路的装接并调试电路，调试完成后，在近光灯亮的情况下，测量 A 点电位 V_A、C 点电位 V_C、前照灯继电器电流 $I_{继1}$、变光继电器电流 $I_{继2}$、左近光灯电流 $I_{左近}$、左远光灯电流 $I_{左远}$、近光灯总电流 $I_{近总}$、指示灯电流 $I_示$；在远光灯的情况下，测量 A 点电位 V_A、C 点电位 V_C、前照灯继电器电流 $I_{继1}$、变光继电器电流 $I_{继2}$、左近光灯电流 $I_{左近}$、左远光灯电流 $I_{左远}$、近光灯总电流 $I_{近总}$、指示灯电流 $I_示$。

任务二　照明电路的简单设计与实施

知识点一　单间房间照明电路的设计与实施

1. 日光灯电路原理图

日光灯电路的原理如图 5.2 所示。当日光灯接通电源后,电源电压经镇流器、灯丝,加在启辉器的 U 形动触片和静触片之间,启辉器放电。放电时的热量使双金属片膨胀并向外弯曲,动触片与静触片接触,接通电路,使灯丝预热并发射电子,与此同时,由于 U 形动触片与静触片相接触,使两片间电压为零而停止辉光放电,使 U 形动触片冷却并恢复原形,脱离静触片,在动触片断开瞬间,镇流器两端会产生一个比电源电压高得多的感应电动势,这个感应电动势加在日光灯灯管两端,使日光灯灯管内惰性气体被电离引起电弧光放电,随着日光灯灯管内的温度升高,液态汞就气化游离,引起汞蒸气弧光放电而发出肉眼看不见的紫外线,紫外线激发日光灯灯管内壁的荧光粉后,发出近似白色的可见光。

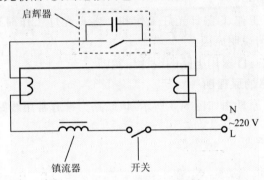

图 5.2　日光灯电路原理图

镇流器另外还有两个作用:一个是在灯丝预热时,限制灯丝所需的预热电流值,防止预热过高而烧断,并保证灯丝电子的发射能力;二是在日光灯灯管启辉后,维持日光灯灯管的工作电压和限制日光灯灯管工作电流在额定值内,以保证日光灯灯管能稳定工作。

并联在氖泡上的电容有两个作用:一是与镇流器线圈形成 LC 振荡电路,能延长灯丝的预热时间和维持感应电动势;二是能吸收干扰收音机和电视机的交流杂声。若电容被击穿,则将电容剪去后仍可使用;若电容完全损坏,则可暂时借用开关或导线代替,同样可起到触发作用。

如灯管一端灯丝断裂,将该端的两只引出脚并联后仍可使用一段时间。可以在日光灯的输入电源上并联一个电容来改善功率因数。

2. 电路的安装

安装时,启辉器座的两个接线柱分别与两个灯座中的接线柱相连接;两个灯座中余下的接线柱,一个与中线相连,另一个与镇流器的一个线端相连;镇流器的一个线端与开关的一端相连;开关的另一端与电源的相线相连。

经检查安装牢固与接线无误后,"启动"交流电源,日光灯应能正常工作。若不能正常工作,则应分析并排除故障使日光灯能正常工作。

知识点二 单间教室照明电路的设计与实施

1. 单间教室照明电路的设计

根据图 5.2 所示日光灯电路原理图,设计单间教室的照明电路,照明电路要求:① 有空气保护开关;② 有熔断器;③ 教室有 9 盏日光灯;④ 有 3 个开关,每个开关控制 3 盏日光灯。

2. 单间教室照明线路的安装

设计单间教室的照明线路后,按照电路原理图连线,经检查安装牢固与接线无误后,"启动"交流电源,日光灯应能正常工作。若不正常工作,则应分析并排除故障使日光灯能正常工作。

分析 3 盏日光灯工作、6 盏日光灯工作和 9 盏日光灯工作时通过的总电流是否相同?如果不同,请说明原因。

知识点三 一室一厅家用电路的设计与实施

1. 家用照明线路的原理图

家用照明线路的原理图如图 5.3 所示,该线路为家庭常用线路,具有一定的典型性。

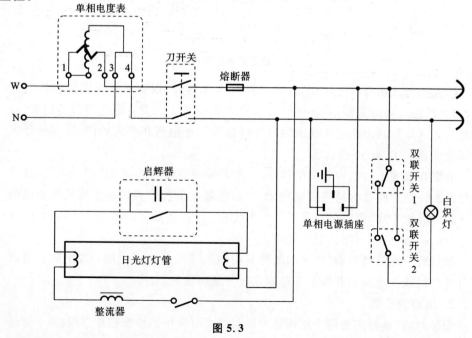

图 5.3

2. 安装与调试

先设计安装布局图,然后进行安装、接线。

确认接线正确后,可接通交流电源,合上刀开关进行操作。各条支路应动作正常,当白炽灯或日光灯工作时,电度表圆盘应从左往右均速转动。若操作中发现有不正常现象,应断开电源,分析并排除故障后,重新操作。

任务三　控制电路的简单设计与实施

知识点一　电动机直接启动电路的设计与实施

1. 电气原理

在直接启动控制电路中,只要将空气开关 QS 合上,电动机就开始旋转,此电路适用于不频繁启动的小容量电动机,但不能实现远距离控制和自动控制。直接启动电路的电气原理图如图 5.4 所示。

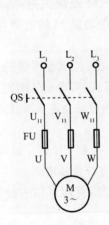

图 5.4　直接启动电路的电气原理图

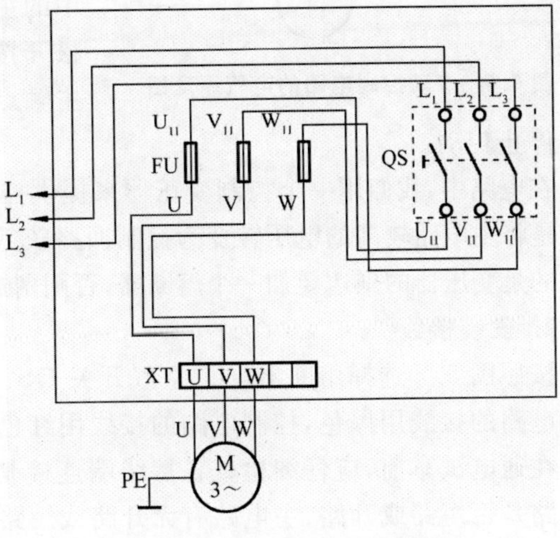

图 5.5　直接启动电路接线图

2. 安装接线

按电气元器件明细表在柜内面板上选择熔断器 FU、空气开关 QS 等元器件,电动机 M 放在柜内下面。按照图 5.5 进行接线,接线时动力电路采用黑色线,接地保护导线 PE 采用黄绿双色线。接线时要注意走线都应在线槽内,接熔断器要注意低进高出,要求走线横平竖直、整齐、合理、接点不得松动。

3. 检测与调试

确认安装牢固接线无误后,先接通三相总电源,再"合"上空气开关 QS,电动机应正常启动和平稳运转。若熔丝熔断(可看到熔芯顶盖弹出),则应"分"断电源,检查分析并排除故障后才可重新接通电源。

知识点二 电动机点动控制电路的设计与实施

1. 电气原理

电动机点动控制电路中,由于电动机的启动停止是通过按下或松开按钮 SB 来实现的,所以电路中不需要停止按钮;而在点动控制电路中,电动机的运行时间较短,无须过热保护装置。

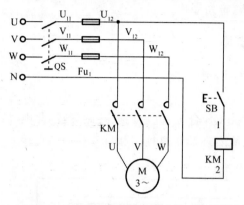

图 5.6 点动控制电路的电气原理图

当合上电源开关 QS 时,控制电路如图 5.6 所示。当合上电源开关 QS 时,电动机是不会启动运转的,因为这时接触器 KM 线圈未能得电,它的触点处在断开状态,电动机 M 的定子绕组上没有电压。若要使电动机 M 转动,只要按下按钮 SB,使接触器 KM 通电,KM 在主电路中的主触点闭合,电动机即可启动,但当松开按钮 SB 时,KM 线圈失电,而使其主触点分开,切断电动机 M 的电源,电动机即停止转动。

在电路中,我们用一个控制变压器来提供控制回路的电源,控制变压器的主要作用是将主电路较高的电压转变为控制回路较低的工作电压,以实现电气隔离。要注意的是变压器的副边要加一个熔断器,否则副边控制回路的短路会将变压器烧毁。

2. 安装接线

按照图 5.7 选择熔断器 FU、空气开关 QS、接触器 KM、按钮 SB 后开始接线,动力电路的接线用黑色,控制电路的接线用红色,接线工艺应符合要求。

在通电试车前,应仔细检查各接线端连接是否正确、可靠,并用万用表检查控制回路是否短路或开路、主电路有无开路或短路。

注意:当线路都接好后,测量 U_{12}、V_{12} 两相的电阻时,电阻很小(约为 20 Ω)但不等于 0 Ω,这并不是代表短路,这个电阻值是变压器输入绕组两端的电阻值,可以在不接上变压器之前进行测量或将万用表打到电阻值较小的挡上,同理在测量控制回路中也是这样的。

3. 检测与调试

检查接线无误后,接通交流电源,"合"上开关 QS,此时电动机不转,按下按钮 SB,电动机即可启动,松开按钮电动机即停转。若电动机不能点动控制或出现熔丝熔断等,则应分断电源,分析排除故障后使之正常工作。

知识点三 电动机自锁控制电路的设计与实施

1. 电气原理

在点动控制的电路中,要使电动机转动,就必须按住按钮不放,而在实际生产

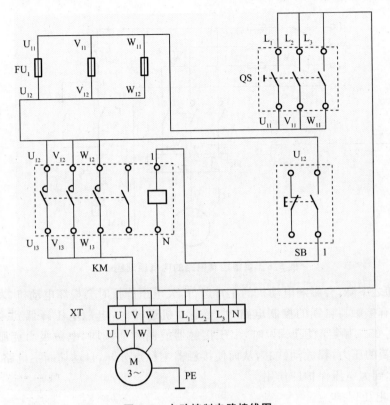

图 5.7 点动控制电路接线图

中,有些电动机需要长时间、连续地运行,使用点动控制是不现实的,这就需要具有接触器自锁的控制电路了。

相对于点动控制的自锁触点必须是常开触点且与启动按钮并联。因电动机是连续工作的,必须加装热继电器以实现过载保护。具有过载保护的自锁控制电路的电气原理图如图 5.8 所示,它与点动控制电路的不同之处在于,控制电路中增加了一个停止按钮 SB_1,在启动按钮的两端并联了一对接触器的常开触点,增加了过载保护装置(热继电器 FR)。

电路的工作过程:当按下启动按钮 SB_1 时,接触器 KM 线圈通电,主触点闭合,电动机 M 启动旋转,当松开按钮时,电动机不会停转,因为这时接触器 KM 线圈可以通过辅助触点继续维持通电,保证主触点 KM 仍处在接通状态,电动机 M 就不会失电停转。这种松开按钮仍然自行保持线圈通电的控制电路称为具有自锁(或自保)的接触器控制电路,简称自锁控制电路。与 SB_1 并联的接触器常开触点称为自锁触点。

1) 欠电压保护

"欠电压"是指电路电压低于电动机的额定电压。这样的后果是电动机转矩降

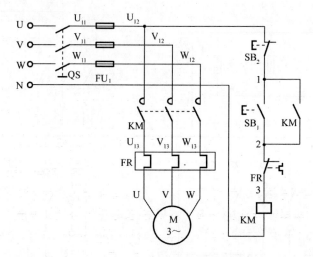

图 5.8　自锁控制电路的电气原理图

低,转速随之下降,会影响电动机的正常运行,欠电压严重时会损坏电动机,发生事故。在具有接触器自锁的控制电路中,当电动机运转时,电源电压降低到一定值(一般低到 85% 额定电压以下)时,由于接触器线圈磁通减弱,电磁吸力克服不了反作用弹簧的压力,释放动铁芯,从而使接触器主触点分开,自动切断主电路,电动机停转,达到欠电压保护的作用。

2) 失电压保护

当生产设备运行时,由于其他设备发生故障,引起瞬时断电,而使生产机械停转。当故障排除后,恢复供电时,由于电动机的重新启动,很可能引起设备事故与人身事故的发生。采用具有接触器自锁的控制电路时,即使电源恢复供电,由于自锁触点仍然保持断开,接触器线圈不会通电,所以电动机不会自行启动,从而避免了可能出现的事故。这种保护称为失电压保护或零电压保护。

3) 过载保护

具有自锁的控制电路虽然有短路保护、欠电压保护和失电压保护的作用,但实际使用中还不够完善。因为电动机在运行过程中,若存在长期负载过大或操作频繁,或三相电路断掉一相运行等原因,都可能使电动机的电流超过它的额定值,有时熔断器在这种情况下尚不会熔断,这将会引起电动机绕组过热,损坏电动机绝缘,因此,应对电动机设置过载保护,通常由三相热继电器来完成过载保护。

2. 线路安装

按照图 5.9 选择元器件后进行接线,接动力线时用黑色线,控制电路用红色线。

3. 检测与调试

检查接线无误后,接通交流电源,合上开关 QS,按下按钮 SB₁,电动机应启动并连续转动,按下按钮 SB₂ 电动机应停转。若按下按钮 SB₁,电动机启动运转后,

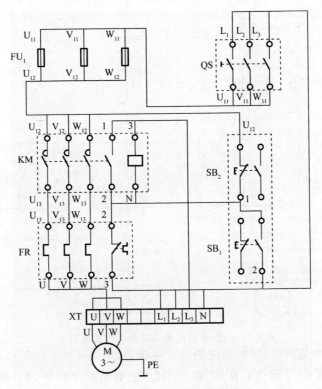

图 5.9　自锁控制电路接线图

电源电压降到 320 V 以下或电源断电,则接触器 KM 的主触点会断开,电动机停转。再次恢复电压为 380 V(允许±10％的波动),电动机应不会自行启动——具有欠压或失压保护。

如果电动机转轴卡住而接通交流电源,则在几秒内热继电器应动作断开加在电动机上的交流电源(注意不能超过 10 s,否则电动机过热导致其损坏)。

知识点四　**电动机正、反转控制电路的设计与实施**

1. 电气原理

图 5.10 控制线路的动作过程如下。

(1) 正转控制:合上电源开关 QS,按正转启动按钮 SB$_2$,正转控制回路接通,KM$_1$ 的线圈通电动作,其常开触点闭合自锁、常闭触点断开对 KM$_2$ 的联锁,同时主触点闭合,主电路按 U$_1$、V$_1$、W$_1$ 相序接通,电动机正转。

(2) 反转控制:要使电动机改变转向(由正转变为反转)时应先按下停止按钮 SB$_1$,使正转控制电路断开并使电动机停转,然后才能使电动机反转,为什么要这样操作呢?因为反转控制回路中串联了正转接触器 KM$_1$ 的常闭触点,当 KM$_1$ 通电工作时,它是断开的,若这时直接按反转按钮 SB$_3$,反转接触器 KM$_2$ 是无法通电

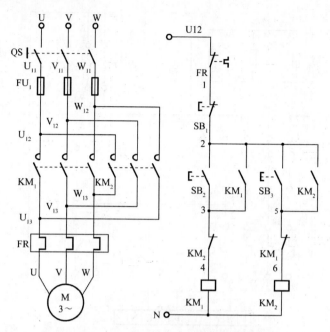

图 5.10　正、反转控制电路的电气原理图

的,电动机也就不能通电,故电动机仍然正转状态,不会反转。电动机停转后按下 SB_3,反转接触器 KM_2 通电动作,主触点闭合,主电路按 W_1、V_1、U_1 相序接通,电动机的电源相序改变了,故电动机作反向旋转。

2. 安装接线

正、反转控制电路的接线较为复杂,特别是当按钮使用较多时。在电路中,两处主触点的接线必须保证相序相反;联锁触点必须保证常闭互串;按钮接线必须正确、可靠、合理。接线图如图 5.11 所示。

3. 检测与调试

仔细确认接线正确后,可接通交流电源,合上开关 QS,按下按钮 SB_2,电动机应正转(电动机右侧的轴伸端为顺时针转 ,若不符合转向要求,则可停机,换接电动机定子绕组任意两个接线即可)。按下按钮 SB_3,电动机仍应正转。若要电动机反转,应先按下 SB_1,使电动机停转,然后再按下按钮 SB_3,则电动机反转。若不能正常工作,则应分析并排除故障,使线路能正常工作。

知识点五　电动机降压启动控制电路的设计与实施

1. 电气原理

星形-三角形启动控制电气原理如图 5.12 所示。星形-三角形启动是指:为减少电动机启动时的电流,将正常工作接法为三角形的电动机,在启动时改为星形接法。此时启动电流降为原来的 1/3,启动转矩也降为原来的 1/3。线路的动作过程如图 5.13 所示。

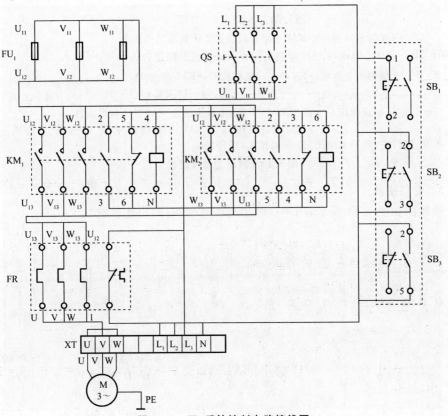

图 5.11 正、反转控制电路接线图

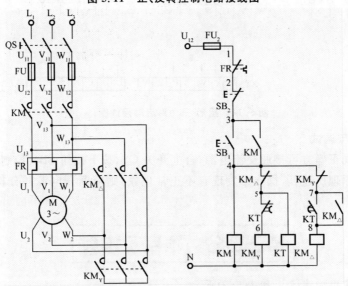

图 5.12 星形-三角形启动原理图

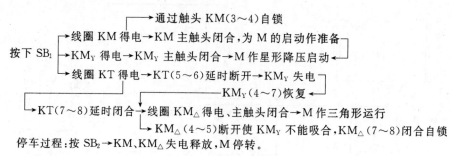

停车过程:按 SB_2→KM、$KM_\triangle$ 失电释放,M 停转。

图 5.13 线路的动作过程

2. 安装接线

接线图如图 5.14 所示,图中仅画出接线号(没有画出连接线)。

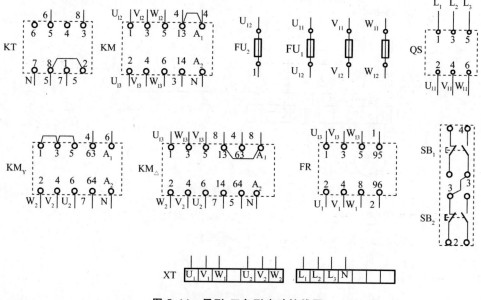

图 5.14 星形-三角形启动接线图

3. 检测与调试

确认接线正确方可接通交流电源,合上开关 QS,按下按钮 SB_1,控制线路的动作过程应按原理所述,若操作中发现有不正常现象,则应断开电源并分析、排除故障后重新操作。

第三部分 项目工作页

项目工作页如表 5.1 和表 5.2 所示。

表 5.1　小组成员分工列表和预期工作时间计划表 5

任 务 名 称	承担成员	计划用时	实际用时
汽车前照灯电路的设计			
单间房间照明电路的设计与实施			
单间教室照明电路的设计与实施			
一室一厅家用电路的设计与实施			
电动机直接启动电路的设计与实施			
电动机点动控制电路的设计与实施			
电动机自锁控制电路的设计与实施			
电动机正、反转控制电路的设计与实施			
电动机降压启动控制电路的设计与实施			

注:项目任务分工,由小组同学根据任务轻重、人员多少,共同协商确认。

表 5.2　任务(N)工作记录和任务评价 5

任 务 名 称					
资讯	方式	教材			
		参考资料			
		网络地址			
		其他			
	要点				
	现场信息				
计划	所需工具				
	作业流程				
	注意事项				
	工作进程	工作内容		计划时间	负责人
决策	老师审批意见				
	小组任务实施决定				

续表

任务名称		
工作过程		
检查		签名：
存在问题及 解决方法		签名：
任务 评价	自评	
	互评	（老师）签名：

注：① 根据工作分工，每项任务都由承担成员撰写项目工作页，并在小组讨论修改后向老师提出；②教学主管部门可通过项目工作页内容的检查，了解学生的学习情况和老师的工作态度，以便于进一步改进教学不足，提高教学质量。

第四部分　自我练习

想一想

1. 远光照明时，哪些灯在工作，每盏灯的功率是多少？如何计算？这时总功率是多少？如何计算？

2. 近光照明时，哪些灯在工作，每盏灯的功率是多少？如何计算？这时总功率是多少？如何计算？

3. 近光灯在近光和远光照明两种情况下，功率各是多少？哪种情况较大？为什么？

4. 近光照明和远光照明时，A 点的电位是多少？哪种情况较高？为什么？

5. 请阐述日光灯的工作原理。

6. 请画出单相电度表的接线图。

7. 什么是自锁？图 5.10 中的自锁控制电路有哪些保护措施？试分析这些保护功能是怎样实现的？

8. 什么是联锁？为什么说联锁是重要的安全措施？

算一算

1. 试运用 KCL 定律和实测数据，求解近光照明时总电流的值。

2. 若两盏远光灯对称，试运用 KCL 定律和实测数据，求解远光照明时总电流的值。

参 考 文 献

[1] 李福民.电工基础[M].北京:人民邮电出版社,2010.

[2] 程军.电工技术[M].北京:电子工业出版社,2011.

[3] 李中发.电工电子技术基础[M].北京:中国水利水电出版社,2003.

[4] 秦曾煌.电工学[M].北京:高等教育出版社,2008.

[5] 徐国洪,李晶骅,彭先进.电工技术与实践[M].武汉:湖北科学技术出版社,2008.

[6] 张仁醒.电工基本技能实训[M].2版.北京:机械工业出版社,2011.

[7] 杨承毅,李忠国.通用电工电子仪表使用实训[M].2版.北京:人民邮电出版社,2011.

[8] 贺令辉.电工仪表与测量[M].北京:中国电力出版社,2006.

[9] 周启龙.电工仪表及测量[M].北京:中国水利水电出版社,2008.

[10] 王俊峰.电工仪表一本通[M].北京:机械工业出版社,2010.

[11] 王慧玲.电路基础[M].北京:高等教育出版社,2004.

[12] 张永飞.电工技能实训教程[M].西安:西安电子科技大学出版社,2005.

[13] 沈翊.电路基础[M].北京:化学工业出版社,2007.